Marco Jacobi

Fahrzeugführung für die automatisierte Unterwasser-Inspektion

Fahrzeugführung für die automatisierte Unterwasser-Inspektion

Marco Jacobi

Universitätsverlag Ilmenau
2020

Impressum

Bibliografische Information der Deutschen Nationalbibliothek
Die Deutsche Nationalbibliothek verzeichnet diese Publikation in der Deutschen Nationalbibliografie; detaillierte bibliografische Angaben sind im Internet über
http://dnb.d-nb.de abrufbar.

Diese Arbeit hat der Fakultät für Informatik und Automatisierung der Technischen Universität Ilmenau als Dissertation vorgelegen.

Tag der Einreichung:	10. September 2018
1. Gutachter:	Prof. Dr.-Ing. habil. Thomas Rauschenbach (Fraunhofer IOSB in Ilmenau)
2. Gutachter:	Prof. Dr. Pu Li (Technische Universität Ilmenau)
3. Gutachter:	Prof. Dr.-Ing. Torsten Jeinsch (Universität Rostock)
Tag der Verteidigung:	26. September 2019

Technische Universität Ilmenau/Universitätsbibliothek
Universitätsverlag Ilmenau
Postfach 10 05 65
98684 Ilmenau
http://www.tu-ilmenau.de/universitaetsverlag

ISBN 978-3-86360-211-6 (Druckausgabe)
URN urn:nbn:de:gbv:ilm1-2019000465

Für Magnus und Elias –
die größten kleinen Forscher,
die ich kenne.

Danksagung

Die Themen dieser Arbeit wurden während meiner Tätigkeit als wissenschaftlicher Mitarbeiter am Institutsteil Angewandte Systemtechnik (AST) des Fraunhofer IOSB in Ilmenau bearbeitet. Die Niederschrift der Ergebnisse erfolge auch in der Zeit darüber hinaus. Während dieser Zeit war ich an mehreren Projekten zur Entwicklung von Algorithmen zur Führung von Autonomen Unterwasserfahrzeugen AUVs sowie der Integration und dem Test neuer Unterwasserfahrzeuge beteiligt. Als Beispiele sind „SeaCat“, das „KAPITAS-AUV“ sowie „DEDAVE“ zu nennen. Während dieser Arbeiten lag mein Hauptinteresse in der Inspektion und dem Monitoring von Unterwasseranlagen – dem Thema dieser Arbeit.

Das Interesse an der Unterwasserrobotik wurde schon während meines Studiums und meiner Forschungstätigkeiten an dem Fachgebiet Systemanalyse geweckt. Ich möchte den beiden Fachgebietsleitern Professor Jürgen Wernstedt und Professor Christoph Ament für das Heranführen an das Themengebiet und die Unterstützung danken. Insbesondere die Zusammenarbeit mit Dr. Mike Eichhorn war und ist ein grundlegender Pfeiler meiner Forschungstätigkeit in diesem Bereich.

Mit der Übersiedlung zu Fraunhofer und den damit verbundenen Projekten „CView“ und „KAPITAS“ konnte ich dann den Themenschwerpunkt Unterwasserinspektion als mein Forschungsthema aufgreifen und mit Hilfe der Arbeitsgruppe Maritime Systeme entwickeln. Dabei konnte ich auch viele weitere interessante Themen und Projekte bearbeiten. Dafür und für die wissenschaftliche und ingenieurtechnische Unterstützung möchte ich meinen Kollegen am Fraunhofer AST sowie der Leitung der Gruppe Maritime Systeme danken; insbesondere Professor Thomas Rauschenbach, Dr. Torsten Pfützenreuter, Dr. Divas Karimanzira und den weiteren, hier nicht namentlich genannten,

Kollegen danken.

Die Bearbeitung des Themengebietes „Automatisierte Unterwasserinspektion“ war und ist nicht möglich ohne starke Partner und Forschungsprojekte. Mein Dank geht an das Bundesministerium für Wirtschaft und Technologie/Energie (BMWi) unter dessen maritimen Programmen die beiden Projekte Kapitas und CView gefördert wurden. Des Weiteren möchte ich hier die Kooperationspartner von der Atlas Elektronik GmbH, von der Atlas Maridan ApS sowie vom DFKI in Bremen nennen, ohne die eine Umsetzung dieser Projekte nicht stattgefunden hätte. Namentlich möchte ich mich hier bei Dr. Bernd Waltl, Jörg Kalwa, Dr. Alexander Stavenhagen, Dr. Max Abbildgaard, Hendrik Schelenz, Thomas Almdal, Morten Søde Nielsen, Claus Erikson, Lars Valdemar Mogensen, Dr. Jan Albiez, Martin Fritsche und Alexander Duda für die hervorragende Zusammenarbeit bedanken.

Besonders möchte ich mich bei meinen Freunden Dr. Fabian Müller, Dr. Holger Böhnicke, Dr. Mike Eichhorn und Norbert Fränzel für die Unterstützung, den vielen Diskussionen und Anregungen sowie für die Zeit und Arbeit als Korrekturleser bedanken. Ein ganz besonderer Dank geht an meine Familie, meinen Eltern Kerstin und Jörg Jacobi, für die Unterstützung und Ermutigung auch in Phasen der Frustration, wenn was nicht so funktionierte, wie es sollte. Meiner Freundin Annemiek Chall, welche durch die dänische Bezeichnung Kærste am besten beschrieben wird, möchte ich nochmal extra für die Toleranz und Entbehrungen während der Niederschrift dieser Arbeit sowie für all ihre Korrekturvorschläge als meine inoffizielle Lektorin danken.

Hørsholm, Danmark, 2018

Kurzfassung

In der vorliegenden Arbeit werden neue Konzepte für die autonome und hoch automatisierte Inspektion von Unterwasserstrukturen mittels unbemannter Fahrzeuge entwickelt sowie deren Implementation und Einsatz unter realen Bedingungen vorgestellt. Regelmäßige Inspektionen von produktiven Anlagen sind grundlegende Maßnahmen für einen reibungslosen, störungsfreien produktiven Betrieb dieser Anlagen. Kostendruck, neue und mehr Offshore-Konstruktionen wie Energiegewinnungsanlagen sowie das Vordringen in größere Wassertiefen erfordern einen hohen Grad an Automation und Überwachung der Anlagen.

Aktuell werden die Unterwasserstrukturen dieser Anlagen mit Hilfe von Tauchern und ferngesteuerten, gefesselten Fahrzeugen inspiziert. Diese Verfahren erfordern einen hohen personellen und infrastrukturellen Aufwand und sind risikoreich für Personal und Material. Hier setzt die vorliegende Arbeit an, indem durch Autonome Unterwasserfahrzeuge (AUVs) der Aufwand und das Einsatzrisiko reduziert sowie die Datenqualität verbessert werden kann.

Zwei Inspektionsszenarien werden innerhalb der Arbeit behandelt: die Inspektion von Hafenanlagen sowie Pipeline und Seekabelinspektion. Dabei werden aktuelle Ansätze zur Inspektion dieser Anlagen vorgestellt und diskutiert sowie die in dieser Arbeit neu entwickelten Verfahren eingeordnet.

Es wird intensiv auf die Implementation der Führungsalgorithmen sowie deren Erprobung eingegangen. Unterschiedliche Strukturen von Fahrzeugführungssystemen und der Missionsplanung von AUVs werden vorgestellt und verglichen. Dabei wird eine neue Möglichkeit der Integration von Inspektionsaufgaben in bestehende Fahrzeugführungs- und Missionsplanungssysteme sowie deren begleitende planenden und operativen Prozesse entwickelt und umgesetzt.

Alle in der Arbeit entwickelten Verfahren wurden umgesetzt sowie simulativ und experimentell erprobt. Als Fahrzeuge standen das SeaCat-AUV für die Hafeninspektion und das KAPITAS-AUV mit einer weltweit einzigartigen Sensorausstattung für die Inspektion von Pipelines und Seekabeln zur Verfügung.

Abstract

This thesis presents new concepts and solutions for autonomous and highly automated inspections of underwater structures with the help of unmanned underwater vehicles (UUVs). These concepts were implemented and tested under real life contraints. The results are presented in this thesis.

Regular inspections of any installation or facility are cruical for a smooth and failure-free operation of these assets. Cost pressure, new and an increased number of offshore installations such as offshore windparks and further the expansion into deeper water require a high automation level and a continous monitoring of these installations.

The current approach to inspect the underwater structures of these installations is to use divers and remotely operated underwater vehicles (ROVs) to undertake the inspection suveys. These operations need a lot of manpower and are expensive due to ship and personnel costs. Additionlly, they are conducted with high risk for personnel and material. This point is being addressed by this thesis; due to the use of autonomous underwater vehicles (AUVs) and automation the operational risk and the costs can be reduced. Another benefit of these automation effords is that the data quality gained from autonomous inspection missions is increased.

Two inspection scenarios are covered by this thesis: the inspection of habour facilities and the inspection of underwater pipelines and cables. Therefore, the current approaches and the newly developed solutions of this work are presented and discussed.

The implementation and test of the new guidance and control algorithmes are presented in depth. The different structurual designs of vehicle guidance and mission planning systems are presented and compared. With these results, a new approach to integrate inspection tasks into current guidance and mission planning systems is introduced, implemented and integrated.

All algorithms and procedures developed in this work are implemented and tested in several experiments and under operational conditions. The SeaCat-AUV was used as vecicle for the sea trials to conduct the harbour inspection and the KAPITAS-AUV was the plattform for the pipeline inspection trials. Whereby this AUV has a worldwide unique sensor suite usable for a wide range of different survey and inspection missions.

Inhaltsverzeichnis

1. Einführung 1

1.1. Motivation 3
1.2. Rahmenbedingungen 5
1.3. Aufbau der Arbeit 7

2. Grundlagen und Stand der Technik 9

2.1. Inspektion von Unterwasseranlagen 10
2.2. Trägersysteme und Unbemannte Unterwasserfahrzeuge 14
2.3. Rechtliche und technische Vorschriften 23
2.3.1. Offshore-Kabelinstallationen 24
2.3.2. Pipelines 30
2.3.3. Überblick aktueller Inspektionssysteme 32
2.4. Koordinatensysteme 34
2.4.1. Nomenklatur der Bewegungsvariablen im maritimen Bereich 37
2.4.2. Transformationen 37
2.5. Fusion von Sensordaten 38
2.6. Vorhandene AUV Inspektions-Projekte 42
2.6.1. Kabel- und Pipeline-Inspektion 42
2.6.2. Schiffshüllen- und Hafeninspektion 48
2.7. Zusammenfassung 49

3. Architektur des Regel- und Führungssystems 51

3.1. Sequentielle, parallele und hybride Architekturen 52
3.2. Backseat driver 57
3.3. Kommunikationsstrukturen 58
3.4. Das ConSys-Framework 62

3.5. Regelkreis zur Fahrzeugsteuerung 65
3.6. Aufgabenbasiertes Verhalten 66
3.7. Regelalgorithmen spezieller Aufgaben 72
3.7.1. Line of Sight / Wegpunktreglung 73
3.7.2. Cross Track Error / Pfadfolgereglung 75
3.7.3. Wand-, Pipelineverfolgung 76
3.7.4. Pfadplanung für vertikale Flächen 78
3.8. Missionspläne und Missionsbeschreibung 80
3.8.1. Inspektions-Missionen 87
3.8.2. Integration in bestehende Führungssysteme . . 90
3.9. Zusammenfassung 95

4. Umweltmodell 97

4.1. Einsatzszenarien 99
4.1.1. Hafenanlagen 100
4.1.2. Schiffsrümpfe 102
4.1.3. Seekabel und Pipelines 103
4.2. Sensorik für Unterwasserfahrzeuge 106
4.2.1. Navigation 106
4.2.2. Payload 107
4.3. Umgebungsmodelle 110
4.3.1. Umweltdarstellung 111
4.3.2. Generalisiertes Sensormodell 116
4.3.3. Lokales Umgebungsmodell für die Regelung . . 118
4.3.4. Globales Umgebungsmodell für die Sensordatenauswertung und -fusion 119
4.4. Probability Maps für Umgebungsrepräsentation und Datenfusion 121
4.4.1. Mapping und Sensorkontaktmodell 124
4.4.2. Fusionierung der Karten 132
4.4.3. Informationsextraktion 135
4.4.4. Handling großer Operationsgebiete und Karten 139
4.4.5. Tracking und Bewertung der extrahierten Daten 146
4.5. Tracking Filter 147
4.5.1. Filterung in der Datenverarbeitungskette 148

4.5.2. Receive-and-hold Filter 150
4.5.3. Kalmanfilter 152
4.6. Einbindung von Verlegedaten & a-priori-Informationen 160
4.7. Zusammenfassung 161

5. Implementation 163
5.1. Vorgehensmodell 163
5.2. Modulare Integration basierend auf ConSys 165
5.3. Trägersysteme und Fahrzeuge 167
5.3.1. Unterwasser-Simulator (CViewVR) 167
5.3.2. 3D-Portalkran – Pipelinetracking 171
5.3.3. KAPITAS-AUV – Pipeline- & Kabelinspektion 173
5.3.4. SeaCat-AUV – Hafeninspektion 175
5.4. Sensordatenauswertung im Testbecken 177
5.4.1. Kamera 178
5.4.2. Fächerecholot (MBES) 179
5.5. Objekt-Simulation 181
5.5.1. Virtuelle Pipeline und Verlegeinformationen . . 181
5.5.2. Wandsimulation 183
5.5.3. Einbindung in das Softwaresystem 184
5.6. Integration der Führungsalgorithmen 186
5.6.1. Instant Activation 188
5.6.2. Interception 190
5.7. Erweiterte Missionsbeschreibung 192
5.8. Mission-recording und -replay 197
5.9. Datenauswertung und Darstellung 199
5.10. Zusammenfassung 200

6. Experimente und Seeversuche 203
6.1. Kabel- und Pipelineinspektion 203
6.1.1. Simulation und Virtuelle Realität 204
6.1.2. Versuchsbecken 206
6.1.3. Seeversuche mit KAPITAS-AUV 214
6.2. Hafeninspektion 222
6.2.1. Simulation und Virtuelle Realität 222

6.2.2. Simulation und GIS-Visualisierung 224
6.2.3. Seeversuche mit SeaCat-AUV 225
6.3. Zusammenfassung 229

7. Zusammenfassung und Ausblick 231
7.1. Zusammenfassung 231
7.2. Ausblick 235

A. Anhang 237
A.1. Algorithmen zur Pipelinedetektion im Testbecken . . . 237
A.1.1. Kamera 237
A.1.2. MBES 239
A.2. Payload-Sensorik 241

Literaturverzeichnis 245

Tabellenverzeichnis

2.1. Fähigkeiten einzelner Pipeline-Inspektionssysteme . . . 33
2.2. Notation der Variablen für maritime Fahrzeuge 38

Abbildungsverzeichnis

1.1. SeaCat-AUV 6
1.2. KAPITAS-AUV 6

2.1. Integritätsmanagement 10
2.2. Pipelineüberdeckung 13
2.3. Beschädigungen von Pipelines und Seekabeln 13
2.4. Schäden an Bauwerken und Installationen 14
2.5. Schiffsbasierte Datenerfassung 15
2.6. Towfish 16
2.7. Slocum-Glider 17
2.8. Work-Class-ROVs 17
2.9. Mini-ROV 18
2.10. Inspektionen mit ROV's 18
2.11. ROTV 19
2.12. Kongsberg-Hydroid AUVs 20
2.13. Atlas Elektronik AUVs 20
2.14. Pipeline Inspection Gauge 21
2.15. Vergleich Sidescan-Qualität 22
2.16. Lebenszyklus einer Offshore-Kabelinstallation 24
2.17. Free-Span 26
2.18. Elektrische und thermische Fehlfunktionen eines Unterwasserkabels 26
2.19. Mechanische und chemische Belastungen eines Unterwasserkabels 27
2.20. Schäden in Kabelschutzmaßnahmen 28
2.21. Kabelschutzmaßnahmen 28
2.22. Koordinatensysteme 35
2.23. BODY-Referenzsystem 37

2.24. Koordinatentransformationen 38
2.25. Multi-Sensor-Tracking 39
2.26. Architekturen für Datenfusion 40
2.27. Aqua Explorer 42
2.28. Arbeitsprinzip des Aqua Explorers 43
2.29. SeeTrack AUTOTRACKER 44
2.30. Hugin Inspektions-Mission 45
2.31. Beispieldaten der HUGIN-Mission 46
2.32. SROV 47
2.33. Besipieldaten des SROVs 47
2.34. Bluefin HAUV 48

3.1. Unterteilung einer Robotersteuerung in funktionale Module 53
3.2. Robotersteuerung mit verhaltensbasierten Komponenten 54
3.3. Wahrnehmung und Aktion 54
3.4. Zusammenführung von Verhaltensweisen (I) 55
3.5. Zusammenführung von Verhaltensweisen (II) 56
3.6. Systemarchitektur auf Basis des RBM 57
3.7. Backseat Driver 58
3.8. Blackboard-System 59
3.9. Direkte Kommunikation 60
3.10. Publisher/Subscriber-System 62
3.11. ConSys Framework 63
3.12. Regelschleife mit Frontseat- und Backseat-Driver . . . 66
3.13. Zustandsdiagramm mit -übergängen für eine Pipelineinspektion 67
3.14. Aufgabenliste zu Insepktionsbeginn 71
3.15. Aufgabenliste zur Objektverfolgung 72
3.16. 2D-LOS-Reglung 74
3.17. Regelung der seitlichen Ablage 75
3.18. Virtuelle Wegpunkte zur Objektverfolgung 77
3.19. Erfassung vertikaler Flächen 78
3.20. Vertikale Pfadplanung 79
3.21. Missionsplan mit Wegpunktliste 81

3.22. Missionsplan mit mäanderförmigem Survey 82
3.23. Maridan Operator Interface (MOI) 83
3.24. ConSys-GUI zur Missionsplanung 87
3.25. Missionsaufbau Kabel-/Pipelineinspektion 88
3.26. Missionsaufbau Hafeninspektion 90
3.27. Missionsplan Pipelineinspektion 91
3.28. Missionsplan zur Wandinspektion 93
3.29. Kommunikation zwischen Front- und Backseat-Driver . 94

4.1. Sensordatenverarbeitungskette 98
4.2. Hafeninspektion mit AUV 100
4.3. Darstellung der Marina Schilksee 101
4.4. Inspektion eines Schiffsrumpfes 103
4.5. Pipeline/Seekabel-Inspektion 104
4.6. In Seekarten verzeichnete Kabeltrassen 105
4.7. Phasen der Pipelineinspektion 106
4.8. SeaCat AUV für Hafen- und Schiffshülleninspektion . . 109
4.9. Sensorkonfiguration für Kabel- und Pipelineinspektion 110
4.10. Kabel- und Pipelineinspektions-AUV 111
4.11. Gitterbasierte Umgebungsdarstellung 113
4.12. Quadtree 114
4.13. Geometrische Umgebungsmodellierung 115
4.14. Graphenbasierte Bahnplanung 116
4.15. Pipeline-Sensormodell (2D) 117
4.16. Pipeline-Sensormodell (1D) 118
4.17. Occupancy-Grid 122
4.18. Feature und Visiting Maps 122
4.19. Abbildung von Linienobjekten im Gittermodell 124
4.20. Normalverteilung 125
4.21. 2D-Normalverteilung 126
4.22. Abstand Punkt zu Streckenelement 128
4.23. Normalverteilung entlang einer Strecke 129
4.24. Karte mit mehreren Kontakten 130
4.25. Fusion der Karten 134
4.26. Geradenbeschreibung in Polarform 136

4.27. Hough-Linientransformation 137
4.28. RANSAC - Parameterschätzung 138
4.29. Verlegetrasse NorthStream-Pipeline 139
4.30. Auflösungspyramide 141
4.31. Windowing 143
4.32. Managing des globalen Gebietes bei Fensterbewegung . 144
4.33. Kachelung 145
4.34. Filterung mit einzelnen Sensoren 148
4.35. Filterung und kartenbasierte Sensorfusion 149
4.36. Datenfusion und Filterung 149
4.37. Struktur des receive-and-hold Filters 150
4.38. Wirkungsweise des receive-and-hold Filters 151
4.39. Kalman Filter 153
4.40. Extended Kalman Filter 154
4.41. Koordinatensysteme des 3DOF-Modells 157
4.42. Einbindung des virtuellen Sensors 160

5.1. Vorgehensmodell 164
5.2. Modularer Aufbau des Fahrzeugführungssystems 166
5.3. Inspektionsszenarien in CViewVR 168
5.4. Struktur von CViewVR 169
5.5. Sensorsimulation in CViewVR 169
5.6. ConSys-Module und CViewVR 170
5.7. Unterwasser-Versuchsbecken mit 3D-Portalkran 171
5.8. ConSys-Module und Pipelinetracking mit Portalkran . 172
5.9. Sensorik zur Pipelineerfassung 173
5.10. KAPITAS-AUV während der Seeversuche 174
5.11. ConSys-Module und KAPITAS-AUV 174
5.12. SeaCat-AUV während Wandinspektion 175
5.13. ConSys-Module und SeaCat-AUV 176
5.14. Reglerstruktur Testbecken 177
5.15. Kamerabild Testbecken 178
5.16. Detektiertes Objekt im Kamerabild 179
5.17. Detektiertes Objekt im MBES 180
5.18. Simulationsprinzip Pipeline-Sensor 182

5.19. Prinzip der Hindernissimulation für Wände 184
5.20. Einbindung simulierter Sensoren in das VGS 185
5.21. Reglerstruktur Sensorsimulation 186
5.22. ConSys-Module als Backseat-Driver 187
5.23. Interaktion zwischen VGS und PTS 189
5.24. Interaktion zwischen VGS und OIS 191
5.25. Sequentieller Missionsplan 193
5.26. Missionsplan mit Inspektionsgebiet 194
5.27. Inspektionsgebiet entlang eines Tracks 195
5.28. Inspektionsgebiet an einer Hafenmauer 196
5.29. Aufzeichnung der Sensor- und Missionsdaten 198
5.30. Wiedergabe der aufgezeichneten Sensordaten 198
5.31. GIS-Darstellung eines Tracks 200

6.1. Pipelinetracking in der VR 204
6.2. In der VR aufgezeichneter Missionsverlauf 205
6.3. Versuchsaufbau Pipelinetracking im Testbecken 207
6.4. Daten der Sensoren im Testbecken 207
6.5. Sensor-Kontaktdaten 209
6.6. Fusionierte Sensorkontaktdaten und Linienextraktion . 210
6.7. Versuchsaufbau im Testbecken für EKF-Tracking . . . 211
6.8. Für Kamera nicht sichtbares Pipelinesegment 212
6.9. Positionswerte während des EKF-Trackings 212
6.10. Plot der Sensordaten des EKF-Trackings 213
6.11. KAPITAS-Versuchsgebiet im Øresund 214
6.12. Pipelinetracking – Maridan OSV 215
6.13. Missionsplan für erste KAPITAS-Seeversuche 216
6.14. Pipelinetracking-Simulationen zur Voruntersuchung . . 217
6.15. Trackplot des Fahrzeuges 218
6.16. Strömungsverhältnisse im Seegebiet 219
6.17. Pipelinetracking mit dem KAPITAS-AUV 220
6.18. Pipeline-Dummy 220
6.19. Bathymetriedaten mit Pipelinetrack 221
6.20. Schiffshülleninspektion mit CViewVR 223
6.21. Sensorkonfiguration mit FLS und Abstandssensoren . . 223

6.22. Simulation und Visualisierung einer Wandinspektion . 224
6.23. SeaCat im Baggersee 226
6.24. Missionsplanung und Auswertung im Baggersee 226
6.25. Olympiahafen Kiel in Schilksee 227
6.26. Seeversuche in Olpenitz 228
6.27. GIS-Darstellung der Versuchsergebnisse in Olpenitz . . 229

A.1. SSS-Beispieldaten 241
A.2. MBES-Beispieldaten 242
A.3. SBP-Beispieldaten 242
A.4. BOSS-Beispieldaten 243

Abkürzungen

AUV	Autonomes Unterwasserfahrzeug
BMWi	Bundesministerium für Wirtschaft und Energie
BOSS	Buried Object Scanning Sonar
CDT	Conductivity, Density, Temperature
CORBA	Common Object Request Broker Architecture
CVI	Close Visual Inspection
DGPS	Differential GPS
DNV-GL	Det Norske Veritas - Germanischer Lloyd
DVL	Doppler Velocity Log
ECI	Earth-Centered-Inertial
ECEF	Earth-Centered-Earth-Fixed
FLS	Forward Looking Sonar
FOG	faseroptischer Kreisel
GIS	Geographisches Informations-System
GLONASS	Globalnaja nawigazionnaja sputnikowaja sistema (russisches GNSS)
GNSS	globales Navigationssatellitensystem
GPS	globales Positionierungssystem
GVI	General Visual Inspection
GVI XTD	Extended Visual Pipeline survey
HMI	Human Machine Interface
HPS	High Precision Survey
ILI	In-Line Inspection
IM	Integritätsmanagement
IMU	Inertial Measurement Unit
LBL	Long Baseline Localization
LLC	Low Level Controller
LOS	Line of Sight

MBES	Fächerecholot
MEMS	mikro-elektromechanisches System
MFL	Magnetic Flux Leakage
MIT	Massachusetts Institute of Technology
MOOS	Mission Orientated Operating Suite
MOOS-IvP	MOOS-Interval Programming
NED	North-East-Down
OBD	Objektdetektion
OIS	Objektinspektionssystem
PIG	Pipeline Inspection Gauge
PTS	Pipelinetrackingsystem
ROI	Region of Interest
ROS	Robot Operation System
ROTV	Remotely Operated Towed Vehicle
ROV	Remotely Operated Vehicle
RPC	Remote Procedure Call
SAS	Synthetic Aperture Sonar
SBL	Short Baseline Localization
SBP	Sub-Bottom Profiler
SLAM	Simultaneous Localization and Mapping
SNAME	Society of Naval Architects and Marine Engineers
SOAP	Simple Object Access Protocol
SROV	Surveyor Interceptor ROV
SSS	Seitensichtsonar
TCP/IP	Transmission Control Protocol / Internet Protocol
TMS	Tether Management System
UDP/IP	Unified Data Protocol / Internet Protocol
USBL	Ultra Short Baseline Localization
UUV	Unbemanntes Unterwasserfahrzeug
UT	Ultrasonic Testing
VGS	Vehicle Guidance System (Fahrzeugführungssystem)
VR	Virtuelle Realität
XML	Extensible Markup Language
XTE	Cross Track Error

1. Einführung

Der globale Handel ist von maritimen Einrichtungen wie Hafenanlagen, von Offshore Energie- und Rohstoffgewinnung, von dem Rohstofftransport durch Pipelines sowie der Energieversorgung und Telekommunikation über Unterwasserkabel abhängig. Die Umgebungsbedingungen für Offshore-Installationen sind extrem rau: Seewasser ist hochkorrosiv und Strömungen, vor allem in Tidengewässern, können Sediment auf- bzw. abtragen. Die Pipelines und Seekabel können überspült oder durch Unterkolkungen frei im Wasser hängen. Dabei können sie sich durchbiegen, so dass sie beschädigt werden können. Die Fundamente und Verankerungen von Offshore-Bauwerken (Windkraftanlagen, Fördertürme für Öl- und Gas) können freigespült und in ihrer Funktion und Stabilität beeinträchtigt werden [33, 34].

Verschleiß oder technische Mängel an diesen Bauwerken können deren Funktionsweise beeinträchtigen und dadurch zu ökologischen und ökonomischen Schäden führen. Dies erfordert neben der Einhaltung der Betriebsvorschriften, insbesondere im Bereich der maritimen Sicherheit und der technischen Funktionalität, eine zuverlässige und regelmäßige Inspektion dieser Bauwerke. Die regelmäßigen Inspektionen sind zur Aufrechterhaltung eines störungsfreien Betriebes notwendig und werden auch vom Gesetzgeber bzw. Zertifizierer gefordert.

Inspektion mit Tauchern, Remotely Operated Vehicles (ROVs) und Pipeline Inspection Gauges (PIGs). Heutige Kontrollen und Inspektionen von Unterwasserbauwerken werden überwiegend von Tauchern durchgeführt. Diese sind aufwendig und kostenintensiv und der Einsatz in großen Wassertiefen oder gefährlichen Regionen ist ausgeschlossen. Pipelines werden durch PIGs von innen inspiziert [88, 28]. Diese PIGs können Anomalien auf der Innenseite der Pipeline entdecken sowie auch Schichtdickenmessungen durchführen; jedoch kann die äußere Umgebung nicht erfasst werden. Eine Inspektion der Außenstrukturen sowie der Umgebung der Pipeline werden aktuell mit Hilfe von ROVs oder mittels schiffsbasierter Sonarsysteme durchgeführt [28].

Das für die Inspektion verwendetete ROV wird durch entsprechend geschulte ROV-Piloten von einem Mutterschiff aus gesteuert. Dies wird im 24/7-Mehrschichtbetrieb durchgeführt, wobei eine Inspektionskampagne bis zu mehrere Wochen andauern kann. Ein solche Kampagne ist zudem für das Personal extrem ermüdend. Des Weiteren ist eine solche Inspektion durch hohe Personalkosten und die lange Einsatzdauer sehr kostenintensiv. Durch die hohe Belastung der Piloten können Fehler bei der Fahrzeugsteuerung erfolgen oder Anomalien übersehen werden. Autonom agierende Fahrzeuge, wie Autonome Unterwasserfahrzeuge (AUVs), können viele Aufgaben der ROVs und der Piloten übernehmen und eine gleichbleibend hohe Qualität der Inspektion bei geringeren Kosten sicherstellen.

Exploration mittels AUVs. Aktuell werden AUVs zum automatischen Erfassen von Daten eingesetzt. Aus diesen gewonnenen Informationen werden Höhenprofile des Meeresbodens, die Bathymetrie, erstellt. Über bildgebende akustische Sensoren werden versunkene Schiffe oder Seeminen gesucht. Auch archäologische Forschung auf dem Meeresboden wird mit Hilfe von unbemannten Unterwasserfahrzeugen (UUVs) durchgeführt. Es werden Conductivity, Density, Temperature (CDT)-Messungen über weiträumige Gebiete und längere Zeiträume erstellt.

Bei all diesen Einsatzmöglichkeiten wird der Meeresboden kartographiert sowie die Daten aus der Wassersäule in Kartendaten verortet. Dabei hilft der Umstand, dass AUVs sich über längere Zeiträume gleichmäßig im Wasser bewegen können und somit eine gleichmäßige Datenaufnahme mit hoher Qualität ermöglicht wird. Zu Beschreibung der Missionen werden Missionspläne erstellt, die aus einzelnen nacheinander abfolgenden Manövern bestehen. Das Vehicle Guidance System (Fahrzeugführungssystem) (VGS) der Fahrzeuge führt während des Einsatzes die einzelnen Manöver nacheinander aus – wenn ein Manöver abgeschlossen ist, wird das im Plan darauf folgende ausgeführt.

Inspektion mit AUVs Der Betrieb von Offshore-Anlagen zur Energiegewinnung und die Infrastruktur für Transport von Daten und Waren mittels Pipelines und Seekabeln benötigt regelmäßige Inspektionen und Wartung dieser Anlagen. Dafür werden, wie bereits im vorherigen Abschnitt erwähnt, Taucher und ROVs eingesetzt. Da dies durch den hohen Personal- und Zeitbedarf sehr kostenintensiv, sowie mit großen Gefahren, insbesondere für die Taucher, verbunden ist, lohnt sich die Automatisierung dieser Aufgaben. Als System zur Automatisierung eignen sich dementsprechend AUVs.

1.1. Motivation

Für die automatische Inspektion von Unterwasserbauwerken mittels AUVs sind neuartige Verfahren für die Fahrzeugführung zu entwickeln und zu erproben.
Diese müssen verschiedenste Randbedingungen erfüllen:

- Es muss die Vollständigkeit der Inspektion sichergestellt werden, damit das zu inspizierende Objekt als 100%ig „anomaliefrei" deklariert werden kann [64].
- Das zu inspizierende Objekt muss am Meeresboden zuerst aufgefunden werden, da Seekabel und Pipelines durch wechselnde Strömungsverhältnisse „wandern" können. Teilweise sind die Verlegedaten unvollständig oder fehlerhaft [65].
- Des Weiteren ist die infrastrukturelle Beschaffenheit z.B. von Hafenanlagen und die damit begrenzte Manövrierfähigkeit zu beachten (dabei sind zu nennen: hohes Verkehrsaufkommen (Kollisionsgefahr), enge Operationsräume (Ruder, Piers, Anlegestellen), Tide, Strömung, etc.) [64].

Ein besonderes Problemfeld ist die vertikale Inspektion von dreidimensionalen Objekten (z.B. Spundwände). Dabei müssen die Bahnen für das Fahrzeug effektiv, zeit- und kostenoptimal geplant werden; wobei während der Inspektionsfahrt selbst erstellte Karten und Missionsvorinformationen mit den aktuellen Sensorinformationen fusioniert und für die Bahnplanung am zu inspizierenden Objekt verwendet werden.

Zur Sicherstellung der vollständigen Inspektion mit den eingesetzten Sensoren müssen die Objekte mit einer gewissen Überdeckung des Sensorsichtfeldes abgesucht werden. Um dies zu erreichen und Anomalien korrekt zu detektieren, darf das Inspektionsfahrzeug einen engen Abstandskorridor zum inspizierenden Objekt nicht verlassen. Daher ist höchstpräzise Navigation und Abstandshaltung unbedingt erforderlich.

Bei unvollständiger Information über das zu inspizierende Objekt sowie um den Planungsaufwand einer Inspektionsmission zu minimieren, müssen die AUVs aktiv das zu inspizierende Objekt innerhalb des zu inspizierenden Gebietes suchen und als solches identifizieren. Dabei ist eine Interaktion mit der Fahrzeugumwelt notwendig. Dafür müssen die Fahrzeuge von ihrem zu Missionsbeginn definierten Plan abweichen können.

Intelligente Planungs- und Steuerungsverfahren, welche die Informationen aus Sensorik und Missionsvorbereitung effektiv nutzen und fusionieren, sind für die Lösung dieser Aufgabe nötig und sollen in der Arbeit entwickelt werden. Dabei sollen Methoden der Datenfusion und der nichtlinearen Filterung für die nichtlineare Bahnplanung angewendet sowie an die Problemstellung entsprechend angepasst und erweitert werden.

Ziel dieser Arbeit ist die Rahmenbedingungen zu schaffen, dass AUVs Inspektionen durchführen können. Dafür soll die Missionsbeschreibung erweitert werden, um auf die Umwelt reagieren zu können, ohne dass die etablierten Verfahren zur Missionsplanung umgeworfen werden. Des Weiteren werden Verfahren zur Umweltmodellierung benötigt, damit etablierte, einfach strukturierte und robuste Algorithmen für die Bahnplanung und Fahrzeugregelung während der Objektinspektion eingesetzt werden können. Dadurch sollen die AUVs, die einen Missionsplan automatisch abarbeiten, befähigt werden, vollständig autonom mit ihrer Umwelt zu interagieren und die an sie gestellten Aufgaben auszuführen.

1.2. Rahmenbedingungen

Die in der Arbeit erstellten Algorithmen und Verfahren wurden im Rahmen mehrerer Forschungsprojekte entwickelt. Es wurden Algorithmen zur Kabel- und Pipelineinspektion während des vom BMWi geförderten „KAPITAS"-Projektes (Förderkennzeichen 03SX323) entworfen und erprobt [114]. Ein anderes vom Bundesministerium für Wirtschaft und Energie/Technologie (BMWi) gefördertes Projekt mit Namen „CView" (Förderkennzeichen 03SX262) hatte die Inspektion von Schiffsrümpfen und Hafenanlagen als Fokus [104].

Während der Laufzeit des „CView"-Projektes wurde ein bestehendes Unbemanntes Unterwasserfahrzeug (UUV), das als ROV betrieben wurde, für den AUV-Betrieb modifiziert. Zusätzlich wurde ein Inspektionskopf entwickelt, der während der Hafeninspektion auf das zu inspizierende Objekt ausgerichtet werden konnte, um die Daten aufzunehmen und nach Anomalien zu suchen. In die Konzeption der in dieser Arbeit entwickelten Algorithmen flossen die Modifikationen des Fahrzeuges ein. Durch Anpassungsentwicklungen des Fahrzeuges und des VGS wurden entsprechende Modifikationen an den Inspektionsalgorithmen notwendig, die durch einen konsequenten modularen Aufbau der Verfahren schnell umgesetzt werden konnten. Das Fahrzeug und die Inspektionsalgorithmen wurden während mehrerer Seeversuche erfolgreich getestet. Nach Projektabschluss wurde der Prototyp des AUV-Systems weiter für die industrielle Fertigung modifiziert und befindet sich nun im Produktportfolio des Herstellers (Abbildung 1.1).

Für die Kabel- und Pipelineinspektion ist ebenfalls ein AUV (Abbildung 1.2) während der Laufzeit des „KAPITAS"-Projektes entwickelt worden. Das gesamte Konzept, das Fahrzeugdesign sowie die Führung des Fahrzeuges während der Inspektion wurde geschützt [24]. Dabei wurde das Fahrzeug entsprechend des in [24] vorgestellten Konzeptes konstruiert und gebaut. Die Sensoren, die Eigenschaften des Fahrzeuges sowie die Steuerungs- und Navigationslösung des Herstellers setzen die Randbedingung für die Führung des Fahrzeuges während der Inspektion. Da die Softwareentwicklung parallel zur Entwicklung und zum Bau des Fahrzeuges stattfand, mussten Lösungen gefunden werden, um die

Abbildung 1.1.: SeaCat-AUV [8]

erstellten Algorithmen und Verfahren über Simulationen oder andere Lösungen zu evaluieren.

Abbildung 1.2.: KAPITAS-AUV [7]

Die AUV-Führungsalgorithmen zur Unterwasserinspektion wurden mit Hilfe der Virtuelle Realität (VR) „CViewVR“ sowie mit selbst erstellten Simulatoren getestet. Zusätzlich konnte das Unterwasserbecken am Fraunhofer Institutsteil für angewandte Systemtechnik des Institutes für Optronik, Systemtechnik und Bildauswertung genutzt werden, um die entwickelten Algorithmen mit realen Sensoren in einer kontrollierten Umgebung zu evaluieren und zu optimieren.

1.3. Aufbau der Arbeit

Die Arbeit beschäftigt sich mit der Entwicklung und der Integration von Algorithmen und Verfahren zur Führung von autonomen Unterwasserfahrzeugen (AUVs) während Unterwasserinspektionen. Dabei sollen Seekabel, Pipelines und auch Hafenanlagen inspiziert werden. Der Hauptfokus liegt aber auf den Seekabeln und Pipelines. Dafür werden die Daten von unterschiedlichsten Sensoren und Sensortypen ausgewertet und zu einem Gesamtsituationsbild fusioniert; auf Basis dessen wird das AUV entlang des zu inspizierenden Objektes geführt, nachdem dieses erfolgreich gesucht und identifiziert wurde.

Das Kapitel 2 erläutert die Grundlagen für eine Unterwasserinspektion. Es wird auf die Notwendigkeit der Inspektion von Unterwasseranlagen im Rahmen des Prozesses zum Management der Anlagenintegrität, auf die rechtlichen und technischen Vorschriften für den Betrieb solcher Anlagen sowie auf die zu suchenden Anomalien und Fehlerquellen eingegangen. Es werden die aktuell einsetzbaren Trägersysteme vorgestellt und ihre Eigenschaften sowie Vor- und Nachteile miteinander verglichen. Als wichtige Grundlage für die darauf folgenden Kapitel werden in diesem Kapitel die verwendeten Koordinatensysteme und die Koordinatensystemtransformationen vorgestellt. Das Kapitel schließt mit der Vorstellung von in der Literatur und über Pressemitteilungen bekannten Projekten im Bereich der Unterwasserinspektion. Eine Abgrenzung zu den in der Arbeit vorgestellten Verfahren und Systemen wird entsprechend vorgenommen.

Die darauf folgenden Kapitel behandeln die Systeme zur Regelung und Führung von unbemannten Unterwasserfahrzeugen (UUVs) in Kapitel 3 sowie die Umweltmodellierung und Fusion der Sensordaten in Kapitel 4. Dabei können die beiden Kapitel unabhängig voneinander betrachtet werden. In beiden Kapiteln werden die neu entwickelten sowie die für die neuartigen Fahrzeugsysteme adaptierten Verfahren vorgestellt.

In Kapitel 5 wird die Umsetzung, der in den beiden vorangegangenen Kapiteln behandelten Verfahren, auf ausgewählte Plattformen behandelt. Dabei werden Simulationen und auf dem Wasserbecken basierende

Experimentalaufbauten sowie die Integration in die Zielfahrzeugsysteme vorgestellt. Des Weiteren wird die modulare Umsetzung der Algorithmen und deren Integration in bestehende VGSs beschrieben.

Die im Rahmen der Arbeit und der beiden Forschungsprojekte durchgeführten Experimente und Seeversuche werden in Kapitel 6 vorgestellt. Die gewonnenen Erkenntnisse aus den Versuchen werden in dem Kapitel ebenfalls diskutiert. Die Arbeit schließt mit einer Zusammenfassung (Kapitel 7) der neu entwickelten Algorithmen und Verfahren sowie der durchgeführten Arbeiten.

In der vorliegenden Arbeit wurden folgende neuartige Ansätze entwickelt:

- Definition, Integration und Validierung eines aufgabenbasierten Fahrzeugführungskonzeptes in ein bestehendes, einsatzerprobtes und auf sequentieller Manöverausführung basierendes VGS unter Nutzung des Frontseat-/Backseat-Driver-Modells.

- Definition von neuen Manövertypen zur Integration von Inspektionsverfahren in eine bestehende und erprobte Missionsplanung,

- Erstmalige Integration einer großen Bandbreite unterschiedlichster Sensoren in ein System zur Führung von AUVs,

- Erstellung und konsequente Integration eines generischen Sensormodells für die Abstraktion von Pipelines, Seekabeln und Wandstrukturen,

- Adaption von Occupancy-Grids, welche für die Hindernisdarstellung verwendet werden, auf das Problem des Objekttrackings und der neu entwickelten Probability-Maps und

- Definition und Umsetzung eines aufgaben- und verhaltensbasierten Führungsalgorithmus zur flexiblen Integration und Erweiterung von Inspektionsverfahren auf einer abstrakten Ebene.

2. Grundlagen und Stand der Technik

Dieses Kapitel stellt die Grundlagen und den aktuellen Stand der Technik für Unterwasserinspektionen vor. Es wird auf die Notwendigkeit der Inspektion im Life-Cycle-Management von Offshore-Einrichtungen eingegangen. Die rechtlichen Grundlagen werden aufgeführt. Die verwendete Koordinatensysteme und -transformationen sowie grundlegende Konzepte der Sensordatenfusion werden dargestellt. Es werden Maßnahmen für die Inspektion von Pipelines und Seekabeln sowie für die Überwachung und Inspektion von Hafenanlagen vorgestellt.

Des Weiteren werden unterschiedliche Fahrzeugtypen, die für solche Inspektionen verwendet werden, beschrieben. Dabei wird der Einsatz von Autonomen Systemen inklusive deren Potentiale zur Reduzierung der Kosten für regelmäßige Inspektionen behandelt.

Der Aufbau einer Inspektionsmission für Pipelines, Seekabel und Hafenanlagen wird zum Ende des Kapitels vorgestellt. Das Kapitel schließt mit einer Zusammenfassung der behandelten Themen.

Auf die Grundlagen und aktuellen Technikstandards der in dieser Arbeit beschriebenen Teilthemen „Fahrzeugführung“ (Kapitel 3) und „Umweltmodellierung“ (Kapitel 4) wird in den einzelnen Kapiteln detailliert eingegangen. In Kapitel 3 werden die Architekturen von Fahrzeugführungssystemen vorgestellt, verglichen und auf die vorliegende Problemstellung angepasst. Die Modellierung der Fahrzeugumgebung sowie die innerhalb der Arbeit verwendete Sensorik und die Fusion der Sensordaten werden in Kapitel 4 ausgehend von den Grundlagen über den aktuellen Stand bis zu den für die Problemstellung neu entwickelten Verfahren behandelt.

2.1. Inspektion von Unterwasseranlagen

Die Inspektion ist ein wichtiger Teil des Produkt- bzw. des Lebenszyklus sowie des Integritätsmanagements einer technischen Einrichtung, wie in Abbildung 2.1 dargestellt.

Abbildung 2.1.: Integritätsmanagement nach [28]

Ein Integritätsmanagementprozess ist für den Betrieb einer Offshore-Einrichtung zwingend erforderlich [28] und die Inspektion ist dabei ein wichtiger Teil dieses Prozesses. Einen detaillierten Überblick über die Vorschriften zum Betrieb solcher Einrichtungen wird im Abschnitt 2.3 dieses Kapitels gegeben.

Definition 1. Inspektion von Unterwasserinstallationen *nach [11, S.23]: „Underwater inspection is a continuation of the onshore fabrication of a facility through shipment, installation, to operation. It is first required during installation and then periodically when a facility is operational.“*

Während der Installation der Struktur bzw. Anlage wird meist eine durchgehende Überwachung der Installationsarbeiten ausgeführt, um die strukturelle Integrität der Einrichtung sicherzustellen sowie Umwelteingriffe und deren Auswirkungen zu dokumentieren. Während des operativen Einsatzes der technischen Einrichtung wird die Inspektion laut [11] meist aus folgenden Gründen durchgeführt:

- Zertifizierung oder zur Aufrechterhaltung einer Zertifizierung,
- Zusicherung des Betreibers von Zuverlässigkeit und Sicherheit der Einrichtung, sowie
- Arbeiten, die mit Unfällen, Reparaturen nach Unfällen und anderen Modifikationen der Einrichtung zusammenhängen.

Inspektion ist die Untersuchung von technischen Einrichtungen, wobei nach Anomalien gesucht wird. Dabei unterscheidet sich die technologische Herausforderung in der Inspektion von:

- einfach strukturierten,
- komplex strukturierten,
- bewachsenen oder
- verdeckten Objekten.

Für eine erfolgreiche Inspektion muss eine 100%-ige Abdeckung garantiert werden, um alle möglichen Anomalien zu entdecken. Dabei muss innerhalb eines engen Abstandskorridors zum Objekt operiert werden, damit die Sensoren optimal arbeiten und alle Flächen des zu inspizierenden Objektes erfassen.

Für die Planung der Inspektion können CAD-Daten von Unterwasserstrukturen bzw. Verlegedaten von Seekabeln und Pipelines herangezogen werden. Leider sind diese meist nicht ad-hoc verfügbar oder auch unzureichend, um diese als grundlegende Ausgangsbasis für eine Inspektion zu nutzen. Des Weiteren verändern Pipelines und Seekabel ihre Verlegeposition durch Meeresströmungen oder auch durch andere Ereignisse, wie z.B. Erdbeben oder durch unsachgemäßes Ankern bzw.

Fischerei. Somit kommt der Inspektion auch die Aufgabe zu teil, die Bewegungen der Pipeline/Seekabel zu erfassen und zu dokumentieren.

Inspektionsaufgaben stellen somit Suchaufgaben dar, bei denen das Objekt zuerst gefunden und dann vollständig untersucht werden muss. Für solche Suchaufgaben können sogenannte Occupancy Grids verwendet werden, wie in [120] vorgestellt. Dabei werden Gitterstrukturen verwendet, deren Zellen die beiden Zustände „besucht" bzw. „noch nicht besucht" haben können. Eine Erweiterung dieses Verfahrens sind Coverage Maps [13], die auch Werte zwischen den beiden Zuständen „besucht" und „nicht besucht" annehmen können. Somit sind auch Zustände wie „teilweise besucht" möglich. Für den Einsatz solcher Verfahren ist aber eine genaue Kenntnis der Geometrie des zu untersuchenden Objektes nötig und wie bereits erwähnt sind CAD- bzw. Verlegedaten oft nicht verfügbar.

Anomalien

Die Inspektion von Unterwasseranlagen erfolgt, um Änderungen in der Umgebung zu erfassen (Change-Detection) und um Anomalien zu erkennen und zu registrieren.

Definition 2. *Eine* Anomalie *beschreibt eine Abweichung vom Normalzustand der Installation.*

Bei Pipelines oder Unterwasserkabeln können folgende Anomalien auftreten: Leckagen, äußere Beschädigungen, Korrosion, sowie Biofouling und übermäßiger Bewuchs. Des Weiteren wird die Überdeckung und Schichtdicke bei eingegrabenen Pipelines untersucht und der Free-Span bei freigespülten Pipelines und Kabeln gemessen. Die Bilder in der Abbildung 2.2 zeigen drei Zustände der Überdeckung von Pipelines und Seekabeln. Die Richtlinien für die Überdeckung und den Free-Span sowie die Klassifikation von Beschädigungen sind in Abschnitt 2.3 aufgeführt. Einige der Beschädigungen sind in Abbildung 2.3 zur Illustration der zu untersuchenden Anomalien aufgeführt.

Definition 3. *Der* Free-Span *ist der Bereich eines Kabels oder einer Pipeline, der nicht auf dem Gewässergrund aufliegt oder eingegraben ist, sondern frei im Wasser „schwebt“. (Abbildungen 2.2a und 2.17)*

(a) freigespült (b) aufliegend (c) überspült

Abbildung 2.2.: Überdeckung einer Pipeline [7]

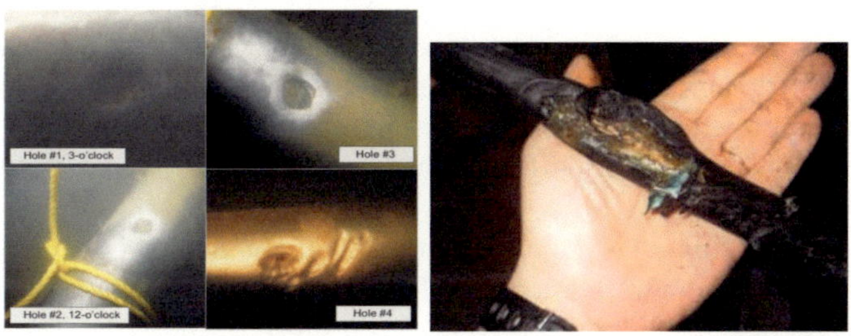

(a) Löcher in Pipeline [90] (b) Durch Fischereigerät beschädigtes Kabel [22]

Abbildung 2.3.: Beschädigungen von Pipelines und Seekabeln

Viele der Schadensklassen, die bei den Pipelines und Seekabeln auftreten, können auch auf Offshore-Installationen, Hafenanlagen sowie auf Wasserbauwerke wie Schleusen und Staudämme angewendet werden. Diese Bauwerke werden dabei auf strukturelle Beschädigungen, die zum Beipsiel durch Schiffskollisionen mit den Hafenanlagen auftreten können, auf Unterspülungen, auf Korrosion sowie auf Biofouling, Bewuchs etc. untersucht. Die Abbildung 2.4 zeigt exemplarisch einige dieser Anomalien.

(a) Korrosion an einer Schleuse

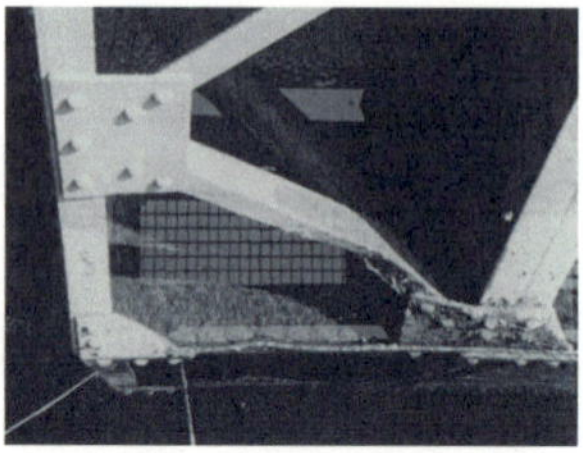

(b) Verformung mit Beeinträchtigung der Bauteiltragfähigkeit

Abbildung 2.4.: Schäden an Bauwerken und Installationen [16]

Monitoring

Die Inspektion wird eingesetzt, um Anomalien an dem zu untersuchenden Objekt zu finden. Eine Erweiterung dazu ist die regelmäßige Inspektion des gleichen Objektes in definierten zeitlichen Abständen. Dieses Monitoring bzw. die Überwachung dient der Feststellung von Veränderungen des Objektes, auch bevor größere Schäden erfassbar sind.

Das Monitoring des Anlagenzustandes kann durch fest installierte Sensoren sowie mit mobilen Sensorsystemen, wie UUVs, erfolgen. Wobei mittels der fest installierten Sensoren die Parameter punktuell und kontinuierlich am Installationsort erfasst werden können. Im Gegensatz dazu können die mobilen Systeme größere Teile des Objektes bzw. der Anlage untersuchen. Dies erfolgt jedoch nur zum Zeitpunkt der jeweiligen Inspektion.

2.2. Trägersysteme und Unbemannte Unterwasserfahrzeuge

Zur Datengewinnung während Unterwasserinspektionen können unterschiedliche Sensoren verwendet werden. Die genutzten Trägersysteme sind ebenfalls weit gestreut. Die Sensorträger können dabei mobil oder auch fest installiert sein.

An vielen Unterwasserinstallationen sind zum Beispiel Sensoren für die Messung von Temperatur, mechanischer Belastung und anderer Parameter installiert. Diese fest verbauten Sensoren erlauben ein kontinuierliches Monitoring der Umweltparameter sowie der Zustandsüberwachung der Unterwasserinstallation.

Mobile Sensorträger kommen dort zum Einsatz, wo sich stationäre Messsysteme betriebswirtschaftlich nicht lohnen oder deren Einsatz technologisch nicht anwendbar ist. In den folgenden Absätzen werden die am häufigsten eingesetzten mobilen Sensorträger vorgestellt. Die für die Führung der Fahrzeuge notwendigen Umgebungsmodelle sowie die einzelnen Sensorsysteme werden im Kapitel 4 behandelt.

Schiff

Mobile Sensorträger können Schiffe sein, die mit Hilfe am Schiffsrumpf installierter Systeme zum Beispiel die Bathymetrie des Meeresbodens erfassen (siehe Abbildung 2.5).

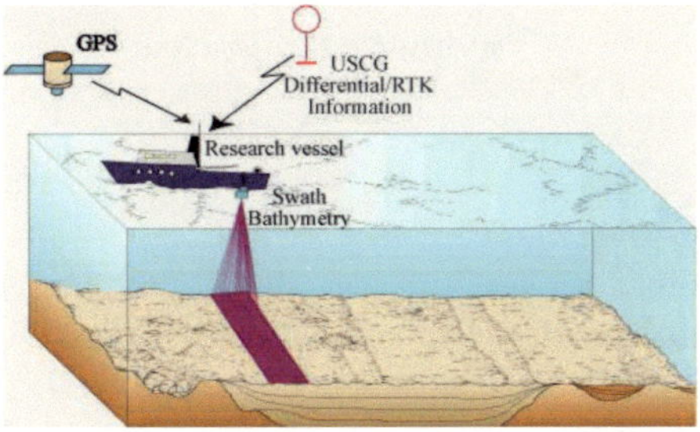

Abbildung 2.5.: Datenerfassung von einem Schiff ausgehend [125]

Des Weiteren können vom Schiff aus durch Messsonden Wasser- oder Sedimentproben gesammelt werden. Diese Proben können dann an Bord in den Schiffslabors chemisch und physikalisch analysiert werden. Schiffe werden vor allem als Basis für autonome oder ferngesteuerte unbemannte Sensorträger genutzt.

Towfish

Als weiterer Sensorträger für Offshore-Anwendungen kommen Schleppkörper (Towfish) zum Einsatz. Die Abbildung 2.6a zeigt einen solchen Schleppkörper. Diese sind mit dem Mutterschiff über ein Kabel verbunden und werden über den zu erfassenden Meeresboden geschleppt, wie in der Abbildung 2.6b dargestellt. Dadurch, dass der Towfish geschleppt wird, kann er näher am Meeresboden operieren. Dabei kann die Tauchtiefe bzw. der Abstand zum Meeresboden entsprechend durch die Länge der Schleppleine eingestellt werden.

(a) Edgetech Towfish [37]

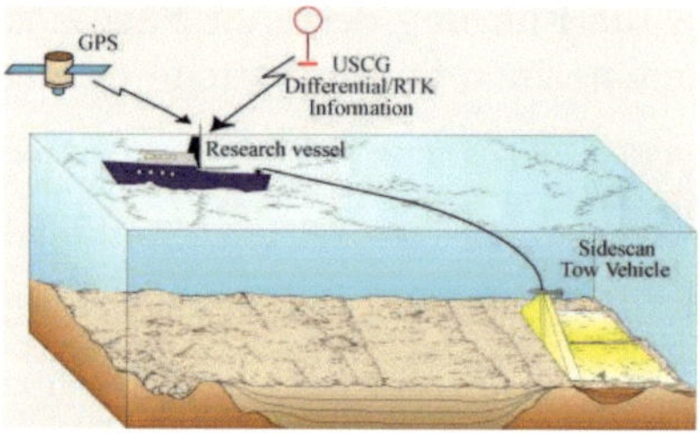

(b) Geschlepptes Towfish-System [125]

Abbildung 2.6.: Towfish

Glider

Ein für Langzeiteinsätze konzipierter autonomer Unterwasserfahrzeugtyp sind Unterwasserglider. Ein solches Fahrzeug ist in der Abbildung 2.7 dargestellt. Diese Fahrzeuge werden meist für CDT-Messungen eingesetzt. Dabei operieren sie meist bis zu mehrere Monate lang im Offshore-Einsatz, in sehr großen Operationsgebieten und gleiten in der Meeresströmung, wobei sie ihre Tauchtiefe über dynamischen Trimm variieren können. Durch das Treiben in der Meeresströmung ist ihr Energieverbrauch sehr gering, da sie keinen eigenen Antrieb zur Vorwärtsbewegung benötigen.

Solche Systeme werden zur Meeresbeobachtung und -forschung eingesetzt. Sie können unter anderem durch geeignete Sensorik auch Schad-

Abbildung 2.7.: Slocum-Glider der Rutgers University

stoffe im Meerwasser messen.

Remotely Operated Vehicle (ROV)

Ein für viele Zwecke einsetzbarer Unterwasserfahrzeugtyp ist das ROV. Diese ferngesteuerten, gefesselten Systeme existieren in unterschiedlichen Größen: vom mehrere Tonnen schweren Work-Class-ROV (Abbildung 2.8) über Interception-ROV, Observation-Class-ROV bis zum wenige Kilogramm leichten MiniROV (Abbildung 2.9), welches binnen Minuten einsatzbereit ist und Unterwasseraufnahmen bereitstellen kann.

(a) Deckshandling (b) ROV mit TMS

Abbildung 2.8.: Work-Class-ROVs [109]

ROVs besitzen eine hohe Manövrierfähigkeit und der Operator kann zu jeder Zeit in das Fahrzeugverhalten eingreifen sowie die Sensordaten

(a) Typ LBV200

(b) Crawling-Variante (Typ LBC)

Abbildung 2.9.: Seabotix Mini-ROV [108]

online begutachten und bewerten. Klassische Anwendungsgebiete für diese Systeme sind Inspektionsarbeiten (Abbildung 2.10), vor allem an Tragstrukturen, Unterwasserarchäologie, Beprobung und Bergung kleinerer Gegenstände sowie Unterwassermanipulation, wie z.B. das Öffnen und Schließen von Ventilen oder auch Schweißarbeiten, sind möglich.

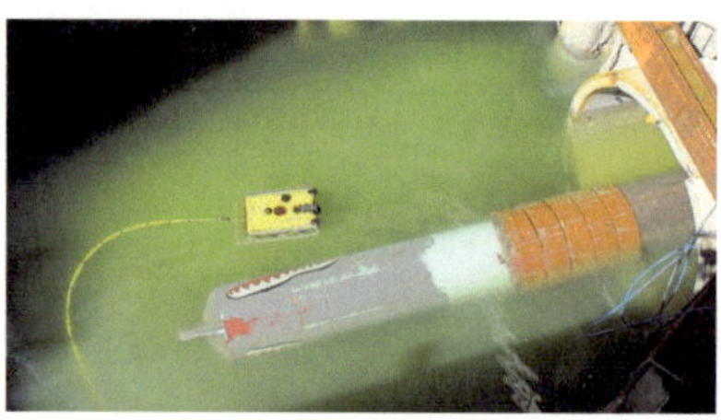

(a) Tunnelinspektion [109]

(b) Punktuelle Pipelineinspektion [88]

Abbildung 2.10.: Inspektionen mit ROV's

Das Operationsgebiet der Systeme ist durch das Kabel bedingt sehr klein, so dass nur punktuelle Arbeiten an Objekten, dem Meeresboden oder in der Wassersäule durchgeführt werden können.

ROVs sind aktuell das Standardwerkzeug für die externe Inspektion von Unterwasserpipelines und Seekabeln. Diese Vorgehensweise wird vom Det Norske Veritas - Germanischer Lloyd (DNV-GL) vorgeschlagen und in Abschnitt 2.3 erläutert.

Remotely Operated Towed Vehicle (ROTV)

Das ROTV füllt die Lücke zwischen Towfish- und ROV-Systemen und ist in der Abbildung 2.11 dargestellt. ROTVs werden wie Schleppkörper von einem Mutterschiff aus gezogen, sind aber über Aktoren, wie verstellbare Flügel oder Thruster, manövrierfähig. Sie werden als Geräteträger für diverse Sensorsysteme (zum Beispiel Synthetic Aperture Sonar (SAS), Seitensichtsonar (SSS), Magnetometer) genutzt. Des Weiteren haben sie eine hohe Flächensuchleistung. Anwendungsgebiete sind Exploration, Fischereibiologie sowie Pipelineinspektion. [53, 82]

Abbildung 2.11.: MacArtney ROTV FOCUS-2

AUV

Ein weiteres unbemanntes Robotersystem für Unterwassereinsätze sind Autonome Unterwasserfahrzeuge (AUVs). Diese agieren während ihres Einsatzes ohne direkten Eingriff eines Operators. Es sind ungefesselte Systeme, das heißt, sie operieren ohne Kabel und sind während einer Mission unabhängig von einem Mutterschiff.

Je nach Energieversorgungs- und Antriebssystem sowie Batteriekapazität können AUVs mehrere Stunden bis über mehrere Tage im Einsatz sein. Sie haben somit auch eine große Flächenleistung. Es existieren AUVs für unterschiedlichste Tauchtiefen, vom Flachwasser bis zur vollen Ozeantiefe.

Die Abbildung 2.12 zeigt zwei Fahrzeuge der Firma Hydroid für den Einsatz im Flachwasser 2.12a und bis 6000 m Meerestiefe 2.12b. In der Abbildung 2.13 sind zwei Fahrzeuge vom deutschen Hersteller ATLAS ELEKTRONIK GmbH dargestellt. Mit dem Fahrzeug SeaCat (Abbildung 2.13b) wurden Experimente zur Inspektion von Hafenanlagen durchgeführt, die in dieser Arbeit vorgestellt werden.

(a) Remus 100

(b) Remus 6000

Abbildung 2.12.: Kongsberg-Hydroid AUVs [74]

Die Unabhängigkeit von einem Versorgungs- und Kommunikationskabel ermöglicht eine breite Einsatzfähigkeit von diesen Systemen. Anwendungsgebiete der Fahrzeuge sind im militärischen Bereich bei der Erkundung, Minenaufklärung und -zerstörung, im industriellen Bereich u.a. beim Erstellen von bathymetrischen Karten für Pipeline- und Kabeltrassen sowie im wissenschaftlichen Bereich für die automatische Messdatengewinnung. Die Einsatzmöglichkeiten der AUVs richten sich dabei nach der verfügbaren Sensorik. Meist sind Sonarsysteme wie MBESs oder SSSs im Fahrzeug verbaut, so dass der Haupteinsatzbereich dieser Fahrzeuge Erkundungen (Explorationen) und Bathymetriedatengewinnung ist.

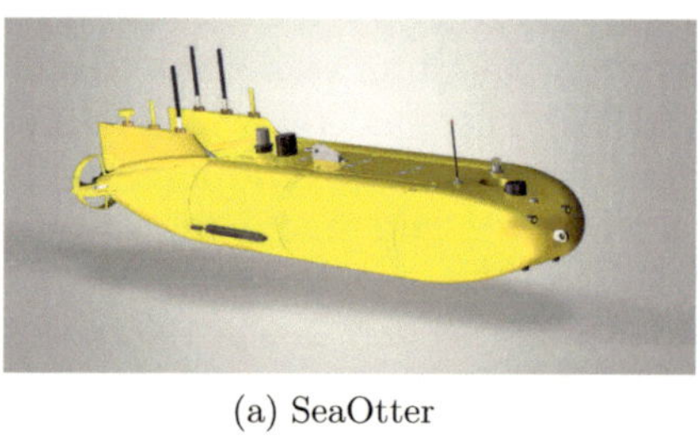

(a) SeaOtter

(b) SeaCat

Abbildung 2.13.: Atlas Elektronik AUVs [7, 6]

Molch / PIG

Ein weiteres unbemanntes System speziell für die Pipelineinspektion sind sogenannte Molche bzw. PIGs. Ein solches System ist in der Abbildung 2.14a illustriert. Die PIGs werden zum Trennen der in der Pipeline zu transportierenden Medien, wie Öl und Gas unterschiedlicher Sorten und Qualitäten, eingesetzt. Durch den Fluss der zu transportierenden Medien werden die PIGs in der Pipeline ebenfalls vorwärts bewegt.

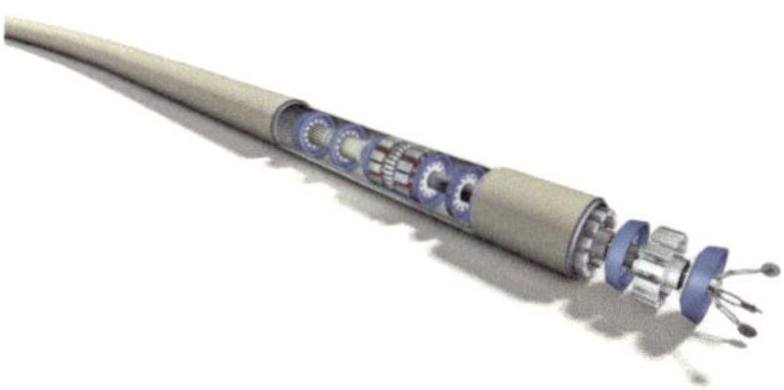

(a) Pipeline-Inneninspektion

(b) Molch-System

Abbildung 2.14.: PIG/Molch für die Pipeline-Inneninspektion [88]

Mit Sensorik ausgestattete PIGs (Abbildung 2.14b) können den Zustand der Pipeline von innen inspizieren und überwachen. Als Sensoren werden u.a. Kameras, Ultraschallsensoren und magnetische Systeme eingesetzt. Sie können die Pipeline-Innenseite visuell inspizieren, die Schichtdicke und das geometrische Profil der Pipeline messen.

Zusammenfassung und Vergleich

Alle vorgestellten Systeme haben ihr spezifisches Einsatzgebiet. So sind die Daten bei gefesselten bzw. schiffsbasierten Systemen ständig verfügbar, können ausgewertet und entsprechende Aktionen durch die Operateure durchgeführt werden. Mit ROVs können Unterwasserobjekte aus der Nähe betrachtet, beprobt und manipuliert werden, wobei der Operationsradius gering ist und von der verwendeten Kabellänge und dem Tether Management System (TMS) abhängig ist. Ihr Einsatzgebiet ist vor allem die punktuelle Inspektion und Manipulation. Mit

PIGs können die Pipelines von innen inspiziert sowie deren strukturelle Integrität überprüft werden.

Schiffsbasierte, Towfish-, ROTV-Systeme und AUVs besitzen eine hohe Flächenleistung in der Erkundung und es können längere Strecken inspiziert werden. Dabei unterscheidet sich die Datengüte der einzelnen Systeme und der Erfassungsbereich der Sensorik, wie in [118] aufgeführt wird und der Abbildung 2.15 dargestellt ist.

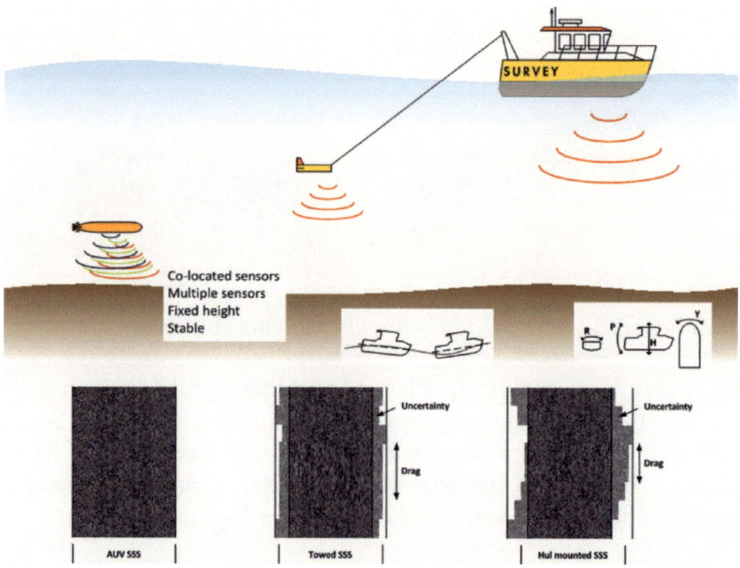

Abbildung 2.15.: Vergleich der Datenqualität eines SSS abhängig vom Trägersystem [118]

Die schiffsbasierten und geschleppten Sonarsysteme sind den Einflüssen an der Wasseroberfläche, wie Wind und Wellen, ausgesetzt. Durch Roll- und Stampfbewegungen des Schiffes werden Sensorpositionen während der Datenaufnahme zufällig verändert und die Bewegung des geschleppten Systems beschleunigt bzw. abgebremst. Da das AUV ohne Kontakt zur Wasseroberfläche operiert, treten diese Störungen nicht auf und das Fahrzeug bewegt sich stabil in der Wassersäule.

Ein Überblick der Inspektionsfähigkeiten der einzelnen Systeme und deren Sensoren wird in der Tabelle 2.1 im nächsten Abschnitt gegeben.

2.3. Rechtliche und technische Vorschriften für Kabel- und Pipelineinstallationen

Für den Bau und Betrieb sind verschiedene rechtliche und technische Vorschriften zu beachten. Diese Rahmenbedingungen werden von den zuständigen Behörden und öffentlichen Organen, von Zertifizierungsstellen, Versicherungen und den Herstellern vorgegeben. Eine dieser Verantwortlichen ist die DNV-GL. Im Rahmen dieser Arbeit wird auf einige Vorschriften für die Installation und den operativen Betrieb von Offshore-Pipelines und Seekabeln eingegangen. Auf Grundlage dieser Vorschriften werden die aktuellen technischen Verfahren zur Inspektion von Unterwasseranlagen und deren Einbindung in die Management-Prozesse beleuchtet. Sie dienen ebenfalls als Ansatzpunkt für die Einsatzmöglichkeiten von autonomen Systemen und darauf aufbauenden Verfahren, die in dieser Arbeit für die Unterwasserinspektion vorgestellt werden.

Die Vorschriften, die sich mit der Inspektion und Instandhaltung von Pipelines und Seekabeln beschäftigen, sind:

- DNV-OS-F101 – Submarine Pipeline Systems [30],
- DNV-OSS-301 – Verification and Certification of Submarine Pipelines [31],
- DNV-RP-F107 – Risk Assessment of Pipeline Protection [29],
- DNV-RP-F116 – Integrity Management of Submarine Pipeline Systems [28],
- DNV-RP-J301 – Subsea Power Cables in Shallow Water for Renewable Energy Applications [32],
- und weitere.

2.3.1. Offshore-Kabelinstallationen

Ein zentrales Dokument, das die Installation und den Betrieb von Offshore-Seekabeln beschreibt, ist das DNV-RP-J301 [32]. In dem Dokument wird der gesamte Lebenszyklus einer Seekabel-Installation beschrieben. Einzelne Aspekte in Bezug auf die Inspektion werden kurz vorgestellt. Die einzelnen Phasen sind in der Abbildung 2.16 dargestellt.

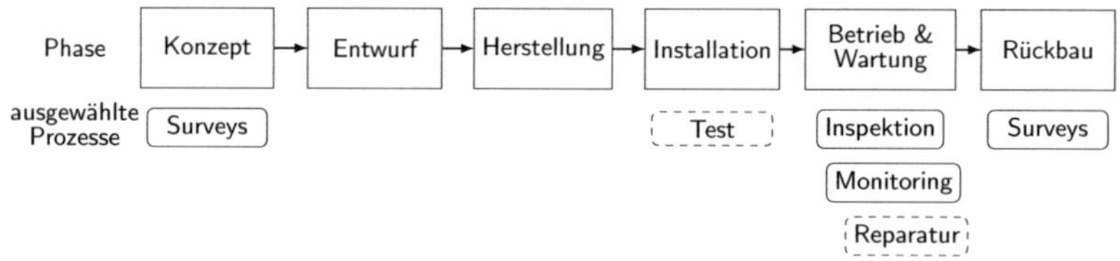

Abbildung 2.16.: Lebenszyklus einer Offshore-Kabelinstallation und UUV-Einsätze (nach [32])

In dem unteren Teil der Abbildung 2.16 sind die einzelnen Prozesse für Einsatzmöglichkeiten von UUVs aufgeführt: So können diese während der Konzeption Surveys zu Vorerkundung und nach dem Rückbau der Anlage diesen ebenfalls durch Survey dokumentieren. Des Weiteren können die Fahrzeuge während des Betriebes der Anlage für Inspektions- und Monitoringaufgaben verwendet werden.

Vorerkundung der Kabeltrasse

Zu Beginn eines Kabellegeprojektes ist es notwendig, den Trassenverlauf festzulegen. Um eine gesicherte Entscheidung treffen und Risiken bewerten zu können, ist eine Vorerkundung möglicher Verläufe durchzuführen. Dazu werden Surveys der möglichen Trassenverläufe durchgeführt. Dabei kommen geophysikalische Methoden zum Einsatz. Es werden Bathymetriedaten über MBESs erstellt und ausgewertet sowie die Bodenbeschaffenheit mittels Sub-Bottom Profilers (SBPs) untersucht. Des Weiteren werden die möglichen Trassenverläufe visuell mit Hilfe von Kamerasystemen und UUVs exploriert.

Es können zudem auch zusätzliche Surveys zur Erkundung der Kabeltrassen vor der Installation des Kabels notwendig sein, wenn zum Beispiel:

- der zeitliche Abstand zum vorausgegangenen Survey signifikant groß ist,
- sich die Trasse in Gebieten mit hoher mariner Aktivität befindet oder
- eine neue Offshore-Infrastruktur gebaut wurde und deren detaillierte Pläne nicht verfügbar sind.

Die Surveys dienen auch der Vorbereitung der Kabeltrasse sowie der Bereinigung von Hindernissen und möglicher Gefahrenquellen. Diese können unter anderem:

- Geröll,
- Schutt,
- Munitionsaltlasten[1] oder
- stillgelegte Kabel sein.

Belastungen und Fehlerklassen der Kabel

In dem DNV-GL-Dokument [32] wird zwischen mechanisch, elektrisch und thermisch ausgelösten Fehlfunktionen der Kabel unterschieden. Dabei wird in folgende Fehlerklassen bzw. nach Kategorien von Grenzzuständen für den Betrieb unterschieden:

- Wartbarer Fehlerzustand (serviceability limit state (SLS)), z.B. eine Beschädigung der Ummantelung oder der Armierung,

- Äußerster Grenzbereich (ultimate limit state (ULS)), wenn z.B. das Kabel überhitzt oder über den minimalen Biegeradius hinaus gebogen wird,

- Materialermüdung (fatigue limit state (FLS)), z.B. durch Bewegungen in den Free-Span-Gebieten (Abbildung 2.17 soowie Definition 3),

[1]international mit UxO (Unexploded Ordnance) bezeichnet

- Unfallschäden (accidental limit state (ALS)), wenn Objekte auf das Kabel fallen, es durch Anker oder Grundschleppnetze beschädigt wird.

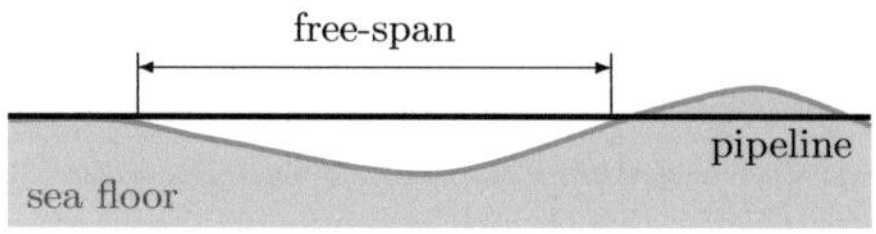

Abbildung 2.17.: Free-Span

Die Abbildung 2.18 zeigt einige elektrische Fehlfunktionen eines Unterwasserkabels.

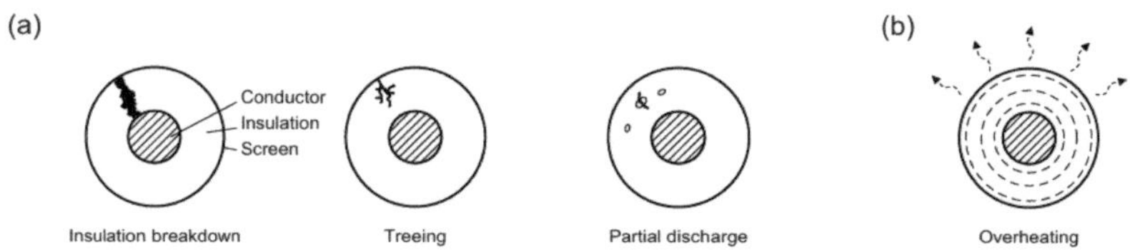

Abbildung 2.18.: Beispiele von (a) elektrischen und (b) thermischen Fehlfunktionen eines Unterwasserkabels [32]

Diese elektrischen Fehlfunktionen können sich durch:

- Versagen der Kabelisolierung infolge von Durchschlägen,
- Risse in der Isolierung durch Treeing in Folge elektrochemischer Korrosion und
- Teilentladungen durch kleine Unregelmäßigkeiten oder Lufteinschlüsse in der Isolierung

bemerkbar machen.

Thermische Fehlfunktionen können durch Überhitzung des Kabels entstehen (Abbildung 2.18). Ursachen dafür sind unter anderem eine unzureichende Wärmeableitung durch zu tief im Meeresboden eingespülte bzw. eingegrabene Kabel, gealtertes Isoliermaterial, äußere Wärmeeinwirkung und hohe elektrische Stromstärken.

Mechanische und chemische Belastungen können ebenfalls zu Fehlfunktionen des Kabels führen. Eine Auswahl ist in Abbildung 2.19 dargestellt.

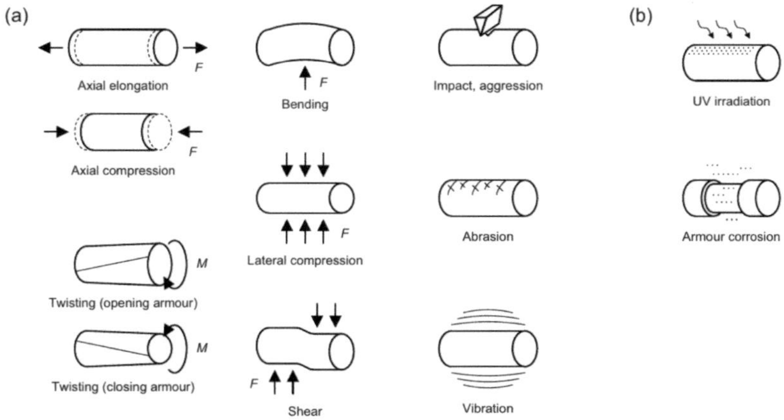

Abbildung 2.19.: Beispiele für (a) mechanische und (b) chemische Belastungen eines Unterwasserkabels [32]

Folgende Belastungen können auftreten:

- Axiale Spannungen, unter anderem verursacht durch Produktionsfehler in der Verbindung von Leiter und Isolierung,
- Biegung des Kabels, durch äußere Einflüsse oder durch innere Verspannungen,
- Torsion, verursacht durch mechanische Belastung, Verformung der Armierung/Panzerung oder auch durch Produktionsfehler,
- Laterale Kompression,
- Kerben,
- Abnutzungen,
- Vibrationen und
- Zersetzung der Ummantelung durch Abnutzung und Brüche der Ummantelung sowie durch (elektro-) chemische Prozesse.

Aber auch weitere Schutzmaßnahmen, wie das Eingraben oder das

Bedecken des Kabels mittels Gestein, können versagen. Die Abbildung 2.20 illustriert dies anhand von Beispielen, wie das Abtragen von Sediment oder zusätzlicher Akkumulation. Dies hat zur Folge, dass das Kabel ungeschützt vor äußeren mechanischen Einflüssen ist oder überhitzen kann. Eine Gesteinsüberdeckung kann ebenfalls abgetragen oder unterspült werden.

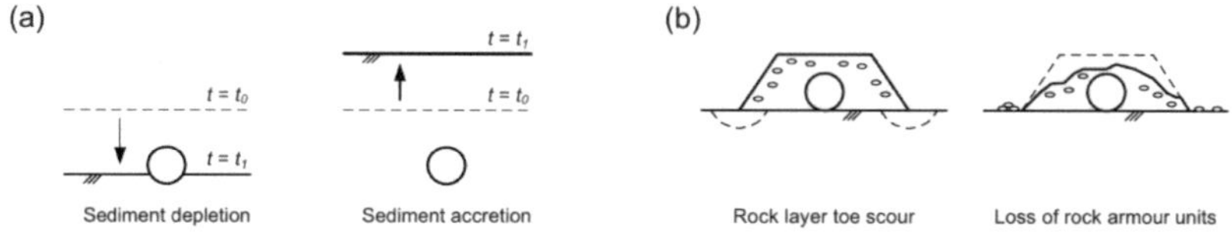

Abbildung 2.20.: Beispiele von Schäden in den Kabelschutzmaßnahmen [32]

Techniken des Eingrabens

Um das Kabel vor mechanischen Belastungen und Schäden, wie zum Beispiel durch Anker oder durch Schleppnetze zu schützen, werden sie eingegraben. Insbesondere im küstennahen Bereich ist dies zwingend notwendig. Es können verschiedene Verfahren zum Eingraben des Kabels verwendet werden. Die Abbildung 2.21 zeigt eine Auswahl.

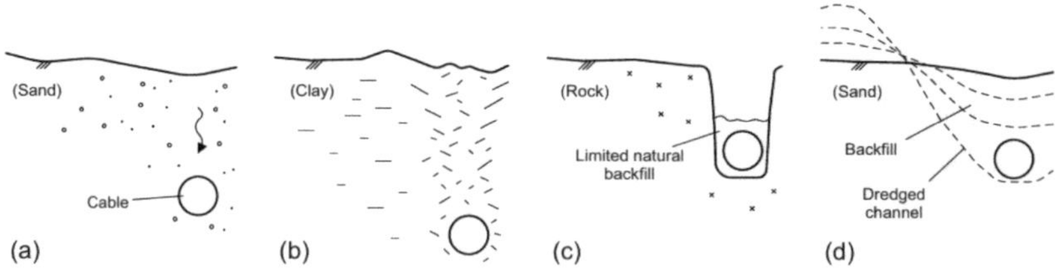

Abbildung 2.21.: Schutz des Kabels durch (a) Jetting/Verflüssigung, (b) Einpflügen, (c) mechanisches Schneiden, (d) Ausbaggern von offenen Gräben [32]

Dabei hängt das eingesetzte Verfahren von verschiedenen Faktoren, wie Wassertiefe, maritime Randbedingungen (Strömung, Wellen), Bodenbeschaffenheit, der Kabellänge und der mechanischen Eigenschaften des Kabels, den Anforderungen an die Eingrabtiefe und von der verfügbaren Ausrüstung (inklusive Unterstützungsschiff) ab.

Die unterschiedlichen Techniken für das Vergraben des Kabels wirken sich auf eine spätere Inspektion aus, da geeignete Sensoren und Verfahren für die Detektion des Kabels und das Auffinden der Verlegetrasse notwendig sind.

Inspektion

Eine Inspektion der Kabeltrasse ist laut [30] eine Untersuchung und eine Begutachtung, um die Position und den Zustand des Kabels und dessen Komponenten zu ermitteln. Meist können die Daten von dem Erkundungs-Survey und vorangegangenen Inspektionen verwendet werden, um Veränderungen im Zustand zu detektieren und um den Survey zu planen. Es wird empfohlen, die erste Inspektion während des ersten Betriebsjahres der Installation durchzuführen.

Die Inspektion soll als Minimalanforderung folgende Parameter der Kabelinstallation erfassen:

- die Tiefe von eingegrabenen oder überdeckten Kabeln,
- den Free-Span (inklusive Registrierung dessen Länge, Höhe und Zustand der Auflagepunkte),
- Zustand von zusätzlichen, künstlichen Auflagepunkten, um den Free-Span zu reduzieren,
- Zustand des Seebodens, Bewuchs oder Instabilitäten, welche die Integrität des Kabels beeinflussen könnten,
- Megaripple, Bewegungen von Dünen,
- Setzung des Kabels in exponierten Bereichen,
- Integrität des Kabelschutzes,
- Mechanische Beschädigungen und
- Geröll auf oder in der Nähe des Kabels, so dass dies beschädigt werden kann.

In dem Dokument wird angemerkt, dass diese generellen Kabelinspektionen schiffsbasierte geophysikalische Untersuchungen, wie zum Beispiel den Einsatz von SSS, sowie die Nutzung von ROV-basierten Systemen einschließt. Es wird vom Einsatz von Tauchern generell abgeraten.

Des Weiteren wird empfohlen, wenn Anomalien entdeckt wurden, den gefundenen Schaden durch zusätzliche Inspektionen zu evaluieren.

2.3.2. Pipelines

Das Dokument „DNV-RP-F116: Integrity Management of Submarine Pipeline Systems“ [28] behandelt das Integritätsmanagement (IM) von Unterwasser-Pipelines. Die Inspektion dieser Pipelines ist ein wesentlicher Bestandteil für den sicheren Betrieb der Anlage. Die Abbildung 2.1 stellt die einzelnen Elemente des IM graphisch dar.

Innerhalb des „Risk-Assessments und IM-Planning“ werden Randbedingungen und zu inspizierenden Parameter für eine regelmäßige, geplante Inspektion definiert. Wenn unerwartete Ereignisse eintreten, müssen zusätzliche Inspektionen durchgeführt werden. Die definierten Pläne für die Inspektionen müssen dementsprechend regelmäßig auf Basis der durch die Inspektionen gewonnenen Erkenntnisse angepasst werden.

Vorerkundung und Schutzmaßnahmen

Die Verlegetrassen von Offshore-Pipelineinstallationen werden wie die Kabeltrassen im Rahmen der Trassenplanung vorerkundet. Dabei kommen die gleichen Methoden wie bei den Planungsarbeiten von Kabeltrassen zum Einsatz.

Des Weiteren werden die Pipelines ebenfalls in kritischen Bereichen eingegraben. Es existieren auch die Risikofaktoren des Unterspülens sowie der externen Beschädigung, wie z.B. durch Schiffsanker. Es können hier die gleichen Belastungsklassen wie bei den Kabeln angewendet werden.

Inspektion

Das Dokument [28] definiert verschiedene Kategorien für eine Pipeline-Inspektion, die sich meist auf eine In-Line-Inspektion oder eine visuelle Inspektion von außen beziehen. Die einzelnen Kategorien sind folgende:

General Visual Inspection (GVI) ist eine visuelle Inspektion, die mit Hilfe von Tauchern oder ROVs durchgeführt wird. Sie beinhaltet keine Säuberung der Pipelineoberfläche. Es wird erwartet, dass bei dieser Inspektion die meisten Gefahren für die Pipeline, wie Beschädigungen der Außenhülle, die Zustände der Opferanoden, Leckagen, etc. erfasst werden können. Wenn hierbei Anomalien detektiert werden, wird empfohlen, eine detailliertere Inspektion durchzuführen.

Extended Visual Pipeline survey (GVI XTD) Dies ist eine Inspektion mit einem ROV, das mit einem Kamerasystem für drei Ansichten auf das Objekt(rechts, mittig, links), einem SSS oder MBES und einem Pipe-Tracker, zur Ermittlung der Eingrabtiefe, ausgestattet ist. Dieses Vorgehen liefert mindestens die Ergebnisse eines GVI mit zusätzlichen Informationen, wie detaillierte Profile eines Free-Spans und die Höhe der Überdeckung, wenn die Pipeline eingegraben ist. Des Weiteren ist die Positioniergenauigkeit des Systems besser als die bei einem GVI, so dass die gewonnenen Daten mit einer größeren Genauigkeit georeferenziert dokumentiert werden können.

Close Visual Inspection (CVI) Bei dieser Kategorie wird das zu inspizierende Objekt zuerst gereinigt. Der gesamte maritime Bewuchs wird entfernt. Darauf folgt eine visuelle Inspektion durch Taucher oder einem ROV. Das Ziel hierbei ist eine detaillierte Inspektion von einem Bereich von besonderem Interesse, nachdem zum Beispiel nach einer GVI oder GVI XTD eine Anomalie entdeckt wurde.

High Precision Survey (HPS) Dieser Survey-Typ wird genutzt, um durch hochgenaue Positionierung die absolute Position der Pipeline zu bestimmen und deren relative Bewegung auf dem Meeresboden zu erfassen. Dies erfolgt unter der Nutzung von Work-Class-ROVs, die mit einem hochgenauen Positionierungssystem (Differential GPS (DGPS), Long Baseline Localization (LBL)/ Ultra Short Baseline Localization (USBL)-Systeme, Kreiselsysteme und Doppler Velocity Log (DVL)) ausgestattet sind. Es wird hier davon ausgegangen, dass diese Inspektionen zeitlich aufwändiger sind und einen höheren Kalibrierungsaufwand haben als GVI.

In-Line Inspection (ILI) Bei einer Inspektion der Pipeline werden unter anderem die Wandstärke, Beschaffenheit der Schweißnähte, die innere Oberfläche der Pipeline visuell auf Anomalien durch nicht-destruktive Methoden untersucht.

Wie bereits erwähnt, werden Pipelines regelmäßig von innen und von außen inspiziert. ILIs werden generell durch PIGs durchgeführt. Die Inspektion von außen kann mit unterschiedlichen Mitteln durchgeführt werden.

2.3.3. Überblick aktueller Inspektionssysteme

Die aktuell eingesetzten Inspektionssysteme sind, wie bereits mehrfach vorgestellt, ROVs, ROTVs und Towfish-Systeme, welche meist geschleppt und von einem Mutterschiff kontrolliert eingesetzt werden. PIGs werden für die Inneninspektion von Pipelines verwendet. Für Nahbereichsuntersuchungen werden Crawler sowie Taucher eingesetzt. Einen Überblick für die Fähigkeiten dieser Systeme sowie des Tauchereinsatzes wird in Tabelle 2.1 gegeben.

Die Tabelle 2.1 führt die im Dokument [28] definierten Standard-Systeme auf, welche für die Inspektionen genutzt werden sollen. Diese Systeme, wie zum Beispiel Schleppkörper und ROVs wurden bereits im Abschnitt 2.2 dieser Arbeit vorgestellt. Des Weiteren werden die einzelnen Sensoren, mit denen diese Systeme ausgerüstet werden können, um die verschiedenen Anomalien zu detektieren, aufgeführt. Diese sind beispielsweise Kameras, SSS, MBES, SBP oder Pipetracker. Wobei die

	ROV						ROTV				Towfish			PIG (ILI)				Crawler		Taucher			
Anomalie	Optisch/Visuell	SSS	MBES	Pipetracker	SBP	CP-Inspektion	SSS	MBES	Pipetracker	SBP	SSS	Pipetracker	SBP	MFL	UT	Geo	Caliper	UT	MFL	GVI	CVI	UT	Eddy Current
Konstruktion/ Material	x					x								x	x		x						
Korrosion innen														x	x			x	x			x	
Korrosion außen						x								x	x					x	x		
Erosion														x	x			x	x				
Free-span	x	x	x				x	x			x											x	
Laterale Bögen	x	x	x				x	x			x												
Vertikale Bögen	x	x	x	x			x	x	x	x	x	x	x			x							
Erdrutsch, Geröll, Schutt, etc.	x	x	x		x		x	x			x												
Anker, Fischerei, etc.	x	x	x		x		x	x			x			x	x	x	x	x		x	x	x	x
Fehlbedienung														x	x			x		x	x	x	

Tabelle 2.1.: Fähigkeiten einzelner Pipeline-Inspektionssysteme (nach [28])

meisten Sensoren mit hydroakustischen Verfahren arbeiten und Pipetracker mittels Induktion und Feldstärkenmessung die Position der Pipeline oder des Kabels bestimmen können. Weitere Sensoren und Verfahren, wie zum Beispiel Ultrasonic Testing (UT) oder Magnetic Flux Leakage (MFL), werden zur Vermessung von Geometrie, Magnetik und Wandstärke genutzt. Dabei ist für einige der Verfahren direkter Kontakt zum Objekt nötig.

Es wird in der Tabelle außerdem aufgezeigt, mit welcher Sensorik und welchem Verfahren eine bestimmte Anomalieklasse detektiert werden kann.

Die in einem AUV genutzte Payloadsensorik entspricht der von den

ROV-, ROTV- und Towfish-Systemen, welche in der Tabelle vorgestellt wurden. Somit können entsprechend ausgerüstete AUVs diese Sensorträger ersetzen. Die umfangreiche Payloadsensorik des für diese Arbeit genutzten AUVs sowie deren Einsatz in der Fahrzeugführung wird in Kapitel 4 vorgestellt.

2.4. Koordinatensysteme

In dieser Arbeit werden, je nach Aufgabe, verschiedene Koordinatensysteme verwendet. Dabei wird zwischen lokalen und globalen Koordinatensystemen unterschieden. Die globalen und lokalen Koordinatensysteme werden genutzt, um das Fahrzeug und die zu inspizierenden Objekte zu lokalisieren, das Fahrzeug während einer Mission zu führen sowie die Sensordaten zu verorten und daraus die Steuerkommandos für das Fahrzeug zu generieren. Das globale Koordinatensystem wird in dieser Arbeit als fixiert angesehen und referenziert die Position verschiedener Objekte untereinander. Im Gegensatz dazu werden die lokalen Koordinatensysteme als lokal begrenzt angesehen. Sie sind über einen Referenzpunkt im globalen Koordinatensystem oder an einem Objekt verankert. Die Abbildung 2.22 gibt einen kurzen Überblick.

Als globale Koordinatensysteme sind in Bezug auf [17, 48] folgende zu nennen:

- Earth-Centered-Inertial (ECI),
- Earth-Centered-Earth-Fixed (ECEF) und
- Geographisches Koordinatensystem.

Die verwendeten lokalen Referenzsysteme sind:

- North-East-Down (NED),
- BODY-fixed (körperfest) und
- Sensor-basiert.

Für die Regelung des Fahrzeuges und die Sensordatenauswertung muss zwischen den einzelnen Koordinatensystemen transformiert werden. Die Transformationen sind im folgenden Unterabschnitt 2.4.2 beschrieben.

Das *ECI*-Koordinatensystem hat seinen Referenzpunkt im Erdmit-

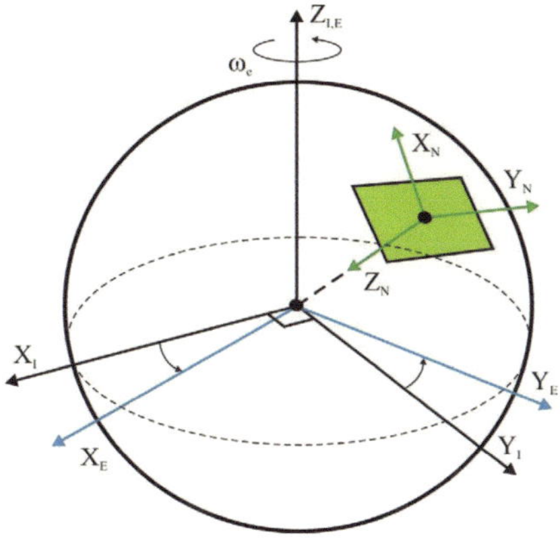

Abbildung 2.22.: Überblick Referenzsysteme
(ECI - schwarz, ECEF - blau, NED - grün), [17]

telpunkt. Die x-Achse zeigt in Richtung des Vernal Equinox und die z-Achse liegt in der Drehachse der Erde und zeigt in Richtung Norden. Die y-Achse steht senkrecht auf der xz-Ebene. Somit liegt die xy-Ebene in der Äquatorebene der Erde. Die Rotation der Erde wird in diesem Koordinatensystem nicht betrachtet. Dieses Koordinatensystem findet seine Verwendung in der Navigation im Weltraum. Es ist in Abbildung 2.22 verzeichnet, die Achsenbezeichnungen tragen den Index I.

Das *ECEF* Koordinatensystem hat seinen Ursprung ebenfalls im Erdmittelpunkt, aber es wird die Erdrotation mit beachtet, daher wird es auch als „earth fixed“ (erdfest) bezeichnet. Die z-Achse zeigt wie beim ECI-Koordinatensystem zum Nordpol der Erde. Dieses Koordinatensystem ist ebenfalls in der Abbildung 2.22 dargestellt und die Achsenreferenzierung wird mit dem Index E identifiziert. Dieses Referenzsystem wird häufig in der terrestrischen Navigation eingesetzt und die Achseneinteilung ist metrisch.

Bei den *geographischen* Koordinatensystemen werden wie bei dem ECEF-System der Erdmittelpunkt als Referenz genutzt und die Erdrotation betrachtet. Die Ortsbestimmung wird über ein Kugelkoordinatensystem durchgeführt. Dabei werden die Breitengrade vom Äquator aus zu den beiden Polen (90°Nord bzw. 90°Süd) gezählt. Der Längengrad wird von einem willkürlich festgelegten Nullmeridian (heute Meridian von Greenwich Village, UK) bestimmt. Für die genaue räumliche Ortsbestimmung wird ein Ellipsoid, der die Erdform beschreibt, verwendet. Allgemein wird weltweit der WGS84-Ellipsoid verwendet [87], da dieser auch für die globale Navigationssatellitensysteme (GNSSs) wie GPS und GLONASS genutzt wird. Die geographischen Koordinaten lassen sich mit Hilfe entsprechender Transformationen in ECEF-Koordinaten umrechnen. Geographische Koordinaten werden für die Positionsangaben im maritimen Bereich genutzt.

Das *NED*-Koordinatensystem hat seinen Ursprung in einem willkürlich gewählten Punkt auf der Erdoberfläche. Dabei wird die Erdoberfläche mittels WGS84-Ellipsoiden [87] beschrieben. Die x- und die y-Achse dieses Koordinatensystems spannen eine Tangentialfläche auf der Ellipsoidenoberfläche auf und die z-Achse zeigt als Normale der Oberfläche in Richtung Erdmittelpunkt. Die Ausrichtung der x- und y-Achse ist so gewählt, dass x in Richtung Norden und y in Richtung Osten zeigt. Das NED-Referenzsystem findet seine Anwendung im maritimen Bereich, wenn das Fahrzeug in einem begrenzten Gebiet operiert. Die Achseneinteilung ist metrisch. In der Abbildung 2.22 wird dieses Koordinatensystem mit dem Index N referenziert.

Das körperfeste (*body-fixed/BODY*) Koordinatensystem ist mit Hilfe eines willkürlich vorgegebenen Referenzpunktes an einem Körper bzw. Fahrzeug fixiert. Die Achsen werden meist so gewählt, dass die x-Achse in Longitudinalrichtung zeigt (beim maritimen Fahrzeug von Achtern zum Bug), die y-Achse in Transversalrichtung orientiert (von Backboard nach Steuerboard), die z-Achse steht senkrecht auf der xy-Ebene und zeigt unter Beachtung der Rechte-Hand-Regel nach unten. Zur Identifizierung wird der Index B verwendet. Die Abbildung 2.23 zeigt die Achsenausrichtung am Beispiel eines Schiffes.

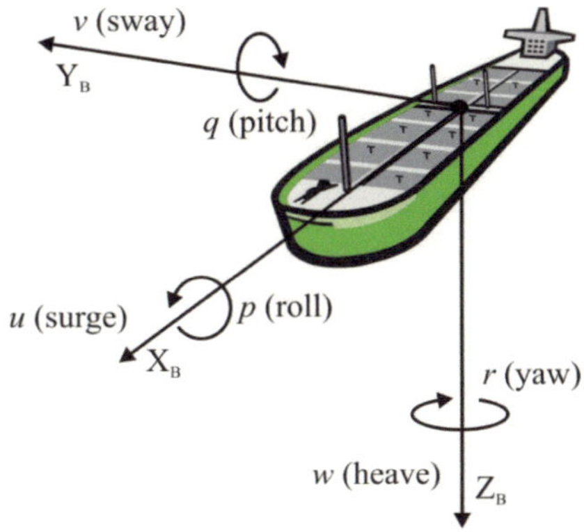

Abbildung 2.23.: Körperfestes Referenzsystem mit Geschwindigkeiten und Drehraten [49]

2.4.1. Nomenklatur der Bewegungsvariablen im maritimen Bereich

Die Bezeichner für die Bewegungsvariablen im maritimen Bereich wurden in den 1950er Jahren von der Society of Naval Architects and Marine Engineers (SNAME) festgelegt und sind in [113] spezifiziert. Der Standard *ISO 19018* definiert weitere maritime Bezeichnungen. Die in der Arbeit verwendeten Notationen zur Beschreibung der sechs Freiheitsgrade (6-DOF) der maritimen Fahrzeuge nach dem SNAME-Standard sind in der Tabelle 2.2 aufgeführt. Die Abbildung 2.23 illustriert die einzelnen Variablen.

2.4.2. Transformationen

Für die Navigation, die Missionsdefinition, die Sensordatenauswertung und die Fahrzeugregelung werden globale und lokale Koordinatensysteme simultan verwendet und müssen entsprechend der zu lösenden Aufgabenstellung transformiert werden.

Die einzelnen Koordinatensysteme können nicht direkt in alle an-

Tabelle 2.2.: Notation der Variablen des 6-DOF-Modells für maritime Fahrzeuge nach SNAME (1950) [113, 49]

Freiheitsgrad (DOF)		Kräfte und Momente	Geschwindigkeiten und Drehraten	Positionen und Eulerwinkel
1	Bewegung in x (surge)	X	u	x
2	Bewegung in y (sway)	Y	v	y
3	Bewegung in z (heave)	Z	w	z
4	Rotation um x (roll, heel)	K	p	ϕ
5	Rotation um y (pitch, trim)	M	q	θ
6	Rotation um z (yaw)	N	r	ψ

deren Koordinatensysteme transformiert werden. Die Transformation ist nur zum übergeordneten System, von dem aus referenziert, bzw. zum untergeordneten, welches referenziert wird, möglich. Die Abbildung 2.24 illustriert dies.

Abbildung 2.24.: Koordinatentransformationen

Wenn zum Beispiel ein Punkt vom körperfesten Koordinatensystem (BODY) im geodätischen System (LatLon) abgebildet werden soll, erfolgt dies mittels der Transformation über die Koordinatensysteme NED und ECEF. Es werden somit 3 Transformationen nacheinander ausgeführt.

Die Transformation zwischen den einzelnen Koordinatensystemen erfolgt nach den in [49, S. 20 ff.] beschriebenen Gleichungen.

2.5. Fusion von Sensordaten

Um spezifischere, detaillierte und robustere Daten zu erhalten, als es von einem einzelnen Sensor möglich wäre, wird Datenfusion genutzt. Dabei werden mehrere Sensoren verwendet, um die benötigten Informationen zu erhalten. Es ist dabei zwischen reiner Sensordatenfusion, die nur von Sensoren gewonnene Daten kombiniert, und Informationsfusion, welche die Informationen und Daten der einzelnen Sensoren mit menschlichem Wissen, Datenbanken oder anderen Quellen verbindet, zu unterscheiden. [79]

Multisensorsysteme (Abbildung 2.25a) mit der entsprechenden Sensordatenfusion haben gegenüber der Verwendung eines einzelnen Sensors mehrere Vorteile: So können bei optimaler Sensoranordnung mit identischen Sensoren, so dass das zu überwachende Gebiet gleichmäßig von den Sensoren erfasst und eine Mindestüberlappung der Sensormessbereich eingehalten werden, schnellere und genauere Ergebnisse geliefert werden als bei Verwendung eines einzelnen Sensors. Für das Tracken von Objekten sind dies Geschwindigkeit und Bewegungsrichtung des getrackten Objektes. Dieser benötigt für ähnliche Ergebnisse mehr aufeinanderfolgende Beobachtungen, wie in Abbildung 2.25b dargestellt.

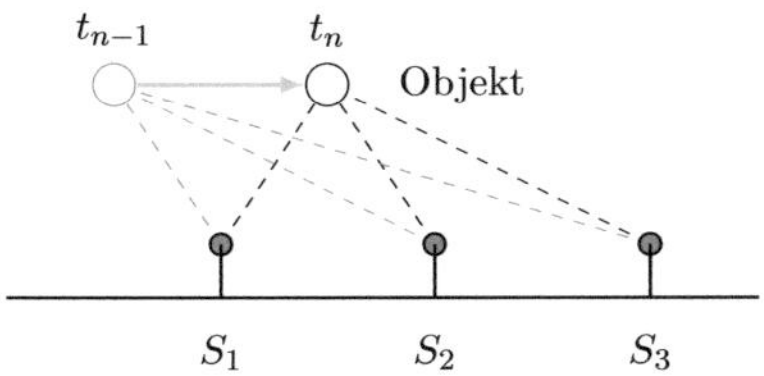

(a) Multi-Sensor

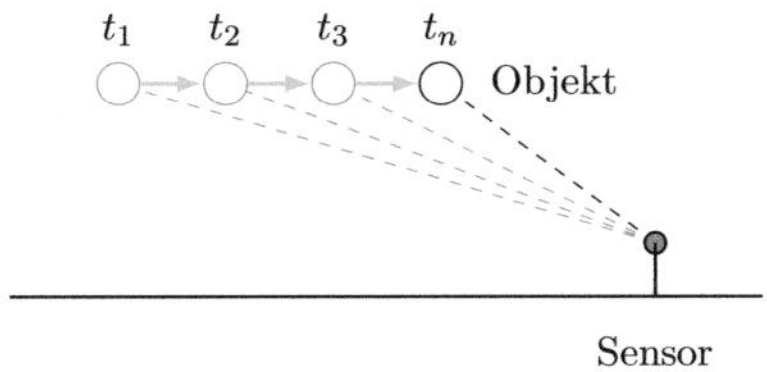

(b) Single-Sensor

Abbildung 2.25.: Multi-Sensor-Tracking

Die Nutzung verschiedener Sensoren kann in einer verbesserten Beobachtbarkeit nach [79] resultieren. So kann die Erweiterung der physikalischen Prinzipien zur Erfassung eines Objektes zu signifikant besseren Ergebnissen führen. Ein sich bewegendes Objekt kann zum Beispiel mit einem Sonar oder Radar erfasst werden und seine Position und Geschwindigkeit bestimmt werden. Wird eine Kamera zur Sensorausstattung hinzugefügt, kann die Lage des Objektes erfasst und am Beispiel eines Flugzeuges dessen Flugrichtung, aus der Lage im Raum vorhergesagt bzw. plausibel validiert werden. Am Beispiel der Unterwasserinspektion können somit auf dem Meeresboden liegende und eingegrabene Pipelines oder andere Objekte zuverlässig detektiert werden.

In [79] werden drei Basisarchitekturen für die Datenfusion vorgestellt.

Die schematischen Darstellungen sind als Übersichten in Abbildung 2.26 illustriert.

1. Direkte Fusion der Sensordaten (Abbildung 2.26a),
2. Fusion der Feature-Vektoren, die aus den Sensordaten gewonnen wurden (Abbildung 2.26b) und
3. Fusion der komplett verarbeiteten Sensordaten auf dem Level der Entscheidungsfindung (Abbildung 2.26c).

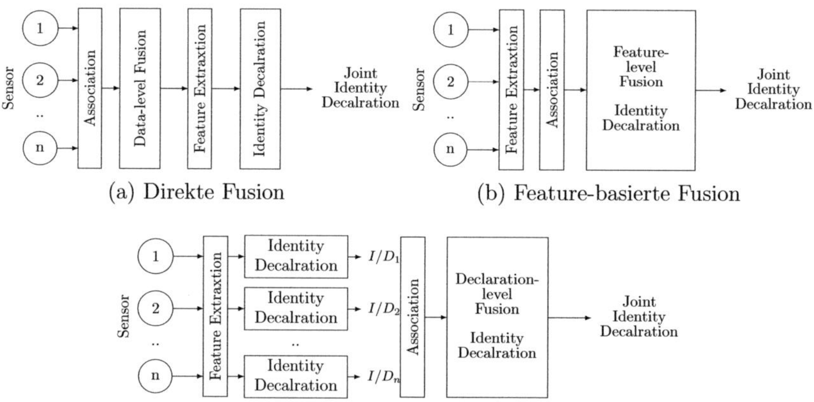

(a) Direkte Fusion

(b) Feature-basierte Fusion

(c) Fusion der vollständig prozessierten Sensordaten auf dem Entscheidungs-Level

Abbildung 2.26.: Architekturen für Datenfusion nach [79]

Die Rohdaten der Sensoren können direkt fusioniert werden, wenn die Daten der einzelnen Sensoren einander ähnlich sich. Dies ist der Fall, wenn die Sensoren das gleiche physikalische Messprinzip haben bzw. wenn die gleichen Sensoren zur Messung eingesetzt werden. Als Techniken für die Fusion von Sensorrohdaten können unter anderem Kalmanfilter verwendet werden. Werden unterschiedliche Messprinzipien eingesetzt, können die Rohdaten nicht direkt fusioniert werden und die Fusion muss auf einer höheren Ebene (Feature-Level oder Entscheidungs-Level) erfolgen. Wenn die Daten auf dem Feature-Level fusioniert werden, müssen zuerst die relevanten Features aus den Rohdaten für jeden einzelnen Sensor extrahiert werden. Die einzelnen Feature-Vektoren werden dann zu einem einzelnen konzentrierten Vektor kombiniert, der in den nachfolgenden Schritten ausgewertet wird. Die Fusion auf der Entscheidungsebene kombiniert die Ergebnisse nachdem die Daten der einzelnen Sensoren jeweils vollständig prozessiert wurden und alle relevanten Informationen, wie Position, Identität und weitere Eigenschaften des getrackten Objektes, für eine Entscheidungsfindung vorliegen. Einige Methoden für die Fusion auf dieser Ebene sind Wichtungstechniken, Inferenztechniken oder Dempster-Shafer-Verfahren [73, 79].

Bei der Implementation von Datenfusionsalgorithmen sind einige Beschränkungen der in die Datenfusion gesetzten Erwartungen zu beachten. Im Vortrag von [57] sind diese als "dirty secrets in data fusion"bezeichnet und wurden auch in [79] betrachtet:

i. Es gibt keinen Ersatz für einen guten Sensor,
ii. die Downstream-Verarbeitung kann Fehler der Upstream-Verarbeitung nicht beheben,
iii. das fusionierte Ergebnis kann schlechter sein als das vom besten Sensor,
iv. es gibt keine magischen Algorithmen,
v. es gibt nie genug Trainingsdaten,
vi. der Nutzen der Sensorfusion kann nur schwer bewertet werden und
vii. Fusion ist ein fortlaufender, nicht statischer Prozess.

Mit diesen Rahmenbedingungen ist die Sensordatenauswertung für die Inspektion und die Fahrzeugführung entsprechend robust auszulegen, so dass auch eventuelle Nachteile durch die Datenfusion ausgeglichen werden können. Des Weiteren müssen die Algorithmen und Parameter mit Hilfe der Daten aus jedem einzelnen Einsatz angepasst und verbessert werden. Es ist auch zu beachten, dass unterschiedliche Inspektionsszenarien und Missionsgebiete sich in der Güte der Sensordaten und der Objektidentifikation niederschlagen. Somit kann nicht von einer Sensorkonfiguration und Parametrierung der Sensoren und Fusionsalgorithmen ausgegangen werden, die in jeder Situation das optimale Ergebnis liefern.

2.6. Vorhandene AUV Inspektions-Projekte

Die Inspektion von Offshore-Pipelines und -Seekabeln sowie weiterer Infrastruktur, wie Hafenanlagen und Schiffen, ist eine Aufgabe, die ab dem ersten Einsatz der Systeme und Anlagen notwendig ist. So ist die Inspektion der Installationen und Anlagen durch Tauchereinsätze oder ferngesteuerte Fahrzeuge mittlerweile Standard. Schiffe werden regelmäßig in Werften inspiziert und überholt. Jedoch verlangen gesteigerte Sicherheitsanforderungen und Kostendruck nach effektiveren Varianten, zum Beispiel durch eine weitere Automatisierung. Daher wird seit Beginn des breiteren Einsatzes von AUV's an dem Einsatz dieser Fahrzeuge für Inspektionsaufgaben gearbeitet. Einige Projekte, die in der Literatur dokumentiert sind, sollen in diesem Abschnitt vorgestellt werden.

2.6.1. Kabel- und Pipeline-Inspektion

Aqua Explorer Ein japanisches Projekt zur Inspektion von Unterwasserkabeln sind die Aqua Explorer AUVs. Die Abbildung 2.27 zeigt das Fahrzeug und dessen Aufbau.

(a) Aqua Explorer 2000

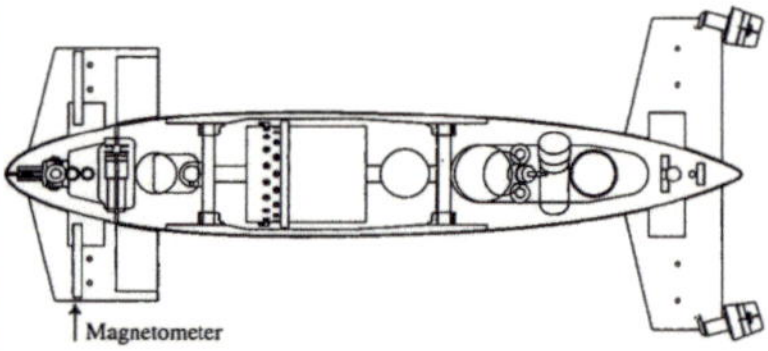

(b) Schematischer Aufbau des Aqua Explorer

Abbildung 2.27.: Aqua Explorer AUVs [9]

Zum Auffinden und Tracken des Seekabels werden bei diesen Fahrzeugen Magnetometer genutzt. Die Abbildung 2.27b zeigt den schematischen Fahrzeugaufbau mit den beiden Magnetometern und die Abbildung 2.28 illustriert das genutzte Messprinzip. [72].

Zur Identifikation des Kabels durch die Magnetsensoren wird in dieses Kabel Wechselstrom mit einer definierten Frequenz eingespeist. Die beiden Magnetometer (Abbildung 2.27b) erfassen das Wechselfeld. Aus den gewonnenen Messwerten wird die relative Position des Fahrzeuges zum Kabel bestimmt. Durch einen Regelalgorithmus wird das Fahrzeug dann über dem Kabel positioniert und es folgt anschließend der Kabeltrasse. Als Inspektionssensor wurde laut [5] eine Kamera mit Stroboskopbeleuchtung verwendet.

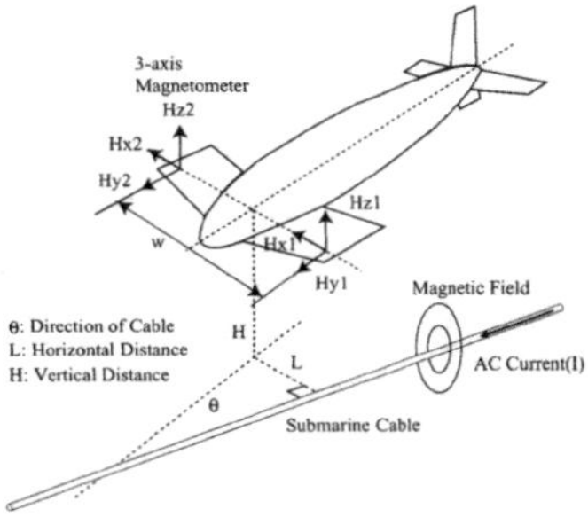

Abbildung 2.28.: Aqua Explorer - Arbeitsprinzip [72]

Mit dem Aqua Explorer 2 AUV wurde erfolgreich eine Inspektion eines 400km langen Unterwasserkabels in der Straße von Taiwan im Jahr 1999 durchgeführt. [4]

AUTOTRACKER Das derzeit erfolgreichste System ist AUTOTRACKER der Heriot-Watt University [59], welches später in der Firma SeeByte Ltd. (GB) aufgegangen ist. Dieses Projekt, mit den weiteren Partnern SubSea7, ALCATEL, BP und UNIVERSITAT DE LES ILLES BALEARS, wurde von der Europäischen Union gefördert [43].

Als Sensoren wurden ein SSS und ein MBES verwendet. Dabei diente das SSS zum Auffinden der Pipeline und das MBES wurde genutzt, um die Pipeline während der Inspektion zu verfolgen. [45, 44] Im Fall einer überspülten oder eingegrabenen Pipeline kann AUTOTRACKER nach vorgegebenen Verhaltensmustern reagieren (z.B. geradeaus weiterfahren für x Meter, dann Suchmuster zum Wiederfinden der Pipeline ausführen), hat aber keinerlei Informationen über die korrekte Lage des Objektes im Untergrund. Ändert die Pipeline in dem Bereich der Eingrabung oder Überspülung die Richtung, so wird die Fortsetzung der Inspektion äußerst schwierig. Auch fehlt eine Integration einer Hindernisvermeidung, um trotz auftretender Objekte vor dem AUV die Überprüfung der Pipeline fortsetzen zu können. Das Versuchsgebiet und eine Darstellung des Human Machine Interface (HMI) sind in der Abbildung 2.29 zu sehen.

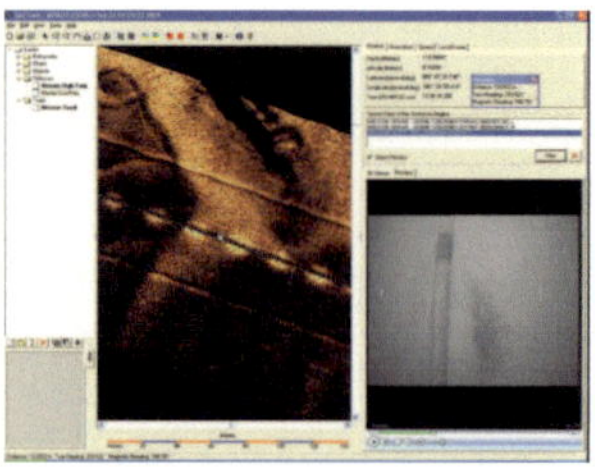

(a) HMI-Screenshot: hochaufgelöste SSS- und Videobilder

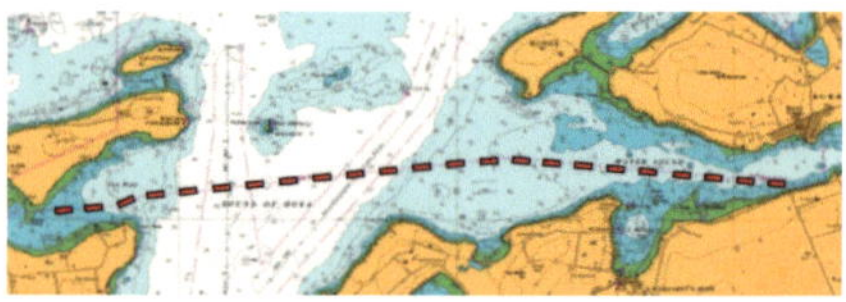

(b) Versuchsgebiet Orkney - Piper/Claymore-Pipeline

Abbildung 2.29.: SeeTrack AUTOTRACKER [44]

Weitere Systeme zur Inspektion werden in [62] und [100] beschrieben. Diese Systeme nutzen meist nur ein SSS für das Finden und Inspizieren von Unterwasserkabeln und -pipelines. Dies hat den Vorteil, dass das UUV bei Verwendung eines SSS in größerem Abstand seitlich zur Verlegetrasse fahren kann. Jedoch hat dieser große Abstand zum Kabel bzw. zur Pipeline den Nachteil, dass die aufgenommenen Daten eine geringere Qualität und Auflösung haben. Des Weiteren können aufgrund ihrer Reichweitenbeschränkung keine Magnetsensoren oder SBP eingesetzt werden, um eingegrabene oder eingespülte Objekte zu erfassen.

Kongsberg Hugin Die norwegische Firma Kongsberg Maritime führte eine 8-Stunden AUV-Mission zur Pipelineinspektion mit dem AUV Hugin durch. Laut der Pressemitteilung [75] erfolgte die Pipeline-Inspektion im Hjelte Fjord nahe Bergen, Norwegen. Die Abbildung 2.30 zeigt das Inspektionsgebiet mit dem Pipelinetrack.

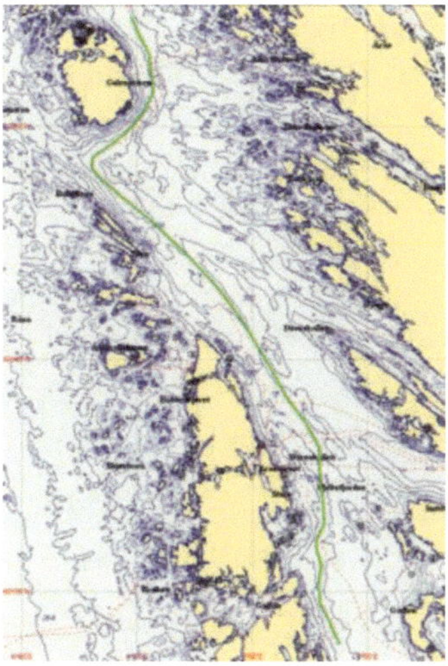

Abbildung 2.30.: Hugin Inspektions-Mission, (Track - grüne Linie) [75]

Während der Mission wurden zwei Unterwasserpipelines zur Versorgung der Mongstad-Raffinerie inspiziert. Als Sensoren zur Inspektion wurden ein SAS vom Typ Kongsberg HISAS 1030, ein MBES vom Typ EM3002 sowie eine optische Kamera mit LED-Beleuchtung eingesetzt. Die Inspektionsfahrt hatte eine Länge von ca. 30 km, dauerte 8 Stunden und wurde als zweistufige Mission durchgeführt.

Während der ersten Phase der Mission wurde mit Hilfe des SAS die genaue Position der Pipeline ermittelt und getrackt. Dabei wurde eine PipeTracker-Software genutzt, welche die Sonardaten analysiert und pipelineartige Features aus den Sonarbildern extrahiert. Der verwendete Pipe-Tracker arbeitete als Addon im Payload-System des Hugin-AUVs.

Das Fahrzeugführungssystem nutzte die identifizierten Pipelinedaten für die autonome Fahrzeugregelung entlang der Pipeline. Das Fahrzeug wurde dabei in sicherem Abstand weit über bzw. neben der Pipeline geführt.

Für die zweite Phase der Inspektion wurden die in der ersten Phase identifizierten Pipelinetracks verwendet. Das AUV folgte dann der

Pipeline in geringer Höhe über Grund, um diese mit dem MBES und der Kamera zu erfassen. Diese aufgenommenen Daten lieferten hochaufgelöste Bild-, Sonar- und Bathymetriedaten, die einen detaillierten Überblick über die Pipeline und deren Umgebung geben. Beispiele der Daten sind in Abbildung 2.31 dargestellt.

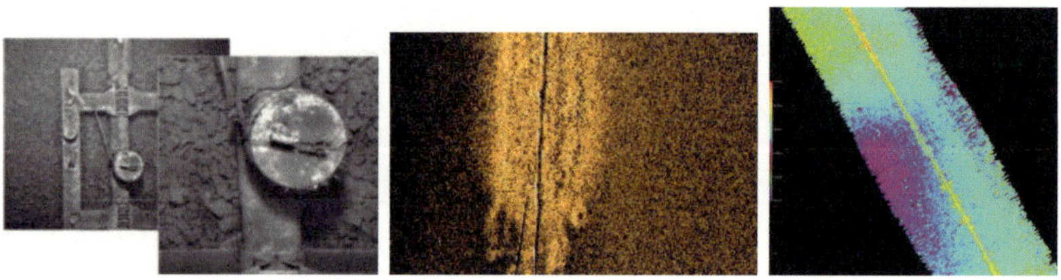

(a) Kamerabilder (b) HISAS-Bild (c) Bathymetrie

Abbildung 2.31.: Beispieldaten von HUGIN-Mission [75]

Der gesamte Prozess wurde für die zweite Pipeline wiederholt, so dass vier AUV-Einsätze durchgeführt wurden. Laut der Pressemeldung wurden die beiden Pipelines mit einer AUV-Marschgeschwindigkeit von 4 Knoten in einer Höhe von 4 bis 25 m und einer Wassertiefe von 180 m bis 560 m untersucht. Der somit insgesamt 60 km lange Pipelinesurvey wurde in ca. 16 Stunden inspiziert.

Surveyor Interceptor ROV Ein weiteres Fahrzeug ist das „Surveyor Interceptor ROV (SROV)“ [85], welches in Schweden für die Pipelineinspektion entwickelt wurde und von MMT [84] und Reach Subsea [105] betrieben wird. Die Abbildung 2.32 zeigt das Fahrzeug. Es ist von seiner Funktionsweise mit AUVs vergleichbar, da es einen eigenen Antrieb hat und sich ähnlich dieser entlang einer Pipeline bewegen kann. Aus diesen Grund wird dieses System als vergleich hier vollständigkeitshalber aufgeführt.

Das System ist ein reiner Sensorträger mit eignen Antrieben, kann dem Fahrzeugtyp ROTV zugeordnet werden und ist dementsprechend kein klassisches AUV. Es wird wie ein ROV vom Mutterschiff aus gesteuert und benötigt dafür eine Hochgeschwindigkeitsdatenverbindung mittels Kabel, um auf dem Mutterschiff die Datenauswertung und Fahrzeugsteuerung durchzuführen.

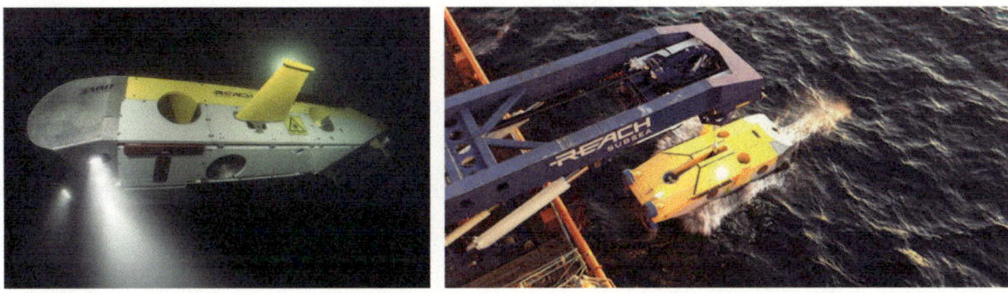

Abbildung 2.32.: Surveyor Interceptor ROV (SROV) [84]

Durch die Kabelverbindung mit dem Mutterschiff benötigt das Fahrzeug keinen eigenen Energiespeicher und die Antriebsleistung ist mit bis zu $8kn$ Geschwindigkeit sehr schnell. Das Fahrzeug hat zwei Operationsmodi: „High Fly“ High-Speed-Survey mit Datenerfassung durch die Akustiksensoren und Kameras sowie einen „Low Fly“-Inspektionsmodus in bekannten Problemgebieten, wobei das Fahrzeug dann wie ein ROV agiert. Einige Sensordatenauswertungen sind in der Abbildung 2.33 zu sehen.

(a) Fächerecholot (b) Laser-Punktwolke

Abbildung 2.33.: Beispieldaten vom SROV [84]

2.6.2. Schiffshüllen- und Hafeninspektion

Ein weiteres Aufgabengebiet der Unterwasserinspektion ist die Untersuchung von Schiffshüllen und Hafenanlagen. Dabei wird nach Anomalien wie Beschädigungen gesucht, eine Bestandsaufnahme für die Planung einer Wartung durchgeführt oder nach Objekten gesucht. Solche Objekte an Schiffskörpern können Schmuggelware oder auch Sprengkörper sein. Aktuell erfolgt diese Suche meist mit ROVs und Tauchern.

Da in dieser Arbeit die Algorithmen für die Hafeninspektion auch für die Inspektion von Schiffsrümpfen angewendet werden können, wird ein ähnliches Projekt mit dem zugehörigen AUV im nächsten Absatz vorgestellt.

Bluefin HAUV Der amerikanische AUV-Hersteller Bluefin Robotics, eine Ausgründung des Massachusetts Institute of Technology (MIT), hat das Hovering AUV (HAUV) [15] für die Inspektion von Schiffshüllen entwickelt [67, 121]. Die Abbildung 2.34 zeigt dieses Fahrzeug, welches mit einem hochauflösenden DIDSON Imaging-Sonar zur Datenaufnahme ausgerüstet ist.

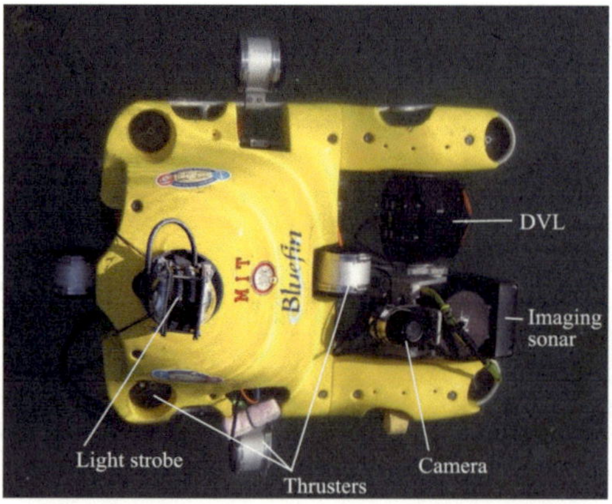

Abbildung 2.34.: Bluefin HAUV [67]

Das Fahrzeug verfügt über eine faseroptische Verbindung, mit der ein Operateur auch während der autonomen Inspektion auf die erfassten Daten in Echtzeit zugreifen und es manuell steuern kann – es ist ein hybrides System. Des Weiteren wurde das Fahrzeug wie ein ROV konstruiert und nutzt Thruster, um zu hovern und um sich in alle 6 Freiheitsgrade zu bewegen; es kann sich somit holonom bewegen.

Zur Navigation auf der zu inspizierenden Schiffshülle besitzt das Fahrzeug ein bewegliches DVL, das auf die zu inspizierende Oberfläche gerichtet wird. Damit kann die Relativbewegung zu dieser Fläche ermittelt werden. Zusätzlich wird die Navigation an der Schiffshülle mittels Simultaneous Localization and Mapping (SLAM) gestützt. Dafür werden die geometrischen Daten aus dem Imaging-Sonar genutzt, um die Fahrzeugposition und Lage relativ zum Schiff zu schätzen [67].

Mit dem Fahrzeug wurden Tests zur Inspektion des Flussbettes des Charles Rivers und die Schiffshülleninspektion der King Triton im Bostoner Hafen durchgeführt [67]. Des Weiteren wird in [121] die Inspektion der Außenwand der USS Salem vorgestellt.

2.7. Zusammenfassung

Die Inspektion ist ein wichtiger Teil des Integritätsmanagements von Unterwasseranlagen. Dabei wird der Zustand dieser Anlagen mittels Sensoren ermittelt. Um diese Sensoren einzusetzen und mit diesen die Inspektionen durchzuführen, sind mobile Trägersysteme notwendig. Diese wurden in Abschnitt 2.2 vorgestellt. Dabei können diese Systeme schiffsbasiert, gefesselt oder sich frei bewegend sein und sie können ferngesteuert oder autonom agieren.

Durch die Inspektion können je nach verwendeten Sensor- und Trägersystem unterschiedliche Anomalien detektiert werden. Diese sind entsprechend in Fehlerklassen einzuordnen, um die Maßnahmen für die Behebung bzw. Reparatur planen zu können.

Das Standardsystem für Unterwasserinspektionen sind aktuell die ROVs, die von einem Mutterschiff ferngesteuert werden. Um die Inspektion von Pipelines, Seekabeln und Schiffsrümpfen kosteneffizienter durchführen zu können, werden bereits autonome Systeme (AUVs) entwickelt. Einige dieser Systeme, die in der Literatur beschrieben sind, wurden vorgestellt. Diese nutzen zur Inspektion meist nur ein Sensorsystem bzw. -typ, um die Inspektion durchzuführen. Das in der Arbeit genutzte AUV zur Kabel- und Pipelineinspektion verwendet hingegen auf eine Sensorsuite mit verschiedenen Sensortypen. Somit können mehrere hydroakustische, magnetische und optische Sensoren mit den in dieser Arbeit entwickelten Verfahren gleichzeitig genutzt werden, um die Inspektion durchzuführen. Die von Kongsberg präsentierte Pipelineinspektion mit dem Hugin-AUVs erfolgte zweistufig, so dass hier die Pipeline zweimal in unterschiedlichen Überflughöhen inspiziert wurde. Das in dieser Arbeit vorgestellte Verfahren ist einstufig und dadurch verringert sich die Missionsdauer enorm.

Da ROVs für lokal begrenzte Operationen entwickelt wurden, haben sie durch ihre strömungsungünstige Bauform eine sehr geringe Marschgeschwindigkeit (meist $\leq 1kn$). Im Vergleich zu ROVs besitzen AUVs während der Inspektion höhere Marschgeschwindigkeiten (3 bis $8kn$) und können somit größere Gebiete abdecken sowie die Aufnahme von Inspektionsdaten in kürzerer Zeit durchführen. Des Weiteren operieren AUVs unabhängig von Störeinflüssen der Wasseroberfläche (Wind und Wellen) und sie bewegen sich nah am zu inspizierenden Objekt. Dadurch liefern sie detailliertere Messdaten hoher Qualität über eine größere Fläche als vergleichbare gefesselte oder schiffsbasierte Systeme.

Des Weiteren wurden im vorliegenden Kapitel Koordinatensysteme vorgestellt, die für die Navigation und die Reglung von Schiffen und Unterwasserfahrzeugen verwendet werden und auf denen die Algorithmen der nächsten Kapitel aufbauen.

3. Architektur des Regel- und Führungssystems

Das Vehicle Guidance System (Fahrzeugführungssystem) (VGS) steuert das Fahrzeug an die in der Mission angegebenen Wegpunkte; es aktiviert und deaktiviert die Sensorik und reagiert auf die Umwelt. Es existieren viele solcher Führungssysteme. Die verschiedenen Fahrzeugführungssysteme unterscheiden sich meist in ihrer Struktur, haben aber auch viele Gemeinsamkeiten. Führungssysteme werden in allen Arten von autonomen Fahrzeugen eingesetzt, gleich ob in der Luft, an Land, auf oder unter der Wasseroberfläche.

In diesem Kapitel werden verschiedene Ansätze und Methoden zum Aufbau und zur Implementation von VGSs vorgestellt. Anschließend erfolgt die Vorstellung der für die Aufgabe der Unterwasserinspektion gewählten Architektur und deren Implementation. Hierbei war die Anforderung zu erfüllen, dass die Fahrzeugregelung für die Inspektion in ein bestehendes System, das vom jeweiligen Fahrzeughersteller vorgegeben ist, integriert werden kann.

Die Regelsysteme werden meist mittels Software implementiert, daher ist die Architektur des Fahrzeugführungsreglers an die Softwarearchitektur des Autonomen Systems gebunden.

Das Kapitel beginnt mit der Beschreibung unterschiedlicher Architekturkonzepte, gefolgt von der Vorstellung des Konzeptes des Frontseat- und Backseat-drivers. Des Weiteren werden verschiedene Kommunikationskonzepte vorgestellt, um den Datenaustausch bei einem modularen System sicherzustellen. Nach Vorstellung dieser Basiskonzepte wird exemplarisch die Umsetzung der Regelung und deren Integration mit Hilfe des Frameworks *ConSys* diskutiert.

ConSys wurde für die Fahrzeugführung der innerhalb der Arbeitsgruppe entwickelten Unterwasserfahrzeuge konzipiert und eingesetzt. Da für die in der Arbeit genutzten Fahrzeuge von Projektpartnern zur Verfügung gestellt werden und eigene Führungssysteme besitzen, werden neue Verfahren zur Integration der auf dem ConSys-Framework basierenden Algorithmen entwickelt.

Dieses Framework wurde innerhalb der Gruppe Maritime Systeme des Fraunhofer IOSB in Ilmenau entwickelt und bildet die Basis zur Integration der in dieser Arbeit entwickelten Algorithmen und Konzepte zur Fahrzeugführung, um Unterwasserinspektionen durchführen zu können. ConSys wurde für die Fahrzeugführung der innerhalb der Arbeitsgruppe entwickelten Unterwasserfahrzeuge konzipiert und wird mit diesen eingesetzt.

Die in der Arbeit genutzten Fahrzeuge wurden von den Projektpartnern zur Verfügung gestellt und haben eigene Führungssysteme. Aufgrund dieser Anforderung sind neue Verfahren zur Integration der in dieser Arbeit entworfenen Algorithmen unter Nutzung des ConSys-Frameworks notwendig.

Dafür wird eine neue, erweiterte Missionsbeschreibung definiert. Das Kapitel schließt mit der Vorstellung des in dieser Arbeit entwickelten Konzeptes zur Integration der Reglerstruktur für Inspektionsaufgaben in bestehende Fahrzeugsysteme.

3.1. Sequentielle, parallele und hybride Architekturen

Wie bereits erwähnt, existieren verschiedene Designs für den Aufbau eines Fahrzeugführungssystems. An dieser Stelle werden drei Grundsysteme und die hybride Kombination aus diesen vorgestellt.

Sequentielle Systeme

Die klassische Variante ein mobiles System zu steuern, ist die *sequentielle* Abarbeitung der vor dem Einsatz des Fahrzeuges fest definierten

Arbeitsabläufe, wie in der Abbildung 3.1 dargestellt. Sensordaten werden erfasst und daraus wird ein Weltmodell generiert. Dieses Modell dient der Erstellung eines Planes, der die Anweisungen zum Ansteuern der Aktuatoren enthält, welche von dem Fahrzeug ausgeführt werden [106]. Eine solche Planung kann auch im Vorfeld einer Mission offline erfolgen, die Ausführung erfolgt dann auf dem Fahrzeug.

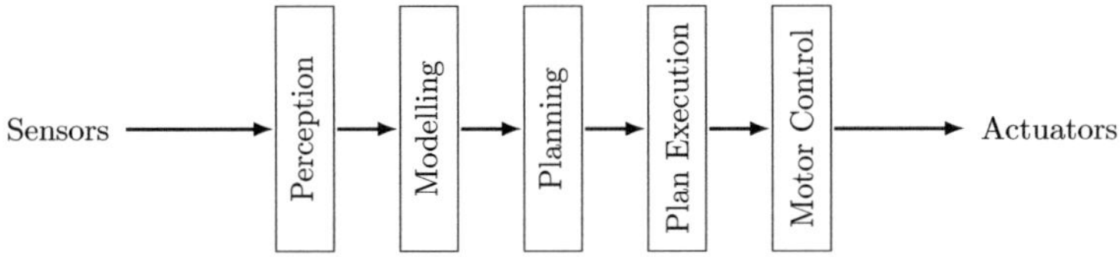

Abbildung 3.1.: Traditionelle sequentielle Unterteilung einer Robotersteuerung in funktionale Module nach [18]

Parallele Systeme

Brooks führt in seiner Veröffentlichung [18] die *verhaltensbasierte, reaktive* Architektur zur Steuerung von Robotern ein. Dabei werden Verhaltensmuster definiert und diese mit der Sensorik und Aktorik des Roboters verknüpft, wie in der Abbildung 3.2 dargestellt ist. Dies hat zur Folge, dass das System auf Ereignisse in seiner Umwelt schnell mit einem entsprechenden Verhalten reagieren kann. Solche Systeme reagieren sehr robust auf Änderungen in der Umwelt des Roboters und resultieren in agilen Steuerungssystem [3].

In seinem Buch [19] diskutiert Brooks den von ihm eingeführten verhaltensbasierten Ansatz zur Robotersteuerung. Des Weiteren stellt er ein Modell zur Robotersteuerung vor, das ohne die umfassende Auswertung bzw. Erkennung der von den Sensoren erfassten Daten eine Aktion ausführt (Abbildung 3.3): „Erkenntnis existiert nur im Auge des Betrachters.“ [19].

Hierarchien. In [18, 19] werden die „Levels of Competence“ und „Levels of Control“ vorgestellt: Dabei werden Basisfunktionen, die zum

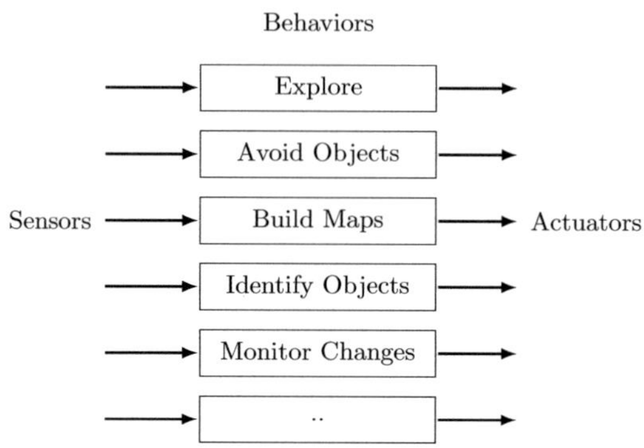

Abbildung 3.2.: Aufspaltung einer Robotersteuerung in parallele, verhaltensbasierte Komponenten, nach [18]

Abbildung 3.3.: Interaktion zwischen Wahrnehmung und Aktion [19]

Funktionieren des Roboters dienen (z.B. Regelung der Motorgeschwindigkeiten, Batteriemanagement, etc.) als gegeben betrachtet und komplexere Funktionen (z.B. Exploration, Kollisionsvermeidung, etc.) auf deren Basis implementiert. Dies kann soweit fortgeführt werden, dass immer komplexere Verhaltensweisen auf der Basis von einfacheren Verhaltensweisen entstehen können, wie in *hierarchischen* Regelungssystemen üblich. Dies dient der Robustheit des entworfenen Systems, da die Basisfunktionen in verschiedenen Szenarien getestet und wiederverwendet werden können. Nur die komplexen Funktionen, wie z.B. das Verfolgen von Pipelines, müssen an die entsprechenden Szenarien angepasst werden, wie es exemplarisch im Abschnitt 3.6 beschrieben wird.

Auswertung von Verhaltensweisen und Aktionen. Es können verschiedene Verhaltensweisen parallel existieren und diese werden durch entsprechende Ereignisse in der Umwelt (Wahrnehmung durch die Sensoren) oder innerhalb des Robotersystems aktiviert bzw. deaktiviert. Wenn mehrere Verhaltensweisen parallel auf die Aktuatoren zugreifen, um Aktionen auszuführen, müssen diese zusammengeführt werden. Dies kann:

- durch die Priorisierung (Abbildung 3.4a) der Verhaltensweisen,
- durch die Selektion der auszuführenden Aktion (Abbildung 3.5b),
- durch eine Abstimmung (Abbildung 3.4b) über die Verhaltensweisen oder
- durch Fusion (Abbildung 3.5a) der Verhaltensweisen erfolgen.

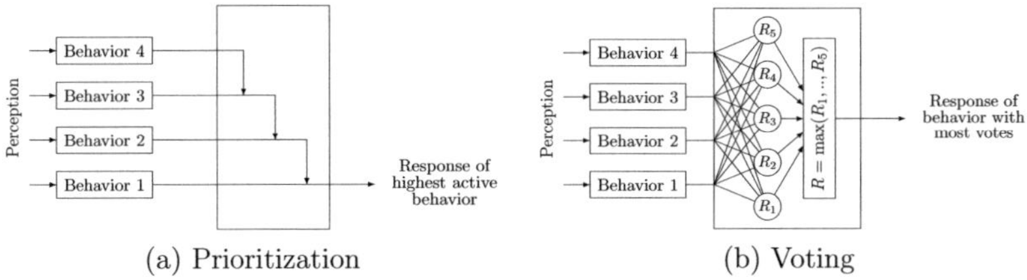

Abbildung 3.4.: Zusammenführung von parallelen Verhaltensweisen, Teil I [19]

Das in dieser Arbeit verwendete Verfahren, um die parallelen Verhaltensweisen zusammenzuführen, basiert auf der Priorisierung und ereignisgesteuerten Aktivierung und Deaktivierung von Verhaltensweisen und wird im Abschnitt 3.6 vorgestellt.

Hybride Systeme

Die verhaltensbasierten Ansätze haben den Nachteil, dass die Position und das Verhalten eines Unterwasserfahrzeuges nur sehr schwer extern

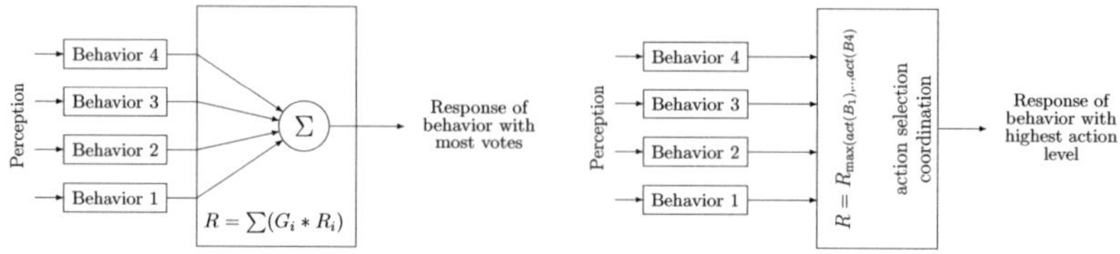

(a) Fusion (b) Action Selection

Abbildung 3.5.: Zusammenführung von parallelen Verhaltensweisen, Teil II [19]

bestimmbar sind. Größere Explorationen sind aufgrund von limitierenden Batterielaufzeiten und Seebedingungen mit diesem Ansatz schwer umsetzbar. Eine Lösung sind sogenannte Hybride Systeme, die die Vorteile aus beiden Ansätzen (planend, sequentiell und verhaltensbasiert reaktiv, parallel) kombinieren. Ein solcher Ansatz wird bei der Integration der Inspektionsalgorithmen in das Fahrzeugführungssystem verfolgt. Dabei verwenden die Inspektionsalgorithmen einen verhaltensbasierten Ansatz und das Vehicle Guidance System (Fahrzeugführungssystem) eine sequenzielle Manöverabarbeitung.

Die Umsetzung der AUV-Steuerung in einer hybriden Architektur hat den Vorteil, dass parallel zu der AUV-Mission der Standort des Fahrzeuges mit Hilfe des erstellten Missionsplanes simuliert werden kann, aber das Fahrzeug dennoch reaktive Manöver wie Kollisionsvermeidung durchführen kann, ohne dass der ursprüngliche Plan modifiziert werden muss. Des Weiteren können während der Missionsausführung zusätzliche Elemente bzw. Manöver in den Missionsplan eingefügt und frei kombiniert werden. Gleichzeitig kann das Fahrzeug aber frei und verhaltensbasiert agieren, wie es z.B. bei Inspektionen oder der Objektverfolgung notwendig ist. Diese Vorgehensweise wird in Abschnitt 3.6 umgesetzt und beschrieben.

Eine solche hybride Architektur wird mit dem von Byrnes entwickelten *Rational Behavior Model* RBM [21] umgesetzt. Dieses Modell basiert auf den Kommandostrukturen eines Marineschiffes und integriert die von Brooks beschriebenen „Levels of Competence“ sowie die „Levels of Control“, indem drei Ebenen zur Führung eines Systems eingeführt (3-Tier-Model) und diese strikt in Strategische, Taktische und Operative Ebene getrennt werden (Abbildung 3.6).

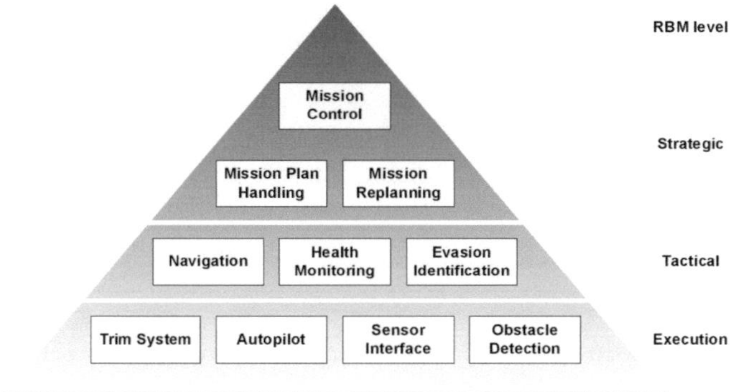

Abbildung 3.6.: Strukturierung der Systemarchitektur auf Basis des RBM [101]

Diese Trennung zwischen den einzelnen Ebenen, insbesondere die Implementation der Autonomiealgorithmen als Backseat-Driver (nachfolgender Abschnitt), wird in der Struktur der Fahrzeugregelung für Inspektionsalgorithmen umgesetzt. Des Weiteren basieren die Algorithmen auf einer Kombination aus geplanten Missionselementen sowie reaktiven und verhaltensbasierten Ansätzen.

3.2. Backseat driver

Die Unterscheidung zwischen Frontseat- und Backseat-Driver folgt der Idee, die Fahrzeugsteuerung und die Autonomie-Funktionen zu trennen. Es wird somit zwischen einem Missions- und einem Fahrzeug-Regler getrennt.

Eine solche Trennung wurde z.B. im Führungssystem Mission Orientated Operating Suite (MOOS) [99] bzw. MOOS-Interval Programming (MOOS-IvP) [83] vorgenommen und in [41] und [12] beschrieben. Die Abbildung 3.7 illustriert dies. Auch bei dem in dieser Arbeit verwendeten Steuerungssystem *ConSys* (Abschnitt 3.4) wird eine solche Unterscheidung vorgenommen.

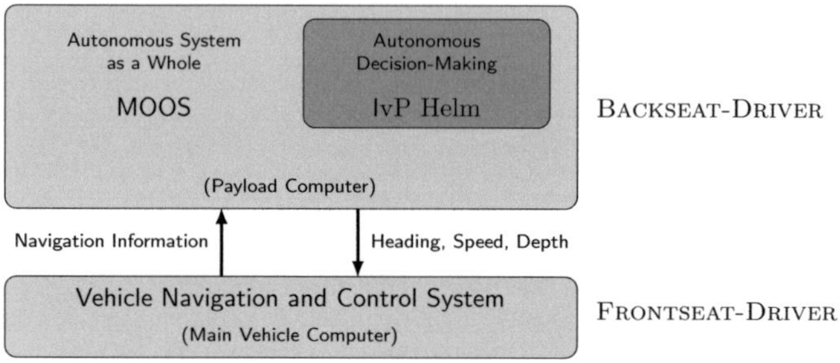

Abbildung 3.7.: Backseat driver in MOOS [12, 41]

Der entscheidende Vorteil einer Trennung und Unterscheidung ist die Entkopplung der Autonomiefunktionen von der Fahrzeug-Hardware [12]. Der Hersteller, welcher die Eigenschaften des Fahrzeuges und dessen Fahrdynamik kennt, liefert den fahrzeugspezifischen Regler (Frontseat-Driver). Dieser regelt die ihm vom Missionsregler übergebenen Sollgrößen, wie z.B. Kurs, Geschwindigkeit und Tauchtiefe, und agiert aus der Sicht der Autonomiefunktionen als Blackbox.

Der Backseat-Driver ist somit von der Hardware gelöst. Die Autonomiefunktionen können auf unterschiedlichen Hardwareplattformen genutzt sowie in Simulationsumgebungen, wie in [66] beschrieben, getestet und evaluiert werden. Des Weiteren kann das Fahrzeug mit Hilfe von neuen Autonomiefunktionen an neue Aufgaben angepasst werden.

3.3. Kommunikationsstrukturen

Wenn das Fahrzeugführungssystem modular aufgebaut ist, muss eine Infrastruktur zur Kommunikation der einzelnen Module untereinander aufgebaut werden. Eine solche Kommunikation kann über:

- ein Blackboard,
- direkte Kommunikation,

- Remote Procedure Call (RPC) sowie mittels
- Publish/Subscibe-Methoden

stattfinden.

Blackboard. Das Führungssystem MOOS nutzt eine gemeinsame Datenbank, um die Informationen unter den einzelnen Softwarekomponenten zu verbreiten – die MOOS-DB. Dabei werden die relevanten Informationen an einer zentralen Stelle, in der Datenbank gespeichert. Alle Module haben Schreib- und Lesezugriff auf die Informationen. Die Abbildung 3.8 illustriert den strukturellen Aufbau dieses Systems.

In der zentralen Datenbank können alle anfallenden Daten protokolliert und zu einem späteren Zeitpunkt wieder abgerufen werden, um die vom AUV durchgeführte Mission zu analysieren, die Fahrzeugsteuerung zu optimieren sowie um mögliche Fehler zu finden und zu beheben.

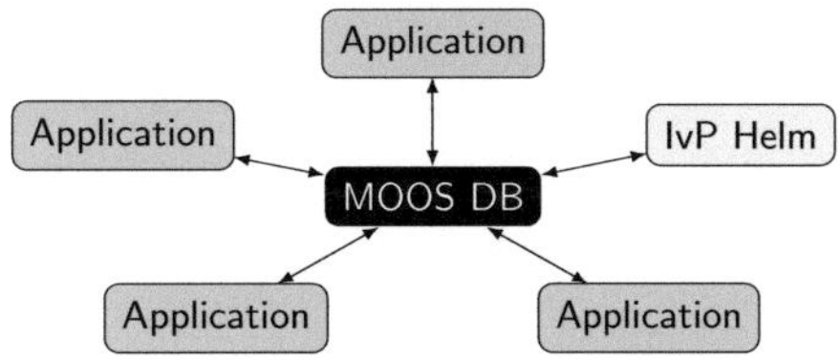

Abbildung 3.8.: MOOSDB Blackboard-System [12]

Direkte Kommunikation. Bei der Kommunikation der einzelnen Module (Prozesse) mittels einer direkten Verbindung untereinander wird keine Middleware verwendet, um die Nachrichten entgegenzunehmen und zu verteilen (Abbildung 3.9). Die zwischen den beteiligten Modulen zu übertragenden Informationen werden entsprechend spezifiziert und die Schnittstellen implementiert, so dass Sender und Empfänger der Nachrichten die Informationen korrekt übermitteln.

Definition 4. *Eine* Middleware *ist eine Software bzw. ein Dienst, die/-der einen definierten Datenaustausch zwischen einzelnen Anwendungen bzw. Modulen ermöglicht. Dabei kann diese als eigenständige Software oder als Bibliothek integriert sein.*

Als technologische Basis für diese Kommunikation können unter anderem Unix-Sockets oder Shared-Memory zur Interprozesskommunikation verwendet werden, wenn beide Module auf dem gleichen Computer laufen. Des Weiteren bieten sich die Netzwerkprotokolle Transmission Control Protocol / Internet Protocol (TCP/IP) bzw. Unified Data Protocol / Internet Protocol (UDP/IP) an, wenn die Module bzw. Prozesse auf verteilten Systemen ausgeführt werden. Diese Netzwerkprotokolle können auch für die Interprozesskommunikation verwendet werden, wenn die Module sich auf dem gleichen Computer befinden. Zusätzlich hat die Verwendung von TCP/IP bzw. UDP/IP den Vorteil, die Softwaremodule eines Systems in ein Fremdsystem einzubinden, wenn die entsprechenden Schnittstellen für die Interpretation der gesendeten Daten entsprechend definiert und implementiert sind. Des Weiteren stehen für fast alle Betriebssysteme und Hardwareplattformen Implementationen für TCP/IP- bzw. UDP/IP-Stacks nach dem ISO/OSI-Schichtenmodell [47] zur Verfügung.

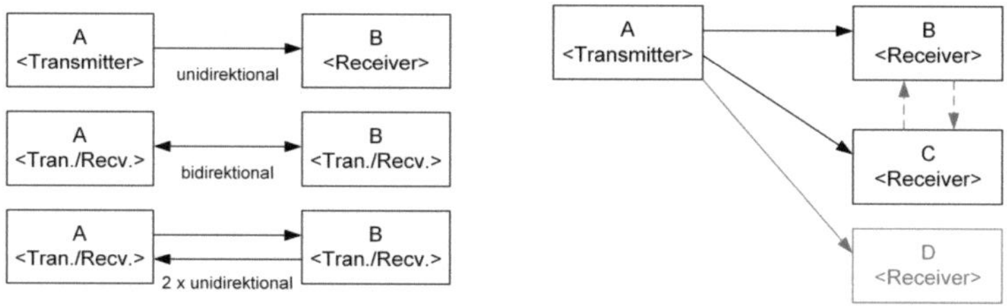

Abbildung 3.9.: Beispiele direkter Kommunikation

Ein großer Nachteil der direkten Kommunikation zwischen den Modulen ist, dass die ausgetauschten Informationen nicht sofort einem weiteren Modul zur Verfügung gestellt werden können, es müssen neue direkte Verbindungen (insgesamt $(n-1)!$ Verbindungen) zwischen den beteiligten Modulen (n) aufgebaut und von diesen Modulen verwaltet werden (Abbildung 3.9). Dies kann durch die Verwendung einer Middleware vermieden werden.

Remote Procedure Call. RPC beschreibt den Aufruf von Funktionen, die in einem anderen Adressbereich liegen, auf einem anderen Computer bzw. von einem anderen Prozess (Modul) bereitgestellt werden als vom aufrufenden Prozess (Modul). Es dient der Interprozesskommunikation, wurde im XEROX-PARC entwickelt und in [14] vorgestellt.

Bei diesem Verfahren werden nicht nur Daten zwischen den Prozessen ausgetauscht, wie z.B. bei der direkten Kommunikation; es werden Arbeitsabläufe (Funktionen) im entfernten Prozess vom lokalen Prozess aus angestoßen. Wenn Informationen über einen RPC ausgetauscht bzw. versandt oder angefordert werden, wird wie bei einem lokalen Funktionsaufruf so lange mit der Programmausführung gewartet, bis eine Antwort bzw. die erfolgreiche Ausführung der aufgerufenen Funktion gemeldet wurde. Die Kommunikation über RPCs ist somit synchron. Des Weiteren wird bei RPC-Implementationen darauf geachtet, dass in dem Aufruf von lokalen bzw. entfernten (remote) Funktionen des Programms kein Unterschied besteht.

Für die Integration von RPC in eigene Programme existieren die verschiedensten Lösungen, wie Common Object Request Broker Architecture (CORBA) [91], Simple Object Access Protocol (SOAP) [126], D-Bus [52] und Extensible Markup Language (XML)-RPC [127]. Auch im Robot Operation System (ROS) [93] wird dieses Konzept als sogenannte Services eingesetzt [94].

Mit RPC können meist nur zwei einzelne Prozesse (Module) direkt miteinander interagieren. Wenn die Middleware Dienste (Services) integriert, können verschiedene Module diesen Dienst anbieten und die Middleware entscheidet, an welche Module die Anfrage geleitet wird.

Publish/Subscribe Das Publish/Subscribe-Paradigma ist eine weitere Möglichkeit der Interaktion und des Datenaustausches zwischen einzelnen Modulen. Ein Vergleich und einen kurzen Überblick zu diesem Kommunikationsschema wird in [42] gegeben.

Der grundlegende Aufbau eines Publisher/Subscriber-Systems besteht aus den Sendern (Publisher) und den Empfängern (Subscriber) der Nachrichten sowie einer Middleware oder einem Ereignis-Verteildienst zur Übermittlung der Nachrichten von den Sendern zu den Empfängern. Eine einfache Implementation eines solchen Systems ist in der Abbildung 3.10 dargestellt.

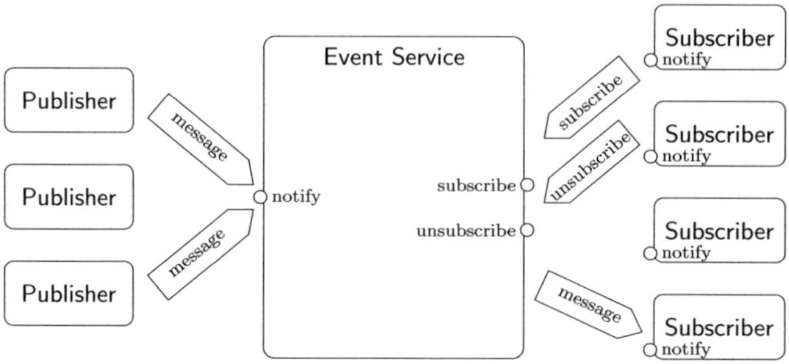

Abbildung 3.10.: Beispiel eines Publisher/Subscriber-Systems

Durch die Verwendung einer Middleware zur Nachrichtenzustellung können die Publisher- und Subscriber-Module entkoppelt werden: Zum einen können sie räumlich entkoppelt sein; die Kommunikationsteilnehmer müssen sich nicht kennen, um Nachrichten auszutauschen. Des Weiteren müssen die Teilnehmer nicht synchronisiert werden; das bedeutet, der interne Ablauf der Publisher wird nicht geblockt, wenn sie eine Nachricht versenden, und der Subscriber kann diese asynchron empfangen.

Dieses Kommunikationsprinzip wird in ROS mittels ROS-Topics [95] umgesetzt. Im ConSys-Framework (Abschnitt 3.4) wird lediglich das Publisher-Subscriber-Prinzip zur Intermodulkommunikation genutzt, da dies nicht blockierend ist und einzelne Nachrichten gefiltert werden können.

3.4. Das ConSys-Framework

Die Umsetzung der in der Arbeit zu entwickelnden Führungsalgorithmen erfolgt auf Basis des am Fraunhofer IOSB in der Forschungsgruppe Maritime Systeme entwickelten Softwaresystems *ConSys* (*Con*trol

*Sys*tem) [102]. Dieses System ist modulbasiert und integriert grundlegende Funktionen für die Implementation komplexer Softwaresysteme, um unterschiedlichste Fahrzeuge und Anlagen zu regeln. ConSys wurde im Rahmen dieser Arbeit um Fahrzeugführungsfunktionen zur Unterwasserinspektion erweitert.

Die Abbildung 3.11 zeigt den strukturellen Aufbau des Frameworks mit den verschiedenen Ebenen und Bibliotheken sowie den einzelnen Modulen für die spezifischen Aufgaben der Fahrzeugführung.

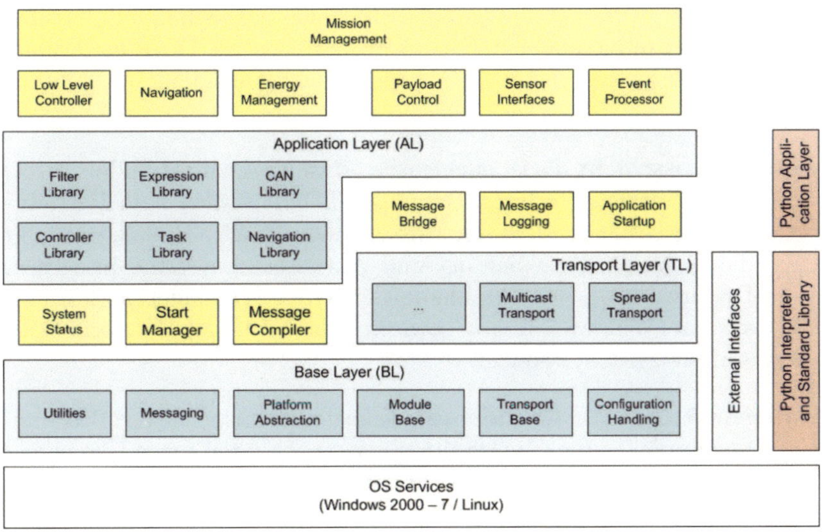

Abbildung 3.11.: ConSys Module und Strukturierung des Frameworks [102]

Die Funktionalität des Frameworks strukturiert sich dabei in folgende Bereiche:

Framework Es werden grundlegende Funktionen zur Erstellung von ConSys-Modulen bereitgestellt. Diese beinhalten u.a. Bibliotheken für die Netzwerkkommunikation, für Multithreading, für das

Logging sowie für das Einlesen von Konfigurationsdaten. Es können zur Erstellung der ConSys-Module verschiedene Programmiersprachen verwendet werden. Für C/C++ und Python existieren Implementierungen. Weitere Systeme können mittels C/C++ Schnittstellen eingebunden werden. Die Strukturierung und einzelnen Elemente sind in der Abbildung 3.11 dargestellt.

Kommunikation Die Interprozesskommunikation und der Nachrichtenaustausch zwischen den einzelnen Modulen wird mittels eines einfach zu implementierenden und auf dem Publish-Subscribe-Prinzip aufbauenden Mechanismus unterstützt. Diese Funktionalität ist in der *Transport Layer*-Schicht abgebildet (Abbildung 3.11).

Abstraktionsschicht Es ist eine Ebene (*Base Layer* in Abbildung 3.11) zur Abstraktion aller notwendigen Schnittstellen zum Betriebssystem sowie zu diversen Bussystemen (CAN, RS232, etc.) für die Anbindung an Sensor- und Aktuatorbussysteme integriert. Dadurch wird eine Unabhängigkeit vom verwendeten Betriebssystem (Windows, Linux) sowie von der Hardwareplattform (x86, AMD64, ARM) erreicht.

Datenstrukturen für Nachrichten Eine domänenspezifische Beschreibungssprache für die Definition von Nachrichten sowie Übersetzer in die jeweilige Implementationssprache (C/C++, Python, etc.) existieren, um die notwendigen Informationen zwischen den einzelnen Modulen zu verbreiten. Die Module *Message Bridge* und *Message Compiler* in Abbildung 3.11 integrieren diese Funktionen unter Verwendung des Transport Layers.

Der modulare Ansatz erlaubt es Algorithmen auf verschiedenen Fahrzeugen oder in einer Simulationsumgebung zu testen, ohne dass diese neu implementiert oder neu übersetzt werden müssen; eine Änderung der Systemkonfiguration reicht, um eine andere Plattform zu integrieren. Eine solche Plattform kann beispielsweise das reale AUV (Abbildungen 6.17a und 4.8), eine Simulationsumgebung mit exakter Fahrzeugdynamiksimulation, kinematischer Simulation, eine Virtual Reality Umgebung (Abbildung 5.3b) oder auch ein Demonstrationssystem, wie der 3D-Portalkran des Fraunhofer IOSB-AST (Abbildung 5.7) sein. Somit können, wie in [66] vorgestellt, Algorithmen in unterschiedlichen Entwicklungsstadien getestet und deren Funktionalität verifiziert werden. Die Implementation der Fahrzeugführung wird in Kapitel 5 für die verschiedenen in der Arbeit verwendeten Fahrzeuge und Testsysteme auf Basis des ConSys-Frameworks im Detail vorgestellt.

3.5. Regelkreis zur Fahrzeugsteuerung

Wie bereits in den vorhergehenden Abschnitten beschrieben, ist ein Softwaresystem zur Fahrzeugführung meist modular aufgebaut und in verschiedene Ebenen strukturiert. Die Modularität ermöglicht das Austauschen von Modulen, welche beispielsweise Regelalgorithmen, Sensordatenauswertungen, Aktuatoransteuerungen enthalten. Es wird somit eine hohe Flexibilität und Wiederverwendbarkeit der Algorithmen und Verfahren ermöglicht.

Des Weiteren wird durch das Paradigma des Backseat-Drivers eine Unabhängigkeit der missionsbasierten Algorithmen vom Fahrzeug erreicht und die Regelung des Fahrzeugkurses und der Tauchtiefe durch den Frontseat-driver ermöglicht eine optimale Anpassung dieser Algorithmen auf das jeweilige Fahrzeug. Es entstehen somit zwei Regelkreise, eine Kaskadenregelung mit einer hierarchischen Struktur, wie aus Abbildung 3.12 zu entnehmen ist. Der innere Regelkreis (*Frontseat-Driver*; Strichpunkt-Linie in Abbildung 3.12) regelt den Fahrzeugkurs, die Tauchtiefe und steuert die einzelnen Antriebe und Ruder des Fahrzeuges an. Dabei greift der Autopilot auf die von der Navigation bereitgestellten Geschwindigkeits-, Positions- und Lagedaten zurück. Der äußere Regelkreis (*Backseat-Driver*; gestrichelte Linie in Abbildung 3.12) nutzt die Navigations-, Missions- und Sensordaten für die Trajektoriengenerierung und -regelung während der Inspektion sowie für die Abfahrt der im Missionsplan definierten Wegpunkte. Dabei werden im äußeren Regelkreis die Sollwerte (Kurs, Geschwindigkeit und

Tauchtiefe) für den inneren Regelkreis generiert.

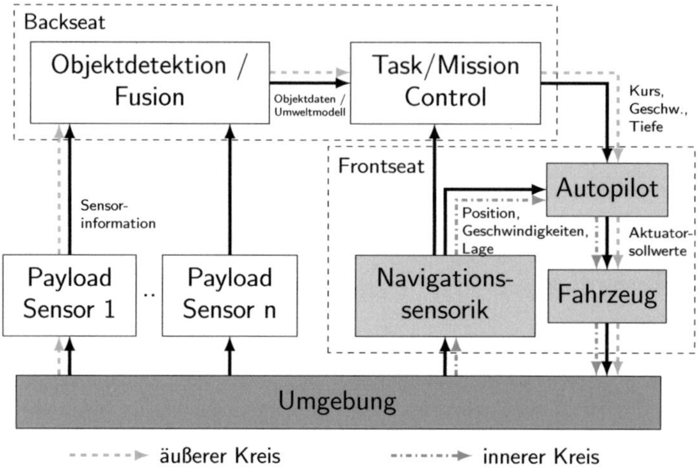

Abbildung 3.12.: Regelschleife mit Trennung von Frontseat- und Backseat-Driver

Der innere Regelkreis mit Autopilot und Navigation wird in dieser Arbeit nicht betrachtet und als vom Fahrzeughersteller vorgegeben angenommen. Die Algorithmen der Aufgaben- und Missionskontrolle (Backseat-Driver) werden in den Abschnitten 3.6 und 3.7 sowie im Kapitel 5 vorgestellt und diskutiert. Die Sollwerte für diese Algorithmen werden aus den von den Sensoren erfassten und fusionierten Daten generiert. Die notwendigen Verfahren werden in Kapitel 4 beleuchtet.

3.6. Aufgabenbasiertes Verhalten

Der Missionsverlauf von Unterwasser-Inspektionen folgt einem festen Schema und ist in Missionsplänen definiert, wie im Abschnitt 3.8 beschrieben und in den Abbildungen 3.25 und 3.26 illustriert.

Eine Inspektion unterteilt sich dabei in mehrere Phasen. All diese einzelnen Phasen können mit Hilfe eines Zustandsdiagrammes (State-

Flow-Diagramm; Abbildung 3.13) beschrieben werden, welches die einzelnen Phasen der Mission als Systemzustände und dessen erlaubte Übergänge zwischen den einzelnen Zuständen beschreibt. Die Zustände zwischen dem Beginn (*start*) und dem Ende (*end*) der Inspektionsmission sind dabei:

- der *Transit* des Fahrzeuges zwischen Wegpunkten und Operationsgebieten,
- die Suche (*search*) nach dem zu inspizierenden Objekt,
- die Positionierung (*approach*) des Fahrzeuges zu diesem und
- das eigentliche Inspizieren (*follow/track*).

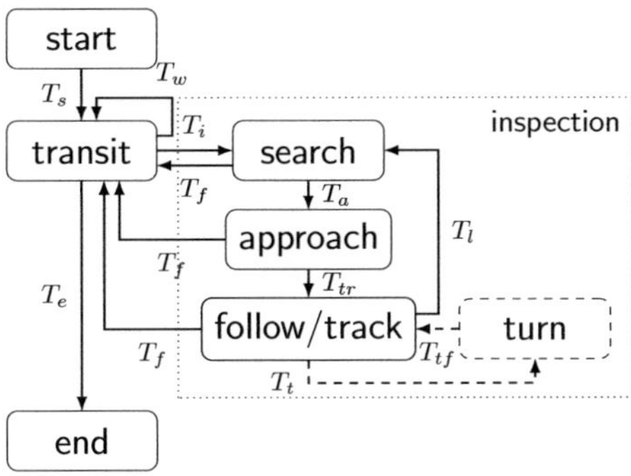

Abbildung 3.13.: Zustandsdiagramm mit -übergängen für eine Pipelineinspektion

In den folgenden Punkten sind die einzelnen Phasen im Detail erklärt:

- Zuerst wird das Fahrzeug von Land oder von einem Mutterschiff ausgesetzt und
- die Mission wird gestartet (*Start*).
- Darauf begibt sich das Fahrzeug in das Operationsgebiet und
- taucht auf die im Missionsplan definierte Tiefe ab (*Transit*).
- Wenn es im Operationsgebiet angekommen ist, beginnt die Inspektion (*Inspection*):
  - Es wird zu Beginn das zu inspizierende Objekt (Hafenwand, Kabel, Pipeline, etc.) gesucht (*Search*).

  - Nachdem das Objekt gefunden wurde, beginnt die Annäherung und Ausrichtung des Fahrzeuges am Objekt (*Approach*),
  - es wird dem Objekt gefolgt (*Follow*) und inspiziert.
- Nach der ausgiebigen Untersuchung des Objektes, taucht das Fahrzeug wieder zur Wasseroberfläche auf und
- es begibt sich (*Transit*) zur *Recovery*-Position bzw. *Docking*-Station (*End*-Punkt der Mission) oder zum nächsten Operationsgebiet, um eine anschließende Inspektion durchzuführen.

Diese einzelnen Phasen müssen bei jeder Inspektionsmission durchlaufen werden. Der Unterschied zwischen den einzelnen Inspektionstypen wird vom zu inspizierenden Objekt (Hafenanlage, Schiff, Pipeline, etc.) bestimmt. Dabei unterscheidet sich die Art, wie nach dem Objekt gesucht wird und wie es vollständig von den Fahrzeugsensoren erfasst wird. Auch kann das Objekt in verschiedenen Tiefenebenen (zum Beispiel Wandinspektion; Abbildung 3.26) bzw. flächig untersucht werden. Dabei muss das Fahrzeug an entsprechender Position Wendemanöver durchführen. Zusätzlich kann das Fahrzeug auf entdeckte Anomalien reagieren und beispielsweise die Anomalie im Detail nochmal anlaufen oder Proben nehmen.

Des Weiteren kann der Kontakt zum Objekt verloren werden (z.B. Kabel/Pipeline; Abbildung 3.25). Es muss dann neu gesucht werden und die Inspektion an geeigneter Stelle fortgesetzt werden. Eventuell sind zur vollständigen Inspektion des Objektes noch Wendemanöver (*turn*) notwendig.

Die Übergänge zwischen den Zuständen erfolgen, wenn die entsprechende Phase der Inspektion abgeschlossen ist und mit den nächsten fortgefahren wird. Somit erfolgt nach dem Start der Übergang T_s zum Transit in das Operationsgebiet über einen mit Wegpunkten definierten Pfad. Nachdem ein Wegpunkt erreicht wurde, wird zum nächsten Wegpunkt innerhalb des Transits mittels T_w übergegangen. Wenn bei diesem Wegpunkt das Inspektionsgebiet erreicht wurde, folgt der Übergang T_i zum Start des Inspektionsmanövers mit der Suche nach dem zu inspizierenden Objekt. Die Suche ist abgeschlossen nachdem das Objekt erfolgreich gefunden wurde und es wird zur Annäherung an das Objekt (Übergang T_a) und danach mit dem Folgen des Objekttracks

(Übergang T_{tr}) begonnen. Im Falle eines Trackverlustes wird wieder zur Suche nach dem Objekt T_l übergegangen.

Wenn beispielsweise ein vertikales Objekt inspiziert wird, erfolgt an definierten Punkten der Inspektion der Übergang T_t in den Zustand (*turn*) und es wird ein Wendemanöver mit einer Tauchtiefenänderung durchgeführt. Danach wird die Inspektion (Zustandsübergang T_{tf}) fortgeführt.

Wenn das Objekt bei einer Suche nicht wiedergefunden wird, unvorhergesehene Fehler während der Inspektion auftreten oder die Inspektion als abgeschlossen gilt, dann wird diese beendet und zum Transit zur nächsten Mission oder zur Wasseroberfläche für die Bergung des Fahrzeuges übergegangen (Übergang T_f). Nachdem dieser Transit erfolgreich abgeschlossen wurde, gilt die Mission mit dem Zustandsübergang T_e als beendet.

Die einzelnen Phasen der Inspektionsmission können als aufeinander folgende Aufgaben betrachtet werden - zum Beispiel: gehe zu einer Position, suche, verfolge ein Objekt. Dabei verlangen die jeweiligen Aufgaben spezifische Verhaltensweisen (Bewegung, Sensoraktivierung/ -deaktivierung, etc.).

Es werden folgende Aufgaben (*tasks*) bzw. Verhaltensweisen (*behaviors*) für eine Inspektionsmission am Beispiel einer Pipelineinspektion definiert:

waypoint Fährt zu einer definierten Position.

survey Folgt einem definierten Suchmuster, z.B. Mäander, Spirale.

circle Folgt einem Kreismuster bzw. einem Acht-Muster, um z.B. die Position zu halten, wenn auf neue Anweisungen gewartet wird.

hover Wartet an der aktuellen Position, wenn das Fahrzeug hovern bzw. mit seinen Antrieben Position und Lage exakt halten kann.

pipeline-search Sucht die Pipeline. Diese Aufgabe wird meist parallel zu einem Survey ausgeführt. Diese Aufgabe gilt als beendet, wenn die Pipeline gefunden ist. Pipeline-approach sollte sich daran anschließen.

pipeline-approach Begibt sich zu der detektierten Pipeline und richtet das Fahrzeug entlang dieser aus.

pipeline-follow Folgt der Pipeline, wenn diese detektiert wurde.

inspection-area Definiert das Operationsgebiet für die Inspektion und überwacht die Fahrzeugposition innerhalb des Gebietes. Wenn das Fahrzeug das definierte Gebiet verlässt, wird die Aufgabe beendet und eine im Missionsplan definierte Aktion mittels einer weiteren Aufgabe ausgeführt.

Die einzelnen Aufgaben der Pipelineinspektion können um ein Wendemanöver erweitert werden, um z.B. Spundwände und Hafenmauern zu inspizieren:

turn-task Wendet das Fahrzeug. Diese Aufgabe wird z.B. bei der Inspektion von Hafenwänden ausgeführt, wenn das Fahrzeug am Rande des Inspektionsgebietes bzw. am Rand der Hafenwand angekommen ist und die Inspektion in einer weiteren Tauchtiefe fortgeführt werden soll.

Die verschiedenen Aufgaben können zu einer neuen Aufgabe zusammengefasst werden (*sub-task*) oder auch erweitert werden, um komplexere Aufgaben und Verhaltensweisen zu definieren. Die Aufgabe *waypoint* dient vielen weiteren Aufgaben als Basis: So nutzt die *pipeline-follow*-Aufgabe diesen, um die Sollwerte für den Autopiloten (Frontseat-driver) zu berechnen; der Algorithmus wird in Abschnitt 3.7.3 detailliert beschrieben. Des Weiteren können durch die parallele Ausführung der Aufgaben, wie in Abschnitt 3.1 beschrieben, komplexe Verhaltensweisen erzeugt werden, z.B. Vermeidung von Kollisionen mit Hindernissen durch Ausweichmanöver.

Um Missionen mit komplexen, adaptiven Verhaltensweisen durchzuführen sowie die Missionsbeschreibungen in den Missionsplänen so einfach wie möglich zu gestalten, können einzelne Aufgaben neue Aufgaben generieren und in die Aufgabenliste zur Abarbeitung einfügen. Als Beispiel dient folgende Situation: zu Beginn einer Pipeline-Inspektionsmission werden die Aufgaben für das Fahrzeug, wie in Abbildung 3.14 dargestellt, definiert. Das Fahrzeug begibt sich in das Operationsgebiet (*waypoint-goto*) und sucht dann in diesem nach der Pipeline (*pipeline-search*) in einem fest definierten Suchmuster (*survey*). Wenn die gesuchte Pipeline nicht gefunden oder das Missionsgebiet verlassen wurde, begibt sich das Fahrzeug zum nächsten Wegpunkt bzw. zur Recovery-Position (*waypoint*). Dabei überwacht die Aufgabe *mission area control* die Position des Fahrzeuges im Missionsgebiet. Wenn dieses Verlassen wird, beendet *mission area control* die Aufgabe *survey*.

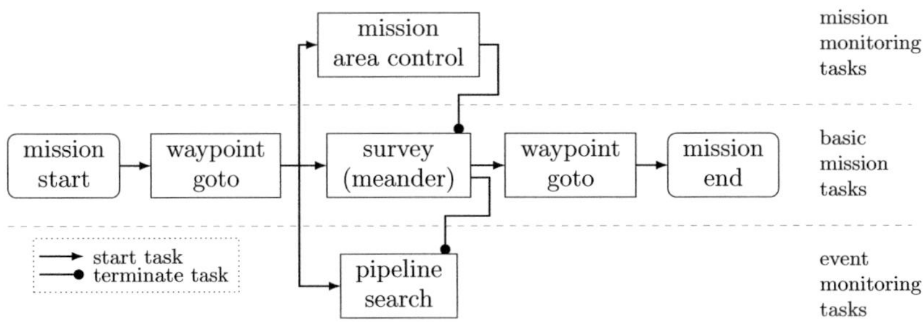

Abbildung 3.14.: Aufgabenliste zu Beginn einer Inspektionsmission inklusive Objektsuche

Die Aufgabe *pipeline search* kann im vorgestellten Beispiel neue Aufgaben erzeugen und in die Aufgabenliste einfügen. Somit werden bei gefundener Pipeline die Aufgaben *approach*, *follow* und *wait pipeline loss* generiert in die Aufgabenliste eingefügt. In der Abbildung 3.15 werden die neuen Aufgaben farbig markiert dargestellt. Auch diese Aufgaben können durch *mission area control* beendet werden, wenn das Missionsgebiet verlassen wird. Dann wird ebenfalls zu der in der Aufgabeliste nachfolgenden Aufgabe übergegangen und diese bearbeitet.

Die in die Aufgabenliste neu eingefügten Aufgaben übernehmen die Anfahrt und die Ausrichtung des Fahrzeuges über der Pipeline (*ap-*

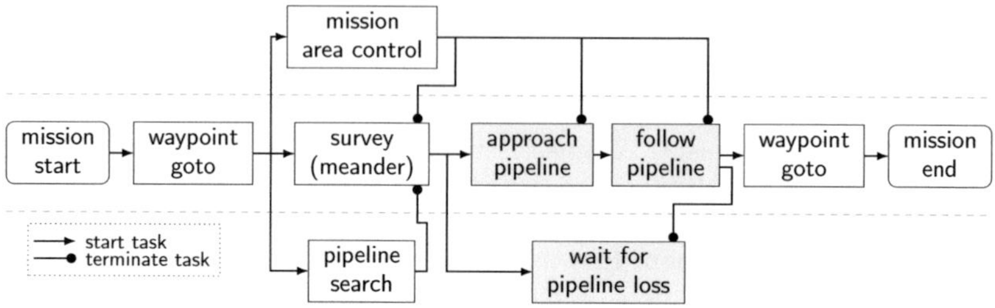

Abbildung 3.15.: Aufgabenliste mit zusätzlichen Aufgaben zur aktiven Objektverfolgung

proach pipeline) sowie das daran anschließende Folgen des Pipelinetracks (*follow pipeline*). Parallel dazu wird mit Hilfe der Aufgabe *wait for pipeline loss* die Umgebung auf einen eventuellen Trackingverlust der Pipeline überwacht. Erfolgt ein solcher Trackingverlust reagiert diese Aufgabe entsprechend darauf. Die Aufgabe kann wie *pipeline search* neue Aufgaben in die Liste einfügen. Um die Pipeline wiederzufinden, werden somit die Aufgaben *survey* und *pipeline search* erzeugt und in die Aufgabenliste integriert.

Durch diesen Ansatz kann das Fahrzeug auf beliebige Situationen durch einfügen von neuen Elementen in die Aufgabenliste reagieren. Des Weiteren können auch parallele Aufgaben in diese Liste eingefügt werden. Diese Aufgaben können mögliche, auftretende Ereignisse überwachen und die notwendigen Maßnahmen einleiten. Durch die Integration einfach strukturierter Algorithmen und deren Kombination mit Hilfe der Aufgabenliste können somit auch komplexe Handlungsanweisungen erstellt und auf komplexe Situationen reagiert werden.

3.7. Regelalgorithmen spezieller Aufgaben

Der grundlegende Task für die meisten Aufgaben ist der Waypoint-Task, der die Sollwerte für den Autopiloten (Frontseat-Driver) berechnet. Dies kann nach der Methode „Line-Of-Sight“ (LOS) erfolgen. Dabei werden während jedem Update des Reglers die Richtung und die

Tiefendifferenz von der aktuellen Fahrzeugposition zum nächsten Wegpunkt berechnet. Aus diesen Werten werden dann die Sollwerte für den Autopiloten generiert.

Einige auf dem Waypoint-Task aufbauende Tasks (zum Beispiel der Survey-Task) generieren anhand von Berechnungsvorschriften und entsprechender, im Missionsplan angegebener Parameter Wegpunktlisten. Diese Tasks nutzen den Waypoint-Task als Grundlage für die Berechnung der Sollwerte für den Autopiloten. Andere Tasks nutzen Sensordaten, um virtuelle Wegpunkte zu berechnen. Diese virtuellen Wegpunkte dienen dann als Parameter für den Waypoint-Task.

3.7.1. Line of Sight / Wegpunktreglung

Die Line of Sight (LOS)-Regelung ist eines der grundlegenden Verfahren zur Kursregelung des Fahrzeuges. Dabei wird ausgehend von der aktuellen Position des Fahrzeuges ein Richtungsvektor zur Position des nächsten Wegpunktes berechnet. Dieser Vektor entspricht meist der direkten Sichtverbindung, Line of Sight zwischen den beiden Punkten. Ein durch mehrere Wegpunkte definierter Pfad ist in der Abbildung 3.16 dargestellt.

Die Fahrzeugführung auf Basis der LOS-Regelung kann in der Ebene oder auch im Raum erfolgen. Bei dem 2D-LOS in der Ebene wird der Gierwinkel ψ_d und bei dem 3D-LOS zusätzlich noch der Nickwinkel θ_d zwischen der aktuellen Fahrzeugposition $[x(t)\ y(t)\ z(t)]^T$ und dem aktuellen Wegpunkt k aus der vorgegebenen Wegpunktliste $wp_k = [x_k\ y_k\ z_k]^T, k \in N$ mittels Arkustangensfunktion (arctan bzw. atan2[2]) berechnet (Gleichungen 3.2 und 3.1), wie in [70, 116] ausgeführt.

$$\psi_d = \operatorname{atan2}\left(y_k - y(t), x_k - x(t)\right) \tag{3.1}$$

$$\theta_d = \operatorname{atan2}\left(z_k - z(t), \left((x_k - x(t))^2 + (y_k - y(t))^2\right)^{\frac{1}{2}}\right) \tag{3.2}$$

[2]Inverse Tangensfunktion unter Beachtung der vier Quadranten des kartesischen Koordinatensystems [81]

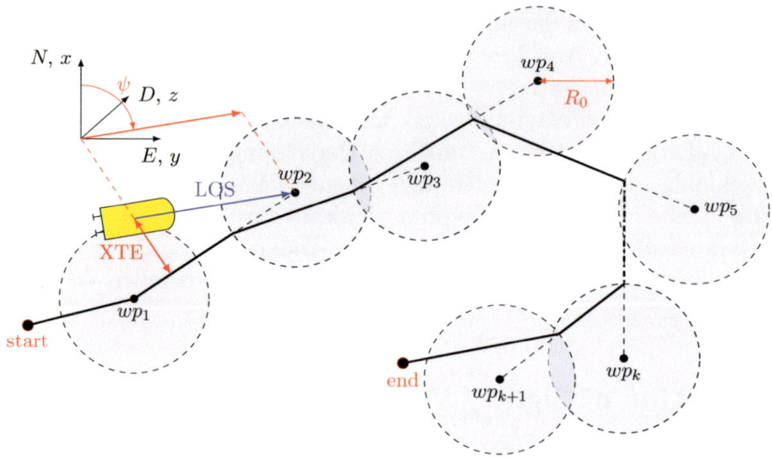

Abbildung 3.16.: LOS-Reglung für Wegpunkte

Aufgrund von Störeinflüssen, welche die Regelung nicht vollständig beseitigen kann, wird die angestrebte Position des anzusteuernden Wegpunktes k meist nicht präzise erreicht. Daher wird ein kreisförmiges Gebiet nach der Gleichung 3.3 oder ein kugelförmiges Gebiet nach der Gleichung 3.4 mit dem Radius R_0 um diesen Wegpunkt k definiert. Die Abbildung 3.16 stellt diesen Zusammenhang graphisch dar. Wenn das Fahrzeug dieses Gebiet betritt, wird dann auf den nächsten Wegpunkt $k+1$ als Zielvorgabe für die LOS-Regelung weiter geschaltet.

$$(x_k - x(t))^2 + (y_k - y(t))^2 \leq R_0^2 \tag{3.3}$$

$$(x_k - x(t))^2 + (y_k - y(t))^2 + (z_k - z(t))^2 \leq R_0^2 \tag{3.4}$$

Der LOS-Wegpunktregler kann aufgrund seiner Struktur und der Winkelfunktion als nichtlinearer P-Regler betrachtet werden. Im 3D-Fall kann die Regelung als entkoppelte Struktur für den Gier- und den Nickwinkel umgesetzt werden. Entsprechend des allgemeinen Aufbaus der Fahrzeugregelung, wie in Abschnitt 3.5 beschrieben und in Abbildung 3.12 dargestellt ist, generiert die LOS-Regelung Sollwerte für die nachfolgenden Regler. Diese sind im fahrzeugspezifischen Autopiloten umgesetzt.

Ein Nachteil der LOS-Reglung ist, dass das Fahrzeug aufgrund von Strömungen abdriften kann und sich somit nicht direkt entlang des kürzesten Pfades von einem Wegpunkt zum nächsten bewegt. Jedoch ist das Fahrzeug während einer LOS-Regelung immer auf den Zielwegpunkt ausgerichtet und die Regelung versucht die angegebene Position zu erreichen.

3.7.2. Cross Track Error / Pfadfolgereglung

In vielen Fällen muss sich das Fahrzeug auf einem durch zwei Wegpunkte definierten, geradlinigen Pfad bewegen bzw. innerhalb eines Bereichs um diesen Pfad. Diese Anforderungen gelten zum Beispiel bei Mäanderfahrten während Surveys und bei der Fahrt entlang von Wandstrukturen sowie bei der Verfolgung von Pipelinetrassen. Dabei wird die seitliche Ablage zu dem definierten Pfad als Cross Track Error (XTE) bezeichnet und ist die Länge e zur Fahrzeugposition der Normalen des Pfades in der Abbildung 3.17.

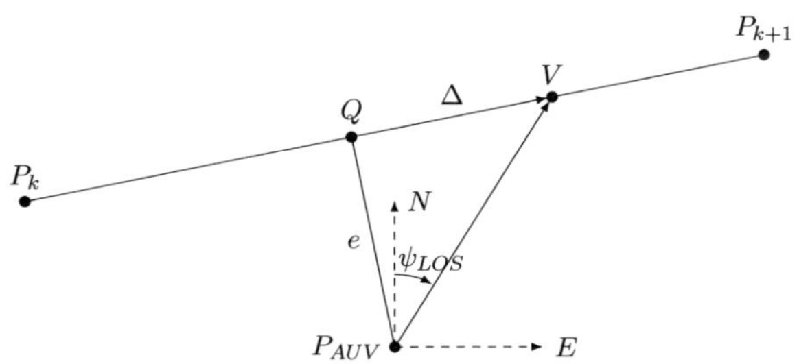

Abbildung 3.17.: Geometrische Beziehungen für die Regelung der seitlichen Ablage (nach [49])

Um den XTE e zu minimieren, wird das Fahrzeug mit Hilfe eines virtuellen Wegpunktes V über die LOS-Reglung zurück auf den Pfad geführt. Die Berechnung des virtuellen Wegpunktes V erfolgt über die

Ermittlung des Lotpunktes Q auf dem geradlinigen Pfad durch die Normale, welche in Richtung der aktuellen Fahrzeugposition zeigt. Mit dem Lotpunkt Q und einem definierten, frei wählbaren Vorhalt Δ wird der virtuelle Wegpunkt auf dem Pfad berechnet. Mit der Regelung des Fahrzeuges entlang des Pfades in Richtung des Wegpunktes $k+1$ bewegt sich der virtuelle Wegpunkt auf der die Wegpunkte verbindenden Strecke ebenfalls in dessen Richtung. Wenn der virtuelle Wegpunkt die Position des Wegpunktes $k+1$ erreicht, wird die LOS-Reglung auf den Wegpunkt $k+1$ umgeschaltet, damit dieser direkt erreicht werden kann.

Dieses XTE-Regelungsverfahren ist eine der möglichen Regelungsstrategien, um den XTE zu minimieren. Weitere Algorithmen werden u.a. in [49] vorgestellt.

3.7.3. Wand-, Pipelineverfolgung

Die Verfolgung der Strukturen von Wänden oder Pipelines ähnelt dem Entlangfahren eines Pfadabschnittes eines Missionsplanes mittels XTE-Regelung. Die Wand/Pipeline wird dabei als Linie betrachtet. Sie wird aus den Daten der Inspektionssensoren generiert. Das Fahrzeug folgt dieser Linie mit einer entsprechenden seitlichen Ablage, dem horizontalen Inspektionsabstand d_i, der bei einer Pipelineinspektion meist 0 ist. Der Abstand zu dieser Linie ist der XTE und muss minimiert werden.

Mit Hilfe des XTE und einer definierten Vorhaltedistanz wird ein virtueller Wegpunkt P_T (Abbildung 3.18) generiert, dem mittels LOS-Regelung gefolgt wird. Die LOS-Regelung erfolgt dabei mittels einer Wiederverwendung der Algorithmen des Waypoint-Tasks als sogenannten Sub-Task.

Die Berechnung des virtuellen Wegpunktes erfolgt dabei kontinuierlich mit Hilfe der von der Inspektionssensorik detektierten Objektdaten und basiert auf einer Punkt-Richtungs-Gleichung für eine Gerade: $\overrightarrow{x} = P_W + \overrightarrow{a}_W$, der aktuellen Fahrzeugposition P_V und dem aktuellen Fahrzeugkurs über Grund $\overrightarrow{a}_V$ wie in der Abbildung 3.18 dargestellt. Mit Hilfe dieser Daten kann der virtuelle Wegpunkt $\overrightarrow{P}_T$ wie folgt berechnet werden:

$$P_T = P_W + \overrightarrow{v}_h + \overrightarrow{v}_i \tag{3.5}$$

mit

$$\vec{v}_h = d_h \frac{\vec{a}_W}{\|\vec{a}_W\|} \tag{3.6}$$

und

$$\vec{v}_i = \frac{P_V - P_W}{d} d_i. \tag{3.7}$$

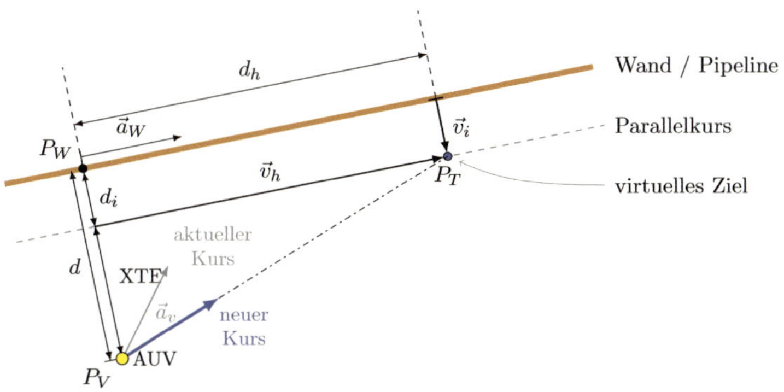

Abbildung 3.18.: Berechnung virtueller Wegpunkte für die Objektverfolgung

Zusammen mit der nachfolgenden LOS-Regelung zu dem virtuellen Wegpunkt entspricht die Struktur einer kaskadierten Regelung.

Des Weiteren ist zu beachten, dass der zu verfolgende virtuelle Wegpunkt in der Richtung des aktuellen Fahrzeugkurses platziert wird, da die von den Inspektionssensoren erfassten und aufbereiteten Objektdaten eine Gerade ohne eine spezifische Richtungsdefinition beschreiben. Eine Wand/Pipeline in Ost-West-Ausdehnung kann somit das Fahrzeug nach Ost oder nach West führen. Die genaue Richtung, in der das Fahrzeug das Objekt verfolgen soll, muss somit über die Missionsbeschreibung gesetzt werden.

3.7.4. Pfadplanung für vertikale Flächen

Eine vertikale Pfadplanung wird für die Inspektion von vertikalen Flächen wie z.B. Hafenwänden benötigt, um diese in jeder Wassertiefe vollständig zu erfassen. Dabei wird ein vertikaler Mäander (Abbildung 3.20) entlang der Wand generiert, der aus Abschnitten der Wandverfolgung und Wendemanövern besteht. Der Algorithmus ist in [64] detailliert beschrieben.

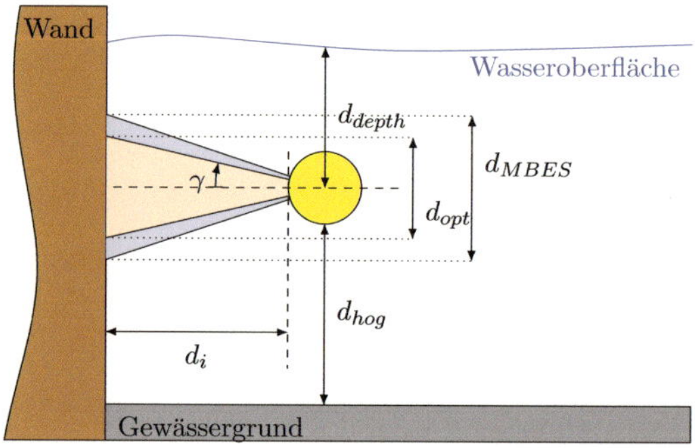

Abbildung 3.19.: Von den Sensoren erfasste Flächen

Wird die vertikale Fläche mit Hilfe von mehreren Sensoren untersucht, ist die Anzahl der zu fahrenden Mäander von der erfassten Fläche des Sensors mit dem geringsten Öffnungswinkel abhängig. Die Abbildung 3.19 illustriert dies am Beispiel eines optischen Sensors wie einer Kamera mit der Abdeckung d_{opt} und eines Multi-Beam Sonars mit d_{MBES}. Dabei hängt die erfasste Fläche von dem Öffnungswinkel γ der einzelnen, verwendeten Sensoren sowie vom Inspektionsabstand d_i, wie in Formel 3.8 beschrieben, ab. Des Weiteren ist der Inspektionsabstand so zu wählen, dass die für eine erfolgreiche Inspektion geforderte Auflösung und Objektabdeckung der Sensordaten erreicht und die speziellen Eigenschaften der Sensoren beachtet werden.

$$d_{sensor} = 2d_i \cdot \tan(\gamma_{sensor}) \tag{3.8}$$

Um die vertikale Fläche optimal mit den zur Inspektion verfügbaren Sensoren zu erfassen, müssen sich die einzelnen, gescannten Flächen überlappen (Abbildung 3.20). Durch diese Überlappungen und der damit erhaltenen redundanten Information kann die vertikale Fläche mittels geeigneter Algorithmen im Post-Processing der Mission wieder rekonstruiert werden. Des Weiteren können eventuelle Fehler bei der Tiefenregelung oder andere Fahrzeugbewegungen durch die Überlappung der einzelnen Bahnen ausgeglichen werden und die optimale Erfassung des zu inspizierenden Objektes garantiert werden.

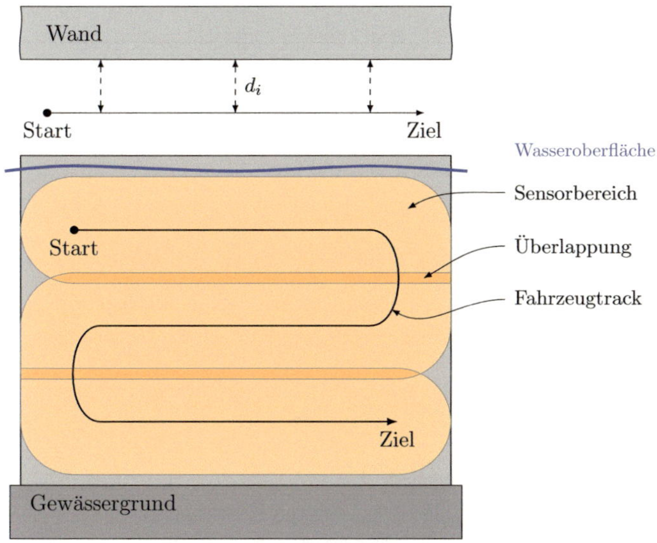

Abbildung 3.20.: Vertikale Pfadplanung

Die Berechnung der unterschiedlichen Tauchtiefen für die Inspektion der vertikalen Fläche benötigt verschiedene Parameter, wie die generellen Sensorparameter, die Sicherheitsdistanz d_i zum Objekt, die vertikale Ausdehnung d_{water} der zu inspirierenden Fläche und den Grad der Überlappung $\delta_{overlap} \in [0; 1]$. Aus diesen Parametern lässt sich die minimale Anzahl von Bahnen entlang des Objektes n^* mittels Ganzzahldivision berechnen:

$$n^* = d_{water} \div ((1 - \delta_{overlap}) d_{sensor}). \tag{3.9}$$

Im Falle, dass diese berechnete minimale Anzahl der Pfade, das zu inspizierende Objekt nicht vollständig abdeckt, ist ein zusätzlicher Pfad anzufügen:

$$n = n^* + \begin{cases} 1; & d_{water} \bmod ((1 - \delta_{overlap}) d_{sensor}) > 0 \\ 0; & otherwise \end{cases} . \tag{3.10}$$

Da zu Beginn der Mission die Wassertiefe an dem zu inspizierenden Objekt $d_{water}(P_V)$ noch nicht bekannt ist, wird diese während des ersten Tracks entlang des Objektes gemessen und dann für die Berechnung der Pfadanzahl n genutzt.

Für den Wechsel zwischen den einzelnen Tauchtiefen entlang der vertikalen Ebene wird ein eigenständiger Task verwendet, der ein Wendemanöver entsprechend der Manövrierfähigkeiten des Fahrzeuges durchführt. Dabei muss beachtet werden, dass die Wende von der Wand weg erfolgen muss. Vertikale und horizontale Thruster sind hierbei von Vorteil.

3.8. Missionspläne und Missionsbeschreibung

Die Missionspläne beschreiben die vom AUV auszuführenden Aufgaben, den Zeitpunkt und die Bedingungen, wann Aufgaben begonnen und beendet werden. Dabei können die Aufgaben, wie zu Beginn des Kapitels beschrieben, sequentiell hintereinander, parallel nebeneinander oder auch sequentiell/parallel gemischt abgearbeitet werden.

Die einfachste Form eines Missionsplans ist eine Liste mit Wegpunkten, die das Fahrzeug in festgelegter Reihenfolge abarbeitet (Abbildung 3.21). Diese Liste kann entsprechend mit zusätzlichen Aufgaben angereichert werden. Solche Aufgaben sind zum Beispiel die Aktivierung oder Deaktivierung von Sensoren zu einem definierten Zeitpunkt oder an einer definierten Position im Operationsgebiet.

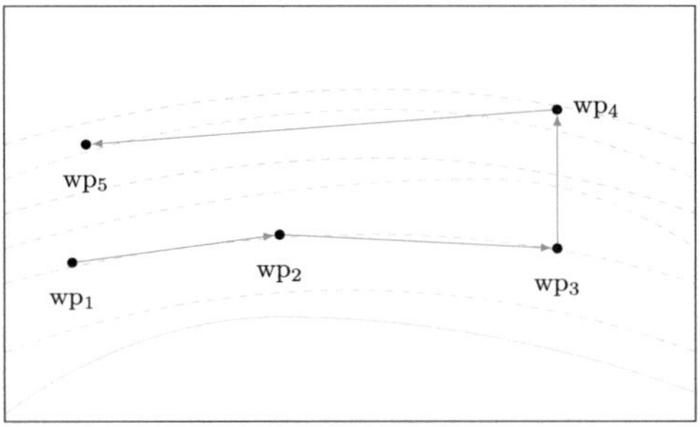

Abbildung 3.21.: Missionsplan mit Wegpunktliste

Komplexe Manöver, wie Wendemanöver oder spezielle Abtauchmanöver mit minimaler Positionsdrift, können ebenfalls in die Missionspläne aufgenommen werden. Survey-Fahrten, die auf einem spiral-, kreis- oder mäanderförmigen Muster basieren, sind meist auch Teil eines solchen Missionsplanes. Dabei können solche Manöver auch durch Wegpunktlisten beschrieben werden. Die Abbildung 3.22 illustriert dies anhand eines Mäanders. Die so strukturierten Missionspläne werden vor allem durch menschliche AUV-Operateure im Vorfeld des AUV-Einsatzes detailliert zusammengestellt. Diese Pläne sind meistens sequentiell aufgebaut. Es werden die einzelnen Elemente des Planes nacheinander vom Fahrzeug in der vorgegebenen Reihenfolge automatisch ausgeführt.

AUV-Missionen, bei denen das Fahrzeug auf seine Umwelt selbstständig reagieren muss, um zum Beispiel Objekte (Hafenwände, Seeminen, Pipelines, Kabel, Offshore-Konstruktionen, etc.) zu suchen, deren Verlauf zu verfolgen und zu inspizieren, benötigen Verhaltensweisen bzw. Elemente im Missionsplan, die ein freies und autonomes Bewegen des Fahrzeuges erlauben. Ein solch autonomes Verhalten ist für den Betreiber des AUVs oft problematisch, da dieser aus Sicherheitsaspekten zu jedem Zeitpunkt des AUV-Einsatzes wünscht, die aktuelle Fahrzeugposition und das Fahrzeugverhalten zu kennen. Aus diesem Grund sind die Operationsgebiete der Fahrzeuge räumlich eng begrenzt und dem Algorithmus für die autonome Fahrzeugführung werden zusätzliche In-

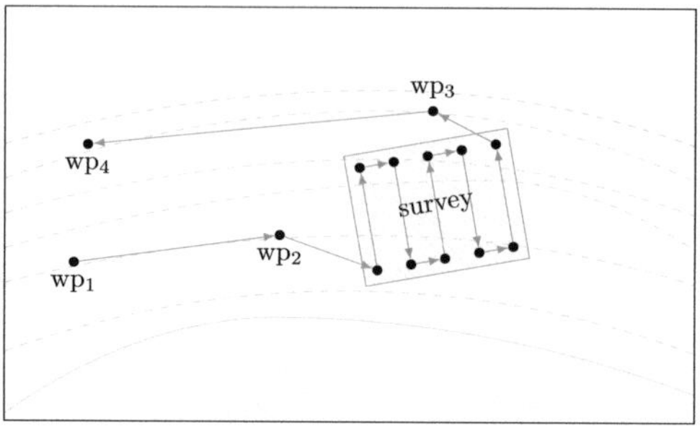

Abbildung 3.22.: Missionsplan mit mäanderförmigem Survey

formationen über die Umgebung bereitgestellt.

Die Missionspläne können auf unterschiedliche Art und Weise spezifiziert werden: So existieren textuelle Missionsbeschreibungssprachen (z.B. ConSys-Missionfile (Listing 3.2), SeeByte SeaTrack [110]), die Koordinaten der Wegpunkte enthalten, mittels einer domänenspezifischen Sprache komplexe Fahrmanöver und Aufgaben abbilden sowie auf Ereignisse reagieren und diese auch auslösen können. Eine weitere Variante Missionspläne zu erstellen, ist die graphische Bearbeitung mittels Seekarten und einer graphischen Nutzerschnittstelle, auch Human Machine Interface (HMI) genannt. Dieses Verfahren vereinfacht die Erstellung und die Überprüfung der Missionspläne durch den Operateur, da dieser auf bekannte seemännische Werkzeuge zurückgreifen kann. Das graphische, auf Seekarten basierende Verfahren zur Missionserstellung unterstützt primär nur sequentielle Pläne; komplexere Missionspläne mit ereignisorientierten, nebenläufigen Aufgaben bedürfen spezialisierter Werkzeuge und Sprachen bzw. auch der textuellen Beschreibung.

Die Abbildung 3.23 zeigt eine solche graphische Nutzerschnittstelle zur Erstellung eines sequentiellen Missionsplanes. Die graphische Umgebung zeigt dem Operator die Seekarte, mit deren Hilfe dieser die einzelnen Wegpunkte festlegt. Die in Abbildung 3.23 gezeigte Oberfläche dient auch der Überwachung des Fahrzeuges im Einsatz (in Abbildung 3.23 als AUV-Icon dargestellt). So sendet dieses seine aktuellen Telemetriedaten (z.B. Position und Kurs), wenn eine Kommunikationsverbindung zum Fahrzeug besteht. Diese Fahrzeugdaten werden auf der dargestellten Seekarte angezeigt. Des Weiteren lässt sich die Missionsausführung über die Nutzerschnittstelle starten und im Notfall auch stoppen.

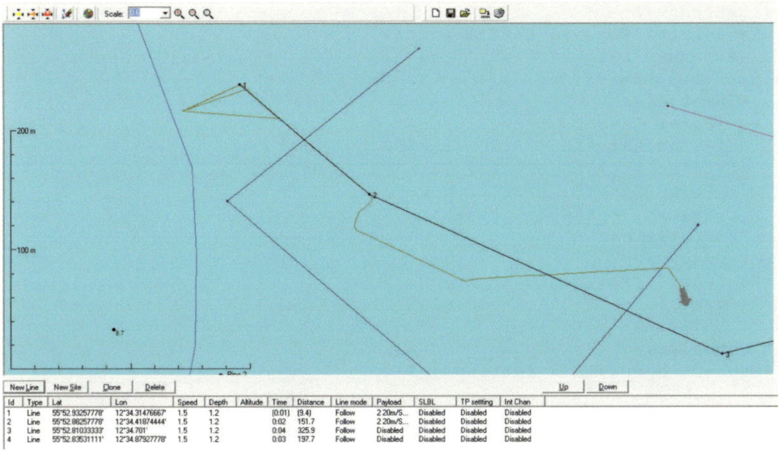

Abbildung 3.23.: Maridan Operator Interface (MOI)

Sequentielle, manöverbasierte Missionsbeschreibung

Zur Ausführung des sequentiellen Missionsplanes wird dieser in einem Format gespeichert, das von dem Missionsmanagement des Fahrzeuges verstanden wird. Das Listing 3.1 zeigt einen solchen textuellen Missionsplan.

Der hier vorliegende ist als XML-Datei in einem vom Menschen lesbaren Format gespeichert. Die Mission ist in einzelne Manöver unterteilt, die nacheinander vom Fahrzeug abgearbeitet werden. Dabei enthalten die einzelnen Manöver die anzufahrenden Wegpunkte. Die Einteilung der Mission in einzelne Manöver hat den Vorteil, dass während spezieller Manöver einzelne Payload-Sensorik an bzw. abgeschaltet werden kann (Payload Setting).

Listing 3.1: Sequentieller Missionsplan, bestehend aus Manövern

```
<?xml version="1.0" encoding="UTF-8"?>
<SurveyPlan>
  <Manoeuvre><Payload Setting="0"/>
    <Point Lat="55.67896" Lon="12.63633" Height="-1.2" Speed="1.5"
        Timeout= "146.0"/>
  </Manoeuvre>
  <Manoeuvre><Payload Setting="0"/>
    <Autonomy Lat="55.67891" Lon="12.63678" Speed="1.5" Depth = "5"
        Timeout= "600.0"/>
    <SafetyArea>
      <Point Lat="55.678000" Lon="12.635100"/>
      <Point Lat="55.679440" Lon="12.635100"/>
      <Point Lat="55.679440" Lon="12.638422"/>
      <Point Lat="55.678675" Lon="12.637900"/>
      <Safety Depth="30" Height = "3" />
    </SafetyArea>
  </Manoeuvre>
  <Manoeuvre><Payload Setting="0"/>
    <Point Lat="55.67928" Lon="12.63789" Height="-1.2" Speed="1.5"
        Timeout= "130.1"/>
  </Manoeuvre>
  <Manoeuvre><Payload Setting ="0"/>
    <Point Lat="55.67962" Lon="12.63615" Height="-1.2" Speed="1.5"
        Timeout= "159.9"/>
  </Manoeuvre>
</SurveyPlan>
```

Das in Listing 3.1 vorgestellte Beispiel enthält ein spezielles Manöver. Dieses lässt das Fahrzeug in einem definierten Gebiet (Safety Area) komplett eigenständig agieren (Autonomy) und somit eine Abweichung vom strikt vorgegebenen Missionsplan innerhalb der Safety Area zu. Das neue Manöver wurde im Rahmen dieser Arbeit für die Integration der Inspektionsalgorithmen in sequenzielle Missionsbeschreibungen definiert. Die Funktion dieses Manövers wird in Abschnitt 3.8.2 im Detail erläutert.

Aufgabenbasierte Missionsbeschreibung

Sollen verhaltensorientierte, ereignisgesteuerte und auf Aufgaben basierende Ansätze zur Fahrzeugsteuerung verwendet werden, wie in Anschnitt 3.6 vorgestellt, so können diese nicht mit Hilfe eines sequentiellen Missionsplanes beschrieben werden. Die einzelnen Aufgaben (Tasks)

der Mission werden separat und in sich geschlossen beschrieben. Dabei wird eine Start-Bedingung (StartCondition) festgelegt; wenn diese Bedingung erfüllt ist, wird der Task begonnen und solange ausgeführt bis er abgeschlossen oder eine äußere Bedingung (EndCondition) erfüllt ist, die den Task beendet. Die Abbildungen 3.14 und 3.15 in Abschnitt 3.6 illustrieren diesen Aufbau am Beispiel einer Inspektionsaufgabe.

Die textuelle Beschreibung einer aufgabenbasierten Mission für das Missionsmanagement von ConSys ist im Listing 3.2 dargestellt. Die Missionsbeschreibung wird in einzelne Sektionen unterteilt und beginnt mit der Definition missionsspezifischer Parameter in der Sektion [MISSION]. Es werden der Name zur Identifikation der Mission, das in der Missionsbeschreibung zu verwendende Koordinatensystem (CoordinateType) mit Referenzpunkt (ReferencePosition) sowie die im Fehlerfall (TaskTimeoutAction) auszuführende Aktion festgelegt.

Listing 3.2: Aufgabenbasierter Missionsplan

```
[MISSION]
Name = TestMission
Description = Demo mission file
ReferencePosition = 50.0,10.0   // Ilmenau
CoordinateType = NED
TaskTimeoutAction = ABORT

[TASK-1]
Type = Waypoints
Name = Initial Tracking Waypoint
StartCondition = MissionStart
EndCondition =
TimeOut = 3600
InitialState = IDLE
Priority = 100
Waypoints = 0,0,0:100,0.0,10.0
Speed = 1.2

[TASK-22]
Type = LimitPolygonArea
Name = Mission Area Control
StartCondition = MissionStart
EndCondition =
TimeOut = 3600
InitialState = IDLE
Priority = 100
PolygonArea = 0,0,0:100,0,0:100,100,0:0,100,0
```

Die einzelnen Aufgaben werden in den [TASK]-Sektionen der Missionsbeschreibung definiert. Generelle Eigenschaften der Tasks sind der Aufgaben-Typ (Type), der Name, die Start- und die Endbedingung (StartCondition, EndCondition), die maximale Ausführungsdauer (TimeOut) in Sekunden, die Priorität (Priority) sowie der initiale Zustand (InitialState) des Tasks, bevor die Ausführung des Tasks begonnen wird. Weitere Parameter sind aufgabenspezifisch und hängen von der Art des Tasks (Type) ab.

Im Listing 3.2 werden zwei Task-Typen vorgestellt: als [TASK-1] ein Wegpunkt-Task (Type = Waypoints) und als [TASK-22] ein Task zur Definition eines Operationsgebietes (Type = LimitPolygonArea). Der Task zum Anfahren der Wegpunkte wird zum Beginn der Mission gestartet (StartCondition = MissionStart) und hat als Parameter die in einer festen Reihenfolge anzufahrenden Wegpunkte (Waypoints) mit der Position als NED-Koordinate zur im Abschnitt [MISSION] festgelegten Referenzkoordinate. Im zweiten Task, welcher das Operationsgebiet beschränkt, dienen die NED-Koordinaten des Parameters PolygonArea zur Definition eines Polygons zur Beschreibung dieses Gebietes.

Zur Unterstützung der Bearbeitung solcher Missionspläne wurde eine Graphische Nutzerschnittstelle (ConSys-GUI) erstellt, die in Abbildung 3.24 dargestellt ist. Es werden dabei die Tasks in ihrer Aktivierungsreihenfolge auf der linken Seite der GUI angezeigt. Die einzelnen Tasks können selektiert und deren Parameter bearbeitet werden. Wenn die Parameter Koordinaten beinhalten, wie zum Beispiel der Wegpunkt-Task (in der Abbildung als Transit bezeichnet), werden diese auf der im rechten Teil der GUI dargestellten Seekarte angezeigt und können dort auch editiert werden - ähnlich der sequentiellen Missionsbeschreibung, wie in Abbildung 3.23 dargestellt.

Die Tasks der aufgabenbasierten Missionsbeschreibung können so angeordnet werden, dass sie einer sequentiellen Beschreibung weitestgehend entsprechen und dem klassischen Planungsansatz für AUV-Missionen folgen. Die Abbildung 3.24 zeigt eine solche Mission: das Fahrzeug beginnt mit einem Transit in das Operationsgebiet, worauf ein *Survey* folgt und endet mit einem Transit zum Recovery-Gebiet. Parallel wird im Task *LimitCheck* (z.B. umgesetzt per *LimitPolygonA-*

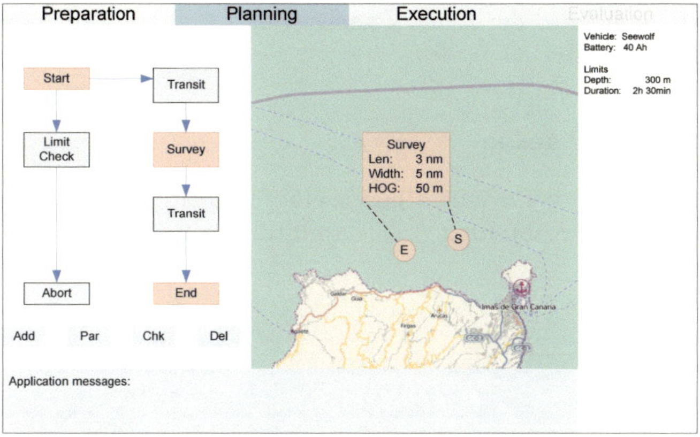

Abbildung 3.24.: ConSys-GUI zur Missionsplanung

rea, Listing 3.2) überwacht, ob sich das Fahrzeug im definierten Operationsgebiet befindet.

Um nun die Missionsbeschreibung für die Inspektion und das Verfolgen von Objekten zu ertüchtigen, genügt hier das Einfügen eines neuen Tasks und die ursprüngliche Missionsbeschreibung kann beibehalten werden. Bei der sequentiellen, manöverbasierten Missionsbeschreibung muss ein neues speziell auf die Inspektionsaufgabe zugeschnittenes Manöver erstellt und eingefügt werden.

3.8.1. Inspektions-Missionen

Der folgende Abschnitt zeigt den Aufbau und die Abfolge zweier Inspektionstypen: Seekabel- und Pipelineinspektion sowie Hafeninspektion.

Generell beginnt eine Inspektion mit einem Transit vom Aussetzpunkt des Fahrzeuges in das Operationsgebiet, wo die Inspektion stattfinden soll. Wenn die Inspektion abgeschlossen ist, kann eine weitere Inspektion in einem anderen Gebiet folgen oder das Fahrzeug fährt zu einem Wegpunkt im Recovery-Gebiet, wo das Fahrzeug wieder geborgen wird. Dann wird der Einsatz nachbereitet und das Fahrzeug für die Mission vorbereitet.

Seekabel- und Pipeline

Die einzelnen Elemente und Phasen einer Kabel- und Pipelineinspektion sind in der Abbildung 3.25 dargestellt und werden nachfolgend beschrieben.

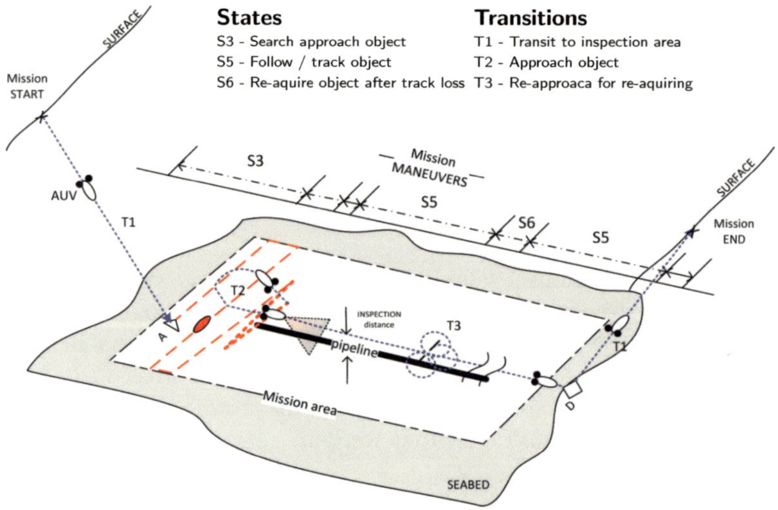

Abbildung 3.25.: Missionsaufbau Kabel-/Pipelineinspektion

Nachdem sich das Fahrzeug nach dem Transit (T1) im Operationsgebiet befindet, beginnt es mit der Suche (S3) nach dem Seekabel bzw. der Pipeline unter Einsatz seiner Inspektionssensoren. Wenn das Seekabel bzw. die Pipeline gefunden wurde, richtet sich das Fahrzeug über dem Seekabel bzw. der Pipeline aus (T2) und beginnt die Verfolgung des Objektes (S5). Dabei wird zwischen den Zuständen (S) für das Suchen (S3, S6) und das Verfolgen (S5) und Transits (T) unterschieden.

In der Abbildung 3.25 wird nicht nur der Ablauf des Suchens und der Verfolgung des zu inspizierenden Objektes aufgezeigt, sondern auch das Suchmanöver und die darauf folgenden Manöver, falls der Track des Objektes während der Inspektion verloren wurde. Mit Hilfe dieser Reaquisitions-Techniken wird eine vollständige Erfassung des Seekabels bzw. der Pipeline gewährleistet, auch wenn die Sensoren zeitweise das Objekt nicht erfassen konnten.

Die Integration dieses Missionsaufbaus kann mit Hilfe von ConSys mittels aufgabenbasierter Missionsbeschreibung (Abschnitt 3.6) entweder als alleinstehende Missionsdefinition (Listing 3.2) oder in ein bestehendes Missionsplanungsystem integriert werden (Abschnitt 3.8.2).

Hafenanlagen und Staumauern

Auch die Hafen- und Schleuseninspektion sowie die Inspektion von Staumauern folgt dem gleichen Muster wie die Seekabel- und Pipelineinspektion. Die einzelnen Phasen sind in Abbildung 3.26 dargestellt. Sie unterscheidet sich von der Pipelineinspektion in den Punkten, dass in einer Hafenanlage und einer Schleuse weniger Platz zum Manövrieren ist und dass die zu untersuchenden Objekte sich nicht ausschließlich am Gewässergrund befinden.

Die Abbildung 3.26 illustriert eine Hafeninspektion am Beispiel einer Spundwand. Das Objekt muss in mehreren Tiefenebenen nach Anomalien abgesucht werden. Dieser Inspektionstyp beginnt, nachdem sich das Fahrzeug in das Operationsgebiet begeben hat (T1), auch mit der Suche nach dem zu inspizierenden Objekt (S1). Wurde die Wand erfolgreich identifiziert, beginnt die Wandverfolgung (S2, S4) mit den Wechseln der Fahrtrichtung und in die verschiedenen Tiefenebenen (S3) entlang der Wand. Auf eine Reaquisitions-Technik wird hier verzichtet, da davon ausgegangen wird, dass die Inspektionssensorik das Objekt zu jedem Zeitpunkt tracken kann.

Die Integration erfolgt mittels ConSys analog der Kabel- und Pipelinemissionsbeschreibung mit Hilfe der aufgabenbasierten Missionsbeschreibung entweder alleinig in ConSys oder integriert in ein bestehendens Führungssystem.

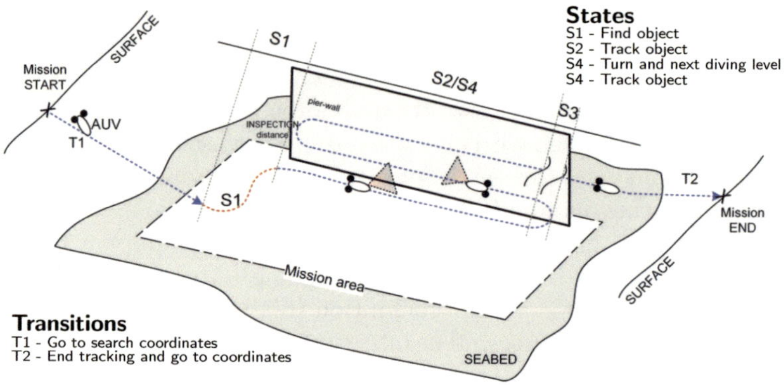

Abbildung 3.26.: Missionsaufbau Hafeninspektion

3.8.2. Integration in bestehende Führungssysteme

Wie bereits in den vorherigen Abschnitten beschrieben, besteht der klassische Ansatz zur Beschreibung einer AUV-Mission aus der sequentiellen Abarbeitung von Wegpunkten bzw. der Durchführung von aufeinander folgenden Manövern. Für die Inspektion werden solche Manöver über die Einführung weiterer Parameter erweitert bzw. neu definiert. Anhand von zwei Beispielen sollen solche Manövererweiterung erläutert werden: zum einen die Inspektion von Seekabeln und Pipelines am Gewässergrund und zum anderen die Hafen- bzw. Spundwandinspektion.

3.8.2.1. Autonomiegebiet für die Pipelineinspektion

Für die Pipelineinspektion, respektive Seekabelinspektion, kann ein wegpunkt- bzw. manöverbasierter Missionsplan um ein Gebiet ergänzt werden, in dem das Fahrzeug autonom agieren kann. Dafür muss dieses Autonomiegebiet in die Missionsbeschreibung mit aufgenommen werden. Zusätzlich bedarf es einem Trigger, bei dem das Fahrzeug in den autonomen Modus überführt wird bzw. bei dem es wieder die klassische Abarbeitung des Planes aufnimmt. Innerhalb des *autonomen*

Modus kann das Fahrzeug vom vordefinierten Wegpunkteplan abweichen und eigenständig Manöver durchführen. Dabei reagiert es auf die Umgebungsinformationen, die es von den Sensoren erhält. In diesem Modus sind die aktuelle Fahrzeugposition und die durchzuführenden Fahrmanöver nicht vorhersagbar. Das Fahrzeug verhält sich vollständig autonom in diesem festgelegten Gebiet, im Gegensatz zur Abarbeitung der vorher geplanten Mission.

Als Maßnahmen für die Sicherheit des Fahrzeuges und anderer Objekte sowie Personen im Missionsgebiet werden räumliche und zeitliche Beschränkungen für diese vollständige Autonomie mittels des Autonomiegebietes eingeführt.

Der im Listing 3.1 vorgestellte Missionsplan wird um dieses Gebiet für die autonome Fahrzeugführung erweitert. Das zweite Manöver des Planes ist mit dem *Autonomy*-Wegpunkt dementsprechend der Trigger zum Starten der Inspektion.

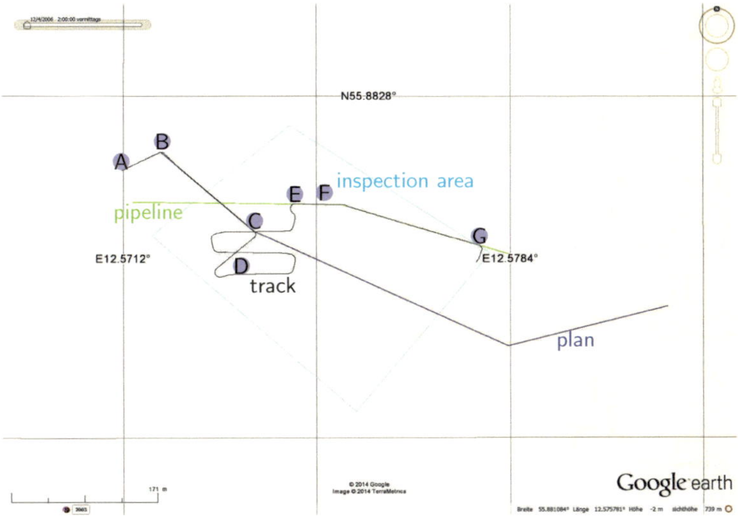

Abbildung 3.27.: Missionsplan Kabel-/Pipelineinspektion - GIS-Darstellung (invertierte Farben)

Dieser Missionsplan ist in Abbildung 3.27 durch ein GIS graphisch aufbereitet dargestellt. Der geplante Pfad ist als blaue Linie mit den einzelnen Wegpunkten zu erkennen. Das Gebiet für die autonome Fahrzeugführung ist als cyan-farbiges Viereck dargestellt und die zu inspizierende Pipeline als grüne Linie. Da in der Abbildung 3.27 die Simulationsergebnisse einer Pipelineinspektionsmission illustriert sind, ist auch der vom Fahrzeug zurückgelegte Weg als schwarze Linie eingezeichnet. In der Abbildung sind auch Marker eingefügt, die wichtige Punkte der Mission hervorheben:

(A) Startpunkt der Simulation,
(B) Erster Wegpunkt des Missionsplanes,
(C) Wegpunkt mit Start der Inspektion, das Fahrzeug darf vom Missionsplan abweichen und autonom agieren,
(D) Suchmanöver zum Auffinden der Pipeline,
(E) die Pipeline wurde gefunden und das Verfolgen wird begonnen,
(F) Verfolgung des Pipeline-Tracks,
(G) das Gebiet für die autonome Fahrzeugführung wird verlassen, die Inspektion beendet und der Wegpunkte-Plan wird fortgesetzt.

Es ist zu sehen, dass in diesem Missionsplan alle nötigen Stufen einer Seekabel- und Pipelineinspektion durchlaufen wurden, wie in Abschnitt 3.8.1 und Abbildung 3.25 vorgestellt wurde.

3.8.2.2. Erweiterung von Fahrzeugmanövern für die Hafeninspektion

Da sich das Fahrzeug bei einer Hafeninspektion nur in begrenzten Bereichen bewegen kann und die Fahrzeugführung während der Inspektion mit zusätzlichen Informationen initialisiert werden muss, reicht eine einfache Definition eines Gebietes für die autonome Fahrzeugführung hier nicht aus.

Das Gebiet für die autonome Fahrzeugführung wird im Bereich des Verlaufs eines Track-Manövers, bei dem das Fahrzeug einen durch Wegpunkte definierten Linienzug folgt, definiert. Die Abbildung 3.28 zeigt einen solchen Missionsplan: der *Inspection-Track* mit dem in der Abbildung grün gefärbten Gebiet (*Inspection Area*) definiert das Gebiet für die Inspektion mit der autonomen Fahrzeugführung.

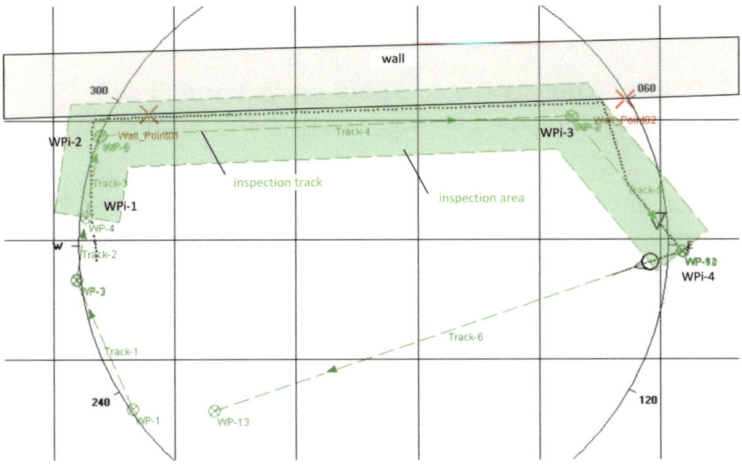

Abbildung 3.28.: CView-Missionsplan zur Wandinspektion

Mit Hilfe des Linienzuges und den zugehörigen Wegpunkten ist es möglich, dem Fahrzeug den initialen Anfahrtsweg zur Wand vorzugeben. Nachdem das Fahrzeug die Wand mit einer Sensorik detektiert hat, folgt es dem Verlauf der Wand in dem vorgegeben Inspektionsabstand. Durch die Wegpunktkonstellation können somit dem Fahrzeug zusätzliche a-priori Informationen über die Richtung, in der es dem Wandverlauf folgen soll, mitgeteilt werden. Des Weiteren können mit Hilfe dieses Hafenwand-Inspektionsmanövers zusätzliche Parameter der Fahrzeugführung übergeben werden. Solche Parameter sind z.B. die Art des zu inspizierenden Objektes (Spundwand, Staumauer, etc.), die vertikale Inspektionsrichtung (siehe Abschnitt 3.7.4) und so weiter.

Wenn das Fahrzeug das Inspektionsgebiet verlässt, wendet es und inspiziert das Objekt in der nächsten Tiefenebene, wie in Abschnitt 3.8.1 und Abbildung 3.26 dargestellt, oder die Inspektion ist beendet und das Fahrzeug setzt den Missionsplan beim nächsten Wegpunkt fort.

Mit Hilfe dieser Missionsbeschreibungen ist es möglich, der Fahrzeugführung alle notwendigen Informationen für eine autonome Inspektion zu übergeben und es in einem definierten Bereich agieren zu lassen, so dass der Schiffsbetrieb nicht unnötig behindert wird.

3.8.2.3. Interaktion zwischen Führungssystem und dem Subsystem zur Führung während der Inspektion

In den beiden vorhergehenden Abschnitten wurde die Integration der Inspektion in die einzelnen Missionspläne vorgestellt. Dieser Abschnitt soll die Kommunikation und deren Ablauf zwischen dem Frontseat-Driver und dem als Backseat-Driver umgesetzten Inspektionssystem, welches das Fahrzeug während der Inspektion führt, zeigen. Der Kommunikationsablauf zwischen Front- und Backseat ist als Sequenzdiagram in Abbildung 3.29 illustriert.

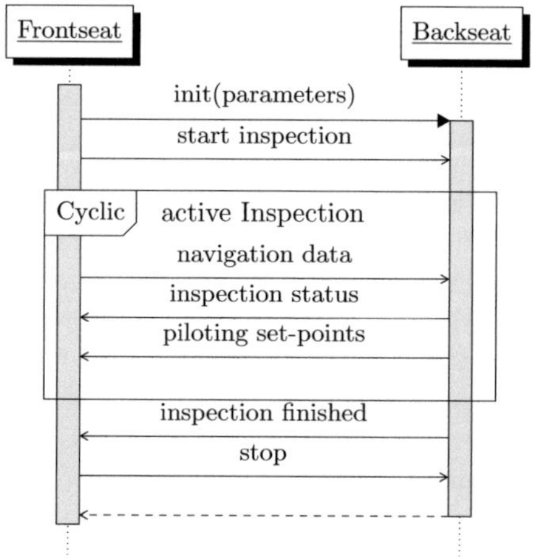

Abbildung 3.29.: Kommunikation zwischen Frontseat- und Backseat-Driver

Das Missionsausführungssystem besitzt keine Funktionalität, um das Fahrzeug vollständig autonom zu führen. Es dient der Abarbeitung des Missionsplanes und aktiviert anhand der Fahrzeugposition und des Missionsfortschrittes das jeweilige Manöver des Missionsplanes. Die autonomen Funktionen werden durch das Inspektionssystem mittels verhaltensorientierter, aufgabenbasierter Fahrzeugführung integriert. Dabei reagiert das Fahrzeug auf seine Umwelt, indem es das zu inspizierende Objekt bzw. Pipeline sucht und diesem folgt.

Durch diese Kommunikationsschnittstelle sind die Initialisierung und die Abarbeitung der Inspektion standardisiert. Das Inspektionssystem kann dadurch als Backseat-Driver in verschiedene Fahrzeugführungssysteme integriert werden.

Die detaillierte Beschreibung dieser Kommunikation zwischen Frontseat- und Backseat-Driver ist in Abschnitt 5.6.1 für die Pipelineinspektion aufgeführt. Der Ablauf dieser Kommunikation wird im Abschnitt 5.6.2 beschrieben.

3.9. Zusammenfassung

Die Führung und Reglung von mobilen Systemen kann über verschiedene Ansätze erfolgen. So werden bei vorgeplanter Mission sequentiell die einzelnen fest definierten Manöver nacheinander abgearbeitet. Andererseits kann das Fahrzeug auf seine Umwelt reagieren und definierte Aktionen durchführen. Dabei kann die Umgebung, in der sich das Fahrzeug bewegt, bekannt oder unbekannt sein, kooperativ oder nicht kooperierend.

Wenn das Fahrzeug mit seiner Umgebung interagieren muss, wie zum Beispiel seinen Kurs ändern, um nicht mit einem Hindernis zu kollidieren oder sich für die Aufnahme von Inspektionsdaten über einer Pipeline ausrichten, kann dies über einen planenden oder über einen reaktiven Ansatz erfolgen. Bei dem planenden Verfahren werden alle möglichen, auftretenden Eventualitäten beachtet. Das reaktive Verfahren baut auf Verhaltensweisen auf, deren Aktionen kombiniert werden, um ein aus den einzelnen Verhaltensweisen ein komplexes Verhaltensmuster zu kombinieren. Der letztere Ansatz wurde unter Verwendung von Aufgaben umgesetzt, um durch die Kombination einfacher Aufgaben, wie beispielsweise „Folge der Pipeline“, „Fahre zum Wegpunkt“, komplexe Aufgabenstellungen abbilden zu können. Einzelne Aufgaben und deren Regelungsstrategien zur Führung des Fahrzeuges, wie zum Beispiel bei der Verfolgung einer Spundwand in einer Hafenanlage oder einer Pipeline, wurden vorgestellt.

Da bestehende Ansätze für die Führung von AUVs auf manöverbasierten Missionsplänen aufbauen, wurden diese Missionspläne erweitert, um die Algorithmen für die Inspektion in diese zu integrieren. So wurden diese um Inspektionsmanöver mit Gebieten, in denen sich das AUV frei bewegen kann, ergänzt. Bei der Ausführung dieser Missionsplanelemente schaltet das VGS von der sequentiellen Abarbeitung der Manöver in die aufgabenbasierte Fahrzeugführung um. Des Weiteren wurde das Frontseat-/Backseat-Driver-Konzept angewendet sowie ein robustes und flexibles Protokoll zur Kommunikation zwischen den Teilen des VGS erstellt. Die Integration der in diesem Kapitel vorgestellten Verfahren in die Zielsysteme wird in Kapitel 5 beschrieben.

4. Umweltmodell

Unbemannte Unterwasserfahrzeuge (UUVs) haben die unterschiedlichsten Anwendungen in Wissenschaft und Industrie. Auch ermöglichen sie es in Regionen wie große Meerestiefen vorzudringen, wo es mit bemannten Systemen schwer möglich ist. Sie werden ebenfalls erfolgreich in flacheren Wassertiefen eingesetzt, um Taucher zu unterstützen. Dabei überschreitet die Einsatzdauer eines Unterwasserfahrzeuges die der Taucher bei weitem.

Im Bereich der Unterwasserfahrzeuge sind zwei Fahrzeugtypen vorherrschend: die ROVs und die AUVs. Die einzelnen Fahrzeuge wurden in Kapitel 2 detailliert vorgestellt.

Die teleoperierten ROVs sind gefesselte Systeme, welche von speziell ausgebildeten ROV-Piloten ferngesteuert werden. Es existieren verschiedenste Fahrzeugklassen mit unterschiedlichster Sensoren und Antriebsleistung der Thruster; beginnend vom leichten Observation-Class ROV bis zum mehrere Tonnen schweren Work-Class ROV für über 6000 m Tauchtiefe.

AUVs führen ihre Mission ohne direkten menschlichen Eingriff automatisiert bzw. autonom aus. Für die Führung des Fahrzeuges werden die genauen Lage- und Positionsinformationen sowie weiteres Wissen über die Umgebung benötigt, um das Fahrzeug sicher im Wasser zu operieren. Für die Erfüllung des jeweiligen Einsatzszenarios werden weitere Sensordaten benötigt, welche für die in dieser Arbeit betrachteten Szenarien der Fahrzeugführung zugeführt werden müssen.

Dieses Kapitel stellt verschiedene Modelle zur Beschreibung der Fahrzeugumgebung vor und entwickelt diese für den Einsatz bei Unterwasserinspektionen weiter.

Ausgehend von den in dieser Arbeit betrachteten Einsatzszenarien werden die dafür notwendigen Sensorsysteme beschrieben. Anschließend erfolgt die Vorstellung grundlegender Ansätze zur Modellierung der Fahrzeugumwelt. Diese werden entsprechend der Anforderungen auf die Unterwasserinspektion angepasst. Dabei wird ein generalisiertes Sensormodell eingeführt. Des Weiteren werden auf Basis dieser Modelle ein lokales sowie ein globales Umgebungsmodell zur Fahrzeugführung innerhalb verschiedener Zeithorizonte entsprechend dem Rational Behavior Modell [21] und der Levels of Competence [18] definiert.

Auf Basis des generalisierten Sensormodells sowie des lokalen und globalen Umgebungsmodells wird eine Sensordatenverarbeitungskette aufgebaut. Die Abbildung 4.1 zeigt einen Überblick der Verarbeitungskette; auf die einzelnen Varianten für verschiedene Sensorkonfigurationen wird in diesem Kapitel eingegangen.

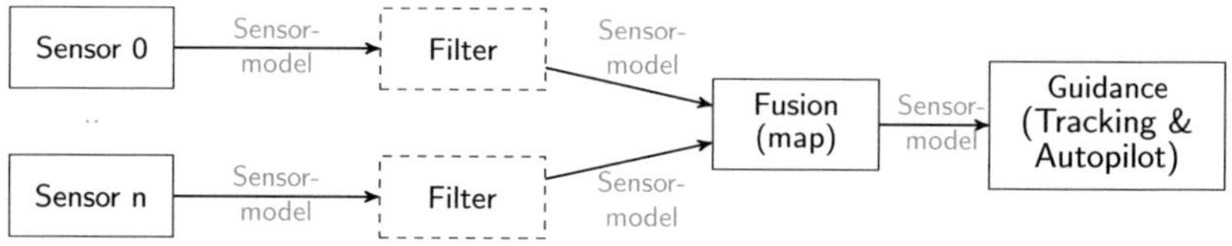

Abbildung 4.1.: Überblick der Sensordatenverarbeitungskette

Mit Hilfe der in dieser Arbeit entwickelten Modelle werden die vom Fahrzeug erfassten Sensordaten fusioniert. Es werden karten- sowie Kalman Filter-basierte Verfahren für das entsprechende Anwendungsfeld der Inspektion entwickelt und umgesetzt. Für die kartenbasierten Verfahren werden Algorithmen zur effizienten Speicherung und für einen schnellen Zugriff auf benötigte Informationen erstellt und integriert. Zusätzlich werden Lösungen für die Integration von Wissen über die geographische Lage und Beschaffenheit des zu inspizierenden Objektes entwickelt und vorgestellt.

Das Kapitel schließt mit einer Zusammenfassung der vorgestellten, adaptierten und neu entworfenen Verfahren.

4.1. Einsatzszenarien

ROVs und AUVs werden für diverse Aufgaben eingesetzt. So finden ROVs sehr häufig Anwendung in Bereichen, in welchen das Fahrzeug keinen großen Operationsradius benötigt und ein Eingreifen zur exakten Navigation in unbekanntem Terrain durch den Piloten notwendig ist. Dies ist der Fall bei *Inspektionen* von Bauteilen von Unterwasserstrukturen oder bei Arbeiten mit *Manipulatoren*, wie Greifarmen. AUVs werden generell eingesetzt, wenn große Gebiete exploriert werden sollen. Dabei ist ein Kabel, das wie beim ROV das Fahrzeug mit der Station des Piloten verbindet, hinderlich und schränkt die Bewegungsfreiheit des Fahrzeuges ein. Solche *Explorations*-Missionen dienen z.B. dem Erfassen der Bathymetrie, Wasserparameter oder auch der Suche nach Seeminen.

Während einer Explorationsmission bewegt sich das Fahrzeug entlang einer im Missionsplan vor Beginn des Einsatzes festgelegten Route. Diese wird meist mit Hilfe von Wegpunkten definiert, die das Fahrzeug in der festgelegten Reihenfolge automatisch anfahren muss.

Ein neueres Anwendungsfeld ist die Inspektion von Unterwasserstrukturen mit Hilfe von AUVs, da diese während der Mission keine Piloten benötigen und somit für regelmäßige Einsätze kostensparend sind. Sie können ohne eine Kabelverbindung, wie beim ROV üblich, in weitläufigen Gebieten sowie in Bereichen, wo das Kabel an den Unterwasserstrukturen festhängen kann, autonom agieren.

Des Weiteren sind für die Inspektion von Unterwasseranlagen im Gegensatz zur Exploration von unbekannten Gebieten meist Informationen über die geographische Lage und die Beschaffenheit der zu inspizierenden Objekte vorhanden. Diese können in die Umweltmodellierung und in die Missionsplanung einfließen.

Diverse Szenarien für solche Inspektionsmissionen mit AUVs werden im Rahmen dieser Arbeit betrachtet. Darunter fallen die Inspektion von Hafenanlagen, Schiffsrümpfen, Unterwasserpipelines und Seekabel. Jedes dieser Szenarien hat seine eigenen Herausforderungen an die Fahrzeugführung und insbesondere an das Umgebungsmodell, mit dessen Hilfe das Fahrzeug sich im Einsatzgebiet orientieren und seine Mission erfüllen kann.

4.1.1. Hafenanlagen

Bei der Inspektion von Hafenanlagen wird meist nach Beschädigungen, Korrosion und anderen Anomalien an den Unterwasserstrukturen, wie Kaimauern, Spundwänden etc., gesucht. Die Abbildung 4.2a illustriert eine solche Inspektion mit einem AUV auf der Suche nach Anomalien. Die Abbildung 4.2b zeigt eine Wandinspektion mit dem Versuchsträger.

(a) Anomaliesuche [6]

(b) AUV-Einsatz

Abbildung 4.2.: Hafeninspektion mit AUV

Um das Fahrzeug effektiv und sicher im Hafengebiet zu führen, ist eine genaue Kenntnis der Hafenstruktur inklusive aller Hindernisse unterhalb der Wasseroberfläche und der Wassertiefen notwendig. Solche Strukturen sind meist hinreichend genau in Vermessungskarten verzeichnet. Diese Informationen fließen direkt in die Missionsplanung ein, wo das zu inspizierende Objekt (z.B. östliche Kaimauer) und das von dem Fahrzeug zu befahrende Areal definiert werden.

Leider sind diese Daten nicht immer aktuell und hinreichend genau. Daher muss das Fahrzeug auf Basis seiner Sensorinformationen eigene Karten als Umgebungsmodell erstellen. Diese werden für die Kollisionsvermeidung [40], die Wandverfolgung und die adaptive Missionsplananpassung während der Inspektion genutzt. Eine solche Karte ist in Abbildung 4.3b dargestellt, wobei die farbigen Linien die für die

Fahrzeugführung erstellte Karte illustrieren. Zum Vergleich ist in Abbildung 4.3a das entsprechende Satellitenbild der Hafenanlage gezeigt.

(a) Satellitenbild (Kartendaten: Google)

(b) Kartendarstellung (Kartendaten: OpenStreetMap.org)

Abbildung 4.3.: Darstellung der Marina Schilksee / Olympiahafen Kiel

Bei der Fahrzeugführung und somit auch beim Aufbau des Umgebungsmodells müssen auch die Parameter der Inspektionssensoren (z.B. Kameras, Sonare), wie Sensorreichweite und Auflösung sowie deren Abhängigkeit vom Abstand zum inspizierenden Objekt, beachtet werden. Da die Sensoren meist das zu inspizierende Objekt, wie z.B. die Spundwand, nicht von der Wasseroberfläche bis zum Gewässergrund gleichzeitig erfassen können, muss die Inspektion in verschiedenen Wassertiefen erfolgen.

Um eine hohe Datenqualität für die Auswertung der gemessenen Daten zu erreichen, ist eine präzise Regelung des Abstandes des Fahrzeuges zum zu inspizierenden Objekt notwendig. Zusätzlich sind eine hohe Datenqualität und eine präzise Navigation die Voraussetzung für die Wiederholbarkeit der Inspektion zu einem späteren Zeitpunkt. Dadurch können Veränderungen von Anomalien über längere Zeiträume beobachtet und entsprechende Maßnahmen eingeleitet werden.

Des Weiteren muss darauf geachtet werden, dass das zu inspizierende Objekt während der Inspektion vollständig von der Sensorik erfasst wird. Somit wird sichergestellt, dass keine Anomalie unentdeckt bleibt. In Abschnitt 4.2.2.1 wird eine mögliche Sensorausstattung für eine Hafeninspektion vorgestellt.

Es wird ein Umgebungsmodell benötigt, dass die zweidimensionale Struktur der Hafenanlage abbilden kann. Dafür bietet sich die Kartendarstellung der Umgebung, wie in Abbildung 4.3 illustriert, an. Diese muss entsprechend für die Fahrzeugführung, die in Kapitel 3 beschrieben wurde, aufbereitet sein. Das Umgebungsmodell soll eine robuste Abstandsregelung zum inspizierenden Objekt auch bei unvollständigen Sensordaten ermöglichen. Des Weiteren soll es eine adaptive Planung für die optimale Sensorabdeckung in der Tiefe während der Missionsausführung, wie in Abschnitt 3.7.4 und in [64] beschrieben, unterstützen.

4.1.2. Schiffsrümpfe

Die Inspektion von Schiffsrümpfen hat zum Ziel Anomalien zu detektieren, ähnlich wie bei der Inspektion von Hafenanlagen. Es wird nach Beschädigungen, wie z.B. durch Korrosion, oder nach Objekten, die am Schiffskörper direkt oder in Öffnungen angebracht bzw. versteckt sind, gesucht. Solche Objekte können Schmuggelware oder auch Sprengkörper sein.

Während der Inspektion untersucht das AUV den Schiffsrumpf wie bei der Inspektion von Hafenanlagen in mehreren Ebenen. Die Abbildung 4.4b illustriert eine Untersuchung in der Längsrichtung eines Schiffes, wobei die Abbildung 4.4a die unterschiedlichen Positionen zum Erfassen aller Bereiche des Rumpfes aufzeigt.

Im Gegensatz zur Inspektion von Hafenanlagen bewegt sich hier das zu inspizierende Objekt mit den Wellen an der Wasseroberfläche und es kommt zu Roll-, Nick- und Stampfbewegungen des Schiffes. Dabei darf bei der Inspektion die Sicherheit des Schiffes und die des AUVs zu keiner Zeit gefährdet werden. Die Bewegung des Schiffes hat direkten Einfluss auf die Güte der während der Inspektion gemessenen Daten. Sie muss daher entsprechend gemessen werden und in die Erstellung des Umgebungsmodells mit einfließen. Eine weitere Herausforderung ist die sichere Detektion der Ankerkette, wenn das Schiff bei der Inspektion auf Rede vor Anker liegt.

Zusammenfassend ist die hier gestellte Inspektionsaufgabe die gleiche

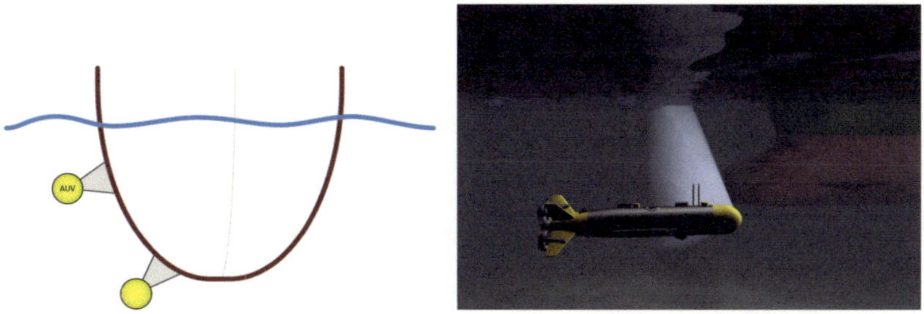

(a) Positionen zur Datenerfassung

(b) 3D-Illustration [6]

Abbildung 4.4.: Inspektion eines Schiffsrumpfes

Problemstellung wie bei der Inspektion einer Kaimauer oder Spundwand: Eine Abstandsregelung zum inspizierenden Objekt ist notwendig, aber zusätzlich muss die Bewegung des Schiffes beachtet werden. Es ist eine vollständige Inspektion des gesamten Objektes notwendig. Dabei muss auch in mehreren Tiefenebenen inspiziert werden. Wobei zusätzlich unter dem Schiff, wie in Abbildung 4.4a illustriert, inspiziert werden soll.

Das Umgebungsmodell muss die gesamte Struktur des Schiffes erfassen. Die für die Hafeninspektion vorgeschlagene zweidimensionale Karte muss in die dritte Dimension erweitert werden, damit das AUV am Schiffsrumpf optimal navigieren kann.

4.1.3. Seekabel und Pipelines

Die Verlegetrassen von Pipelines und Seekabeln können sich über viele Seemeilen erstrecken und die Operationsgebiete sind sehr weitläufig. Der Einsatz von ROVs oder Tauchern für die Inspektion ist daher sehr kostenintensiv und die Nutzung von AUVs bietet sich an. Die Abbildung 4.5 illustriert eine am Gewässergrund aufliegende Pipeline und die Inspektion dieser.

Seekabel und Pipelines sind in küstennahen Gebieten und in Schifffahrtsstraßen immer eingegraben, wie in der Abbildung 2.21 in mehreren Varianten dargestellt und in Abschnitt 2.3 beschrieben ist. Dies ist

(a) Aufliegende Pipeline

(b) Pipeline Tracking

Abbildung 4.5.: Pipeline/Seekabel-Inspektion [7]

laut [22, Seite 23] für Kabel notwendig, um das Kabel vor Beschädigungen durch Fischereigeschirr und Anker zu schützen. In küstenferneren und tieferen Gewässern liegt das Kabel bzw. die Pipeline frei auf dem Gewässergrund, wie in Abbildung 4.5a illustriert ist. Des Weiteren sind die meisten Verlegetrassen von Seekabeln und Pipelines in den offiziellen Seekarten (Abbildung 4.6, Zeichenerklärung in [20]) verzeichnet.

Obwohl die meisten Pipelines und Seekabel in den Seekarten verzeichnet sind, kann sich deren Lage am Gewässergrund mit der Zeit verändern. Seekabel und auch Pipelines können „wandern“. Des Weiteren können vormals freiliegende Bereiche überspült sowie vormals eingegrabene Bereiche auch freigespült und auch unterspült werden. Diese Veränderungen erfolgen meist durch Wasserströmungen, hervorgerufen unter anderem durch den Tidenhub und auch durch die Wellenbewegungen an der Wasseroberfläche. Seismische Aktivitäten können ebenfalls zu diesen Veränderungen beitragen.

Durch die besondere Situation, dass die Pipeline oder das Seekabel frei auf dem Gewässergrund liegen oder in dem Boden eingegraben sein kann, reicht kein einzelner Sensor, um die Pipeline bzw. das Kabel zu detektieren. Es ist ein Ansatz notwendig, der mehrere, verschiedene Sensoren verwendet.

Dadurch, dass die Pipeline ihre Position im Laufe der Zeit verändern kann oder auch nicht präzise deren Position verzeichnet ist, spaltet

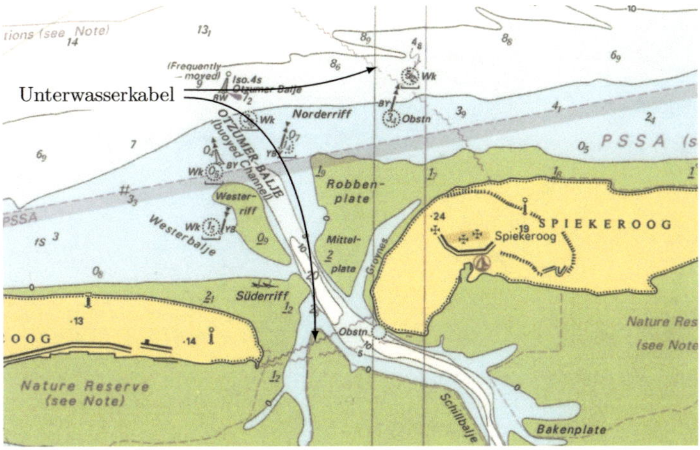

Abbildung 4.6.: In Seekarten verzeichnete Kabeltrassen (Kartendaten: Karte 49 ©BSH)

sich die Inspektion, wie im Abschnitt 3.8.1 bereits beschrieben in zwei Hauptaufgaben. Zu Beginn muss die Pipeline bzw. das Seekabel gesucht werden. Wenn es gefunden wurde, kann mit dem Verfolgen des Verlegepfades fortgesetzt werden. Die Abbildung 4.7 illustriert dies mittels einer MATLAB-Simulation zur Evaluation dieser Vorgehensweise.

Die Erfüllung der beiden Aufgaben, Suchen und Verfolgen, müssen von dem Umgebungsmodell unterstützt werden. Des Weiteren soll das Umgebungsmodell die Informationen aller an der Inspektion beteiligten Sensoren integrieren, um ein möglichst lückenloses Tracking der Pipeline oder des Kabels zu gewährleisten. Dabei soll es gleichgültig sein, ob die Pipeline frei am Gewässergrund liegt oder vergraben ist. Es kann auch vorkommen, wie in Abbildung 4.7 dargestellt ist, dass der Track der Pipeline während der Inspektion verloren wird und dieser wiedergefunden werden muss. Auch in dieser Situation soll das Umgebungsmodell die Fahrzeugführung und -regelung unterstützen, so dass der Track schnellstmöglich wiedergefunden und die Inspektion fortgesetzt wird.

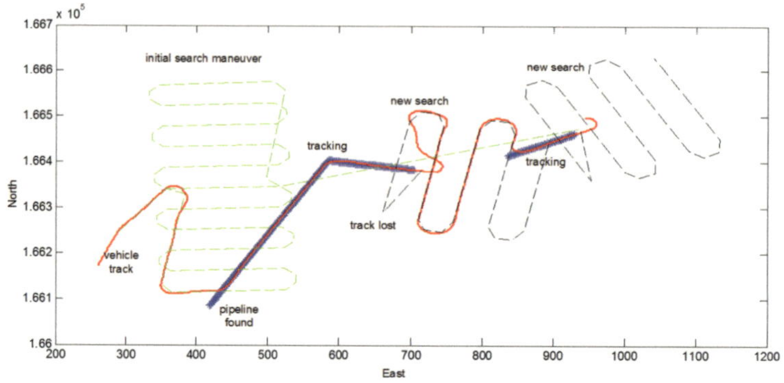

Abbildung 4.7.: Phasen der Pipelineinspektion

4.2. Sensorik für Unterwasserfahrzeuge

Unterschiedliche Sensorsysteme finden auf unbemannten Unterwasserfahrzeugen ihren Einsatz. Dabei kann in zwei Hauptanwendungsfelder der eingesetzten Sensoren unterschieden werden: zum einen in Navigationssensoren und zum anderen in Payload-Sensoren.

4.2.1. Navigation

Die Navigationssensorik dient primär zur Bestimmung der Position und Lage des Fahrzeuges während des Einsatzes. Diese Sensorsysteme sind essentiell für den effektiven autonomen Einsatz von Unterwasserfahrzeugen. Unterschiedliche Sensorsysteme werden für die Positions- und Lagebestimmung des Unterwasserfahrzeuges verwendet. Folgende Sensorik findet für die Navigation Anwendung:

- Inertial Measurement Unit (IMU), basierend auf Kreiselsysteme, faseroptischer Kreisel (FOG) oder mikro-elektromechanisches System (MEMS);
- Magnetkompass;
- Drucksensor zur Tiefenmessung;
- Echolot zur Bestimmung der Höhe über Grund;

- Doppler Velocity Log (DVL) zur Bestimmung der Geschwindigkeit und Höhe des Fahrzeuges über Grund bzw. Geschwindigkeit durch das Wasser;
- Empfänger von GNSS-Daten, wie GPS, GLONASS oder Galileo, zur absoluten Positionsbestimmung, wenn das Fahrzeug sich an der Wasseroberfläche befindet;
- absolute Unterwasserpositionsbestimmung mit Hilfe von akustischen Transpondern über Long Baseline Localization (LBL), Short Baseline Localization (SBL) oder Ultra Short Baseline Localization (USBL)-Verfahren;
- Forward Looking Sonar (FLS) zur Hinderniserkennung und Kollisionsvermeidung.

Die von diesen Sensoren gemessenen und über einen Navigationsfilter verarbeiteten Daten dienen der grundlegenden Fahrzeugregelung (Autopilot) und der Missionsabarbeitung (z.B. Wegpunktnavigation).

Mit Hilfe dieser Sensorik und entsprechenden Algorithmen kann das Fahrzeug sicher in seinem Operationsgebiet navigieren.

4.2.2. Payload

Die Payload-Sensoren sind zusätzlich zu den Navigationssensoren an Bord des Fahrzeuges. Sie dient der Erfüllung der an das Fahrzeug gestellten Aufgabe. AUVs werden häufig für die Exploration und zur Gewinnung von Bathymetriedaten eingesetzt. Somit kommen häufig Sonarsysteme aber auch optische Kameras zum Einsatz. Inspektionsaufgaben haben weite Anforderungen an die zu verwendende Sensorik und sind meist auf die durchzuführende Inspektion angepasst. Sensorsysteme zur Verwendung bei Inspektionen sowie auch für Explorationen sind vor allem:

- hydroakustische Sensoren,
  - Echolot zur akustischen Entfernungsmessung,
  - Seitensichtsonar (SSS) (Abbildung A.1 im Anhang A.2),
  - Synthetic Aperture Sonar (SAS),
  - Fächerecholot (MBES) (Abbildung A.2 im Anhang A.2),
  - Sub-Bottom Profiler (SBP) (Abbildung A.3 im Anhang A.2),

  - scannende und
  - bildgebende Sonare,
- optische Sensoren (Kameras),
- magnetische Sensoren (Magnetometer),
- CDT-Sonden,
- Wasserqualitätssensorik zum Messen chemischer Parameter (Sauerstoff-, Nitratgehalt, etc.),
- Probennehmer,
- etc.

Exemplarisch sollen die beiden Sensorkonfigurationen, die im Rahmen der vorliegenden Arbeit Anwendung fanden, vorgestellt werden.

4.2.2.1. Hafeninspektion

Das Einsatzszenario für die Inspektion von Hafenanlagen sowie von Schiffsrümpfen mit Hilfe von AUVs wurde in den Abschnitten 4.1.1 und 4.1.2 vorgestellt. Die dafür notwendigen Sensoren wurden mit Hilfe eines schwenkbaren Sensorkopfes im Fahrzeug integriert. Dessen Aufbau und Arbeitsweise wird in [2] detailliert vorgestellt. In diesem Sensorkopf sind ein MBES und ein Kamerasystem mit Linienlaserbeleuchtung für die Datenaufnahme integriert. Der Sensorkopf, dargestellt in Abbildung 4.8 orange lackiert, verfügt über eine Dreh- und Schwenkeinrichtung. Dadurch können die Sensoren immer auf das zu inspizierende Objekt ausgerichtet werden, um eine optimale Datenqualität, auch unterhalb von Schiffsrümpfen, zu erhalten.

Beide Sensoren, das Fächerecholot und das mit einem Linienlaser beleuchtete Kamerasystem, können den Abstand zum inspizierenden Objekt in hoher Auflösung messen und die Daten aufzeichnen. Auf Basis dieser Messdaten, verknüpft mit den aufgezeichneten Navigationsdaten, können 3D-Modelle der inspizierten Objekte im Post-Processing der Mission generiert und auf Anomalien untersucht werden. Mit geeigneten Algorithmen ist die Anomaliensuche auch online während der Mission möglich.

Da die beiden Sensoren kontinuierlich Abstandsdaten zur Verfügung

Abbildung 4.8.: SeaCat AUV mit Sensorkopf für Hafen- und Schiffshülleninspektion [1]

stellen, können diese für die Fahrzeugführung während der Inspektion verwendet werden. Somit kann der Abstand zum inspizierenden Objekt mit Hilfe der fusionierten Messdaten beider Sensoren, der a-priori bekannten Positionsdaten des zu inspizierenden Objektes, der aktuellen Fahrzeugnavigationsdaten und der Informationen aus einem Hinderniskollisionsmeidesonares erfolgen.

4.2.2.2. Kabel- und Pipelineinspektion

Wie bereits im Abschnitt 4.1.3 beschrieben, kann ein Seekabel bzw. eine Pipeline auf dem Meeresboden aufliegen oder eingegraben sein. Deshalb sind verschiedene Sensoren notwendig, die das Kabel oder die Pipeline in beiden Zuständen zuverlässig während der Suche nach diesen und während des Verfolgens des Tracks detektieren können.

Dabei wird auf Sensoren mit unterschiedlichen physikalischen Eigenschaften zurückgegriffen. Es werden Sensoren verwendet, die das zu inspizierende Objekt auf dem Gewässergrund erfassen können, wie SSS, MBES und Kameras. Ein SBP, speziell ein Buried Object Scanning Sonar (BOSS)-System, kann ein vergrabenes Objekt detektieren. Wenn die Pipeline bzw. das Kabel ferromagnetisch ist oder, wie in [72] vorgestellt, in das Kabel ein definierter elektromagnetischer Wechselstrom eingeprägt wird, kann dieses mit Hilfe von Magnetometern detektiert werden. Eine solche Sensorkonfiguration inklusive pre-mission Informationen aus den Seekarten und Verlegedaten[3] (track information) ist in

[3]Verlegedaten können aus vorangegangen Vermessungen sowie aus der Verlegephase der Pipeline

Abbildung 4.9 illustriert.

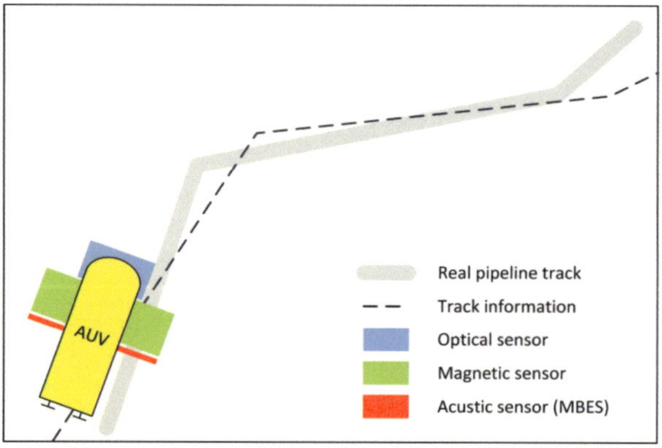

Abbildung 4.9.: Sensorkonfiguration für Kabel- und Pipelineinspektion

Das in der Arbeit verwendete AUV besitzt die vorgestellte Sensorkonfiguration und ist in Abbildung 4.10 dargestellt.

Alle Sensoren sind im Fahrzeug verbaut. Die Flügelkonstruktion dient der Aufnahme der einzelnen Magnetometer als Array. Diese benötigen einen großen Abstand voneinander, lateral vom Fahrzeug, um das magnetische Objekt bzw. die Magnetfeldänderung zu erfassen und dessen Lage querab vom Fahrzeug zu bestimmen.

4.3. Umgebungsmodelle

Wie bereits zu Beginn des Kapitels beschrieben, dienen die Umgebungsmodelle der fahrzeuginternen Beschreibung der Umwelt, in der das Fahrzeug agieren und seine gestellten Aufgaben erfüllen soll. Dabei müssen die Modelle neue Sensordaten verarbeiten können und diese so aufbereiten, dass eine Fahrzeugführung anhand der im Modell gespeicherten Information eine sichere Fahrzeugführung und Wegeplanung möglich ist.

bzw. des Kabels stammen.

Abbildung 4.10.: Kabel- und Pipelineinspektions-AUV mit Flügelkonstruktion für Magnetometer & SBP [7]

Viele Modelle, die in der Literatur beschrieben wurden, kommen aus der Navigation, speziell für die Wegeplanung, und Hindernisvermeidung. Einige der Modelle sind in [40] beschrieben. Diese Modelle sollen als Grundlage für ein für die Inspektion anwendbares Umgebungsmodell dienen. Sie werden im nächsten Unterabschnitt vorgestellt und deren Anwendung auf die aktuelle Problemstellung diskutiert.

4.3.1. Umweltdarstellung

Die Darstellung der Fahrzeugumgebung als Modell für die Fahrzeugführung ist aufgabenspezifisch, sogar situationsspezifisch. Es existiert somit nicht ein einzelnes, einfaches Modell für alle Einsatzszenarien. Daher werden in diesem Abschnitt einige Umgebungsmodelle kurz vorgestellt und ihre Anwendbarkeit auf die Problemstellung der Fahrzeugführung für die Inspektion von Unterwasserstrukturen, insbesondere Seekabel und Pipelines, geprüft.

Da sich das Unterwasserfahrzeug im Raum bewegt und für einige Inspektionsaufgaben sich in allen 6 Freiheitsgraden (siehe dazu Abschnitt 2.4 und [49]) rotatorisch und translatorisch bewegen kann, sollte die Umgebungsmodellierung dreidimensional sein. Wenn sich das Fahrzeug aber nur in der Ebene bewegt bzw. die zu modellierenden Umgebungsparameter sich nur in der Ebene befinden, reicht ein zweidimensionales Modell. Dies vereinfacht den Modellierungsaufwand, die zu speichernden Größen und reduziert die Komplexität der auf das Modell anzuwendenden Algorithmen.

Bei der Inspektion von Pipelines und Seekabeln auf dem Meeresgrund ist die Verwendung von einem zweidimensionalen Modell zweckmäßig. Das Fahrzeug bewegt sich während der Suche nach der Pipeline und der Inspektion nur in der Ebene über dem Meeresboden. Auch die Bahnplanung findet somit in der Ebene statt. Der vertikale Bewegung des Fahrzeuges wird nicht mit Hilfe dieser Ebene abgebildet. Für die Inspektion bewegt sich das Fahrzeug entweder in einer konstanten Wassertiefe oder in einem konstanten Abstand zum Meeresboden und folgt der Bodenstruktur. Die Sollwerte des Tiefen oder des Abstandsreglers werden im Missionsplan definiert und werden als fester Parameter im Rahmen der Umweltmodellierung angesehen.

Es werden für die Pipeline und Seekabelinspektion weitere grundlegende Annahmen getroffen: Das Operationsgebiet für die Inspektion ist sehr weitläufig und erstreckt sich entlang der Verlegetrasse der Pipeline. Es ist dadurch schlauchförmig und kann bis über hundert Kilometer lang sein. Es wird vorerst festgelegt, dass nur eine einzelne Trasse während einer Fahrzeugmission inspiziert wird. Diese kann aber andere Verlegetrassen kreuzen, wie es in Windparks möglich sein kann. Wenn mehrere Pipelines oder Seekabel im Operationsgebiet vorhanden sind, muss die zu inspizierende Pipeline eindeutig identifiziert werden.

Das Modell muss daher auch weitere Anforderungen erfüllen. Insbesondere soll es dem Fahrzeug ermöglichen, die Pipeline bei einem Suchmanöver aufzufinden und dann das Ausrichten des Fahrzeuges über der Pipeline zum Start des Trackings unterstützen. Während des Trackings muss die Pipeline unter dem Fahrzeug präzise lokalisiert werden, so dass die Datenqualität der Inspektionssensoren optimal ist. Die Sensorinformationen müssen über das Modell entsprechend ausgewertet und fusioniert werden, so dass für die Fahrzeugregler für das Tracking und das Suchmanöver Sollwerte aus dem Umgebungsmodell heraus generiert werden können.

Generell können Umgebungsmodelle in gitterbasierte, geometrische und auf Graphen aufbauende Darstellungen unterteilt werden. Auch eine Kombination aus verschiedenen Darstellungen ist möglich.

Gitterbasierte Modelle Gitterbasierte Umgebungsdarstellungen, wie in Abbildung 4.11, lassen sich mittels Matrizen speichern und gut rechentechnisch verarbeiten. In der Hindernisvermeidung werden sogenannte Occupancy-Grids [120] eingesetzt. Dabei wird in der einfachsten Ausprägung ein Gitterelement als frei oder belegt unterschieden.

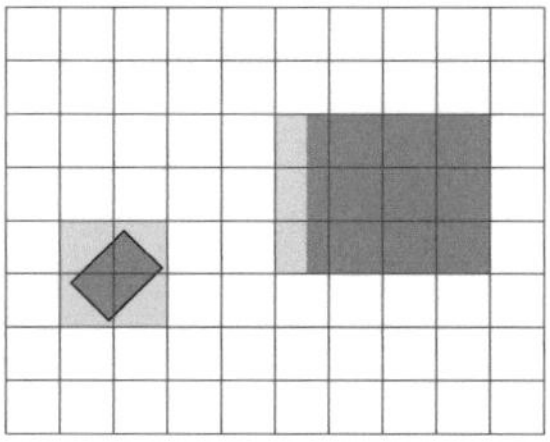

Abbildung 4.11.: Gitterbasierte Umgebungsdarstellung – gleichmäßige Gittergröße

Je nach Einsatz kann ein Gitter zwei oder dreidimensional sein, dabei bildet das Gitter eine Ebene ab, in der sich das Fahrzeug bewegt, oder einen Raum. Höherdimensionale Gitterstrukturen können weitere Eigenschaften des Raumes bzw. der Ebene speichern. Die Gitterelemente müssen nicht binär belegt werden, sondern können auch Belegtheitswahrscheinlichkeiten enthalten, mit denen dann in dem Wege- und Bahnplanungsalgorithmus eine Bewertung der Erreichbarkeit einzelner Elemente durchgeführt werden kann.

Zweidimensionale Gitter können einfach als Rastergrafiken dargestellt und gespeichert werden. Die Farbwerte der einzelnen Bildpunkte können den Belegtheitsgrad oder spezielle Gütewerte der Sektoren widerspiegeln. Im dreidimensionalen Gitter werden die Gitterelemente als Voxel oder Volumenelement bezeichnet, ihre Verwendung ist analog zu dem 2D-Pendant. Im zweidimensionalen Bereich können somit

Standard-Bildverarbeitungsalgorithmen zur Bewertung der einzelnen und Gruppen von Gitterelementen durchgeführt werden. Für den dreidimensionalen Anwendungsfall erhöht sich die Komplexität der Algorithmen entsprechend.

Der große Nachteil dieser Umgebungsdarstellung ist der hohe Bedarf an Speicherplatz für detaillierte Abbildungen sowie für große Flächen. Um diesem erhöhten Speicherbedarf entgegenzuwirken, müssen effektive Speicherstrategien eingeführt werden.

Quadtree Eine Alternative zum uniformen Gitter ist der Quadtree für die 2D-Darstellung (Abbildung 4.12) bzw. Octtree als 3D-Variante. Ein Quadtree ist eine rekursive Repräsentation der Umgebung.

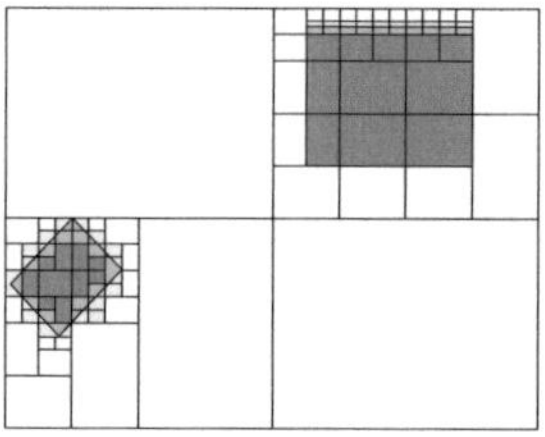

Abbildung 4.12.: Gitterbasierte Umgebungsdarstellung – Quadtree

Die verwendete hierarchische Darstellung kann Speicherplatz sparen und darauf aufsetzenden Berechnungen helfen. Die Erzeugung eines Quadtrees beginnt mit einem Rechteck, das die gesamte Umgebung einschließt. Dieses Rechteck wird in zwei gleichgroße Rechtecke geteilt, diese werden wieder geteilt, es entstehen 4 Rechtecke etc. Ein Rechteck wird nicht mehr geteilt, wenn es kein Hindernis mehr beinhaltet oder von einem Hindernis komplett ausgefüllt wird. Als ein weiteres Abbruchkriterium für die Teilung kann eine Mindestgröße für die Rechtecke vorgegeben werden.

Der denkbar schlechteste Fall für die Unterteilung der Umgebung ist, wenn die Rechtecke alle die kleinste Größe einnehmen. Dann stellt der Quadtree ein Einheitsraster dar, aber mit einem erhöhten Verwaltungsaufwand.

Geometrisches Modell Eine geometrische Darstellung der Umwelt kann sehr detailliert sein oder diese auch sehr stark unter Verwendung einfacher geometrischer Elemente abstrahieren. Dadurch können auch größere Gebiete speicherplatzeffizient modelliert werden. Dabei ist die Genauigkeit der Darstellung von den verwendeten Objektmodellen (zum Beispiel Meshes, Polygone) oder den geometrischen Primitiven (zum Beispiel Kreise, Rechtecke, Ellipsen, Zylinder, Kuben) abhängig.

Die geometrische Umgebungsmodellierung wird ebenfalls innerhalb der Pfadplanung verwendet. Dabei können die Berechnungen der Bahnplanung sehr komplex und rechenintensiv werden. In [40] erfolgt dies unter Verwendung von Ellipsen und elliptischen Zylindern. Die Abbildung 4.13 zeigt eine solche geometrische Abstraktion.

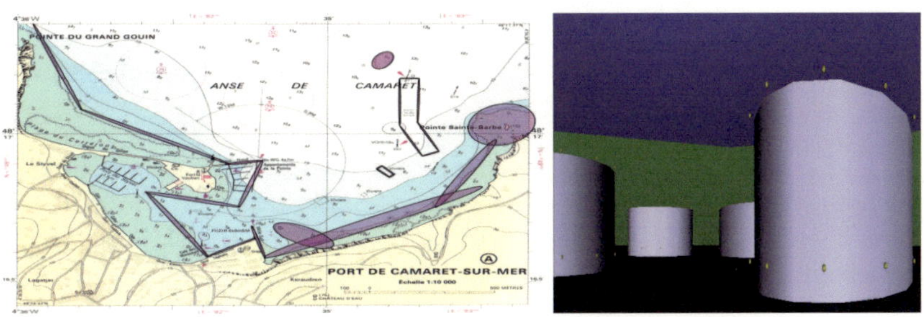

(a) Seekarte mit Ellipsen als Hindernisdarstellung [40]

(b) Elliptische Zylinder als Hindernisparcours

Abbildung 4.13.: Geometrische Umgebungsmodellierung: Ellipsen und elliptische Zylinder als Hindernisabstraktion

Topologische Repräsentation Eine weitere Abstraktionsmöglichkeit der Umwelt basiert auf einer topologischen Karte bzw. Graphen. Dabei werden Landmarken oder Wegpunkte und die sie verbindenden, befahrbaren Pfade zur Orientierung sowie zur Bahnplanung und Hindernisvermeidung genutzt, wie in [40, S. 75ff.] und [63] beschrieben sowie in Abbildung 4.14 illustriert. Als Beispiel einer solchen Repräsentation kann das Straßen- und Wegenetz betrachtet werden, mit Hilfe dessen elektronische Navigationsgeräte die Route für eine Autofahrt nach vorher festgelegten Kriterien berechnen.

Zur Speicherung der Informationen werden Graphen mit Knoten und Kanten verwendet. Die Pfadplanung erfolgt mittels Suchalgorithmen wie Djikstra, A* oder an spezielle Situationen, wie Meeresströmung, angepasste Verfahren [39].

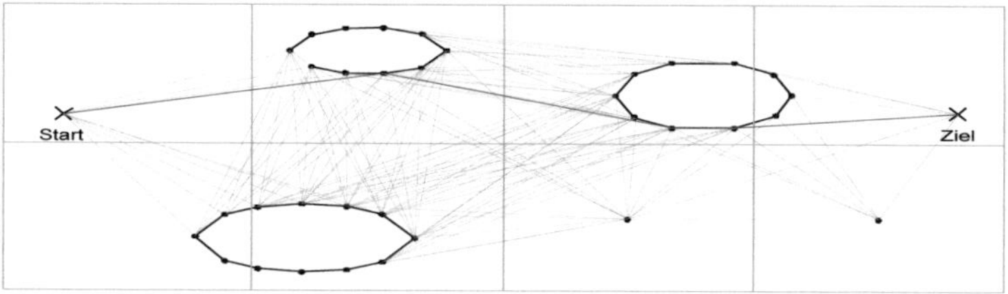

Abbildung 4.14.: Graphenbasierte Bahnplanung zur Kollisionsvermeidung

Die Erstellung solcher Netze erfolgt auf Basis der Sensordaten oder auch anderer Umgebungsmodelle. Ein wegpunktbasierter Missionsplan kann ebenfalls als Graph dargestellt werden und mit Hilfe von graphenbasierten Algorithmen optimiert werden.

4.3.2. Generalisiertes Sensormodell

Im Abschnitt 4.2.2 wurden verschiedene Sensoren, welche für die Inspektion von Unterwasserstrukturen eingesetzt werden können, vorgestellt. Diese Sensoren sollen in ihren Messdaten Objekte erkennen und diese Daten mittels einer generalisierten Schnittstelle an die nachfolgenden Tracking- und Führungsalgorithmen übermitteln.

Im Folgenden soll am Beispiel der Seekabel- und Pipeline-Inspektion ein generalisiertes Modell der Pipeline- bzw. Seekabeldaten erstellt werden. Eine am Meeresboden liegende oder eingegrabene Pipeline kann innerhalb des erfassenden Sensorbereiches als Geradenabschnitt, oder vereinfacht als Gerade, beschrieben werden:

$$\vec{x} = \vec{p} + s\,\vec{u}, \; s \in \mathbb{R} \tag{4.1}$$

wobei $\vec{x}$ die Punkte der Geraden beschreibt, $\vec{p}$ der Ortsvektor eines festen Punktes auf der Geraden und $\vec{u}$ der Richtungsvektor sind. Als ausgeschriebene Form für die Ebene im körperfesten Koordinatensystem kann sie wie in Gleichung 4.2, mit $\vec{x} = (x_G, y_G)^T$, formuliert werden. Mit Einführung eines körperfesten Richtungswinkels folgt die Gleichung 4.3.

$$\begin{pmatrix} x_G \\ y_G \end{pmatrix} = \begin{pmatrix} x_B \\ y_B \end{pmatrix} + s \begin{pmatrix} u_x \\ u_y \end{pmatrix} \tag{4.2}$$

$$\begin{pmatrix} x_G \\ y_G \end{pmatrix} = \begin{pmatrix} x_B \\ y_B \end{pmatrix} + s \begin{pmatrix} \cos\varphi \\ \sin\varphi \end{pmatrix} \tag{4.3}$$

Die in Abschnitt 4.2.2 vorgestellten Sensoren können in *Linien-* und *2D*-Sensor aufgeteilt werden.

Ein 2D-Sensor kann das Objekt in der Ebene als Draufsicht mit *seitlicher Ablage* zum Fahrzeug y_B und Richtung des Objektes φ erfassen, wie in Abbildung 4.15 dargestellt. Die Objekte können dann mit Hilfe der Geradengleichung 4.3 beschrieben werden, wobei $x_B = 0$. Sensoren, welche die Objekte zweidimensional in der Ebene detektieren können, sind zum Beispiel Kameras, SSSs und SASs.

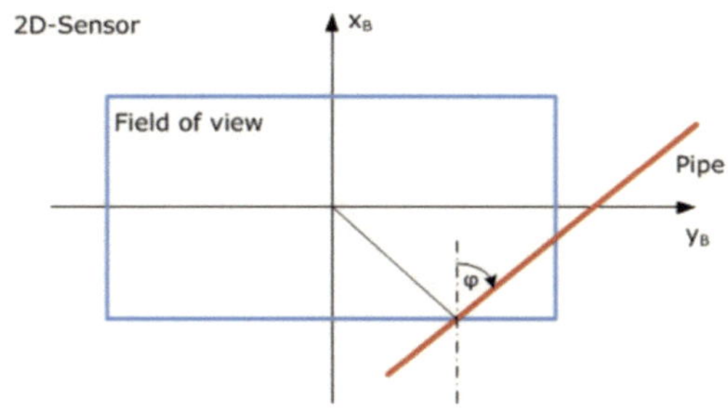

Abbildung 4.15.: 2D-Sensormodell für Pipelines und Seekabel

Der Liniensensor erfasst nur die *seitliche Ablage* des Objektes zum Fahrzeug y_B und ist in Abbildung 4.16 illustriert. Als Liniensensoren sind zum Beispiel Fächerecholote, Magnetometer und Sub-Bottom-Profiler anzusehen.

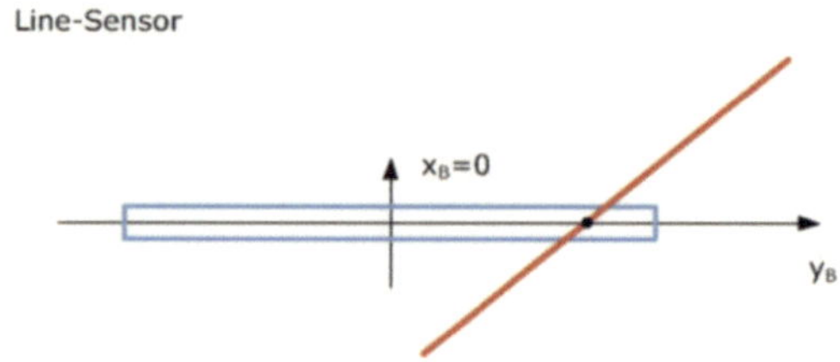

Abbildung 4.16.: 1D-/Linien-Sensormodell für Pipelines und Seekabel

Mit Hilfe der beiden Sensormodelle lassen sich (abschnittsweise) gerade Objekte wie zum Beispiel Pipelines, Seekabel, Schiffshüllen und Wände im Bereich des Sensors beschreiben. Die Verwendung der Sensordaten durch darauf aufbauende Algorithmen wird durch das generalisierte Sensormodell flexibilisiert und erleichtert. Die Verfahren müssen somit nicht primär die physikalischen und datenverarbeitenden Zusammenhänge des einzelnen Sensors beachten. Es können Sensoren gegen andere Sensoren oder auch gegen Simulatoren getauscht werden.

Durch die Beschreibung des im Sensorbereich erfassten Pipelineabschnittes als Geradenabschnitt werden eventuelle Bögen im Verlauf des Objektes sowie Knicke nicht abgebildet. Somit können durch diese vereinfachte Betrachtung des Objektverlaufs Lokalisierungsfehler auftreten die sich nachteilig auf die Inspektionsgüte auswirken können. Da sich das Fahrzeug kontinuierlich entlang des Objektes bewegt und die Sensoren das Objekt stetig neu erfassen, wird die Objektbeschreibung jeweils auf Basis der Sensordaten aktualisiert. Somit können auch Knicke und weitläufige Bögen durch dieses Modell als Geradenabschnitte abgebildet werden, illustriert in Abbildung 5.16.

4.3.3. Lokales Umgebungsmodell für die Regelung

Für die Regelung des Fahrzeuges relativ zum inspizierenden Objekt wird ein lokales Umgebungsmodell verwendet. Dies baut auf dem im vorhergehenden Abschnitt 4.3.2 beschriebenen 2D-Sensormodell auf. Dabei wird das Objekt als Gerade betrachtet und das Fahrzeug zu diesem ausgerichtet, damit es dem Verlauf des Objektes folgen kann. Es erfolgt eine Querregelung unter Einbeziehung des Kursreglers, der in den Fahrzeugautopilot des Frontseat-Drivers integriert ist (Abbildung 3.12).

Für die Regelung wird die seitliche Ablage zum Objekt y_B benötigt (Abbildungen 4.15 und 4.16), welche entsprechend dem Sollwert geregelt wird. Eine zusätzliche Information für die Regelung ist die Ausrichtung des Objektes φ, mit deren Hilfe der lokale Verlauf und damit die seitliche Ablage vorhergesagt werden kann.

Für die Verfolgung von Pipeline- und Seekabeltrassen, die sich am Meeresboden befinden, ist eine Beschreibung der Pipeline bzw. des Seekabels abschnittsweise durch eine Gerade zweckmäßig. Pipelines und Seekabel werden soweit möglich auf direktem Weg zwischen den Anschlusspunkten verlegt und es werden große Biegeradien verwendet, um die mechanische Belastung gering zu halten (dazu Abschnitt 2.3). Knicke in der Verlegetrasse können bei Abzweigungen auftreten. Diese verlaufen dann aber auch geradlinig, um die unnötigen mechanischen Belastungen zu vermeiden.

Wenn Wände oder Außenseiten von geschlossenen Objekten (z.B. Schiffsrümpfe) inspiziert werden, muss das auf einer Geraden aufbauende Umgebungsmodell erweitert werden: Die Gerade trennt hier den durch das Unterwasserfahrzeug befahrbaren Bereich vom nicht-befahrbaren. Es wird die Grenzfläche in einem definierten Abstand inspiziert.

Die detaillierte Beschreibung der Regelalgorithmen zum Folgen des Objektes wird in den Abschnitten 3.5 und 3.7 in Kapitel 3 erläutert.

4.3.4. Globales Umgebungsmodell für die Sensordatenauswertung und -fusion

Für das Auffinden und die Identifikation des zu inspizierenden Objektes wird ein Umgebungsmodell für das gesamte Operationsgebiet der Inspektionsmission benötigt. Dieses Modell baut Kartendarstellungen auf, mit deren Hilfe die Führungsalgorithmen des unbemannten Unterwasserfahrzeuges die zu inspizierenden Objekte bei einem Trackverlust wieder auffinden und die Inspektion fortführen können.

Des Weiteren unterstützen die Karten die Algorithmen bei der Bewertung der Abdeckung durch die einzelnen Sensoren und der Vollständigkeit der Inspektion des Objektes. Mit Hilfe der Karten können zusätzlich die einzelnen Sensoren in der Plausibilität ihrer Informationen bezüglich der Objektdetektion geschätzt werden. Die Speicherung der Kartendaten basiert auf dem in Abschnitt 4.3.1 eingeführten gitterbasierten Umgebungsmodell.

Die Karten müssen die Sensorinformationen speichern, so dass auch komplexe Objekte abgebildet werden können. Somit reicht die Geradenbeschreibung einer Pipeline oder eine Hafenanlage mit mehreren Hafenbecken und Piers nicht aus. Die Kartendaten müssen dabei kontinuierlich mit Hilfe der Sensordaten aktualisiert werden, ohne dass der Rechenaufwand zu groß wird. Hierfür eigenen sich die in Abschnitt 4.3.1 vorgestellten gitterbasierte Kartendarstellungen, in denen die Informationen gespeichert werden. Dabei sind die in Abschnitt 4.4 beschriebenen *Probability Maps*, welche auf „Occupancy-Grid-Maps“ und „Feature Maps“ aufbauen, das für die vorliegende Problemstellung eingesetzte Verfahren. Dieses wurde im Rahmen dieser Arbeit entwickelt und auf den eingesetzten Plattformen getestet.

Da das Operationsgebiet bei Pipeline- oder Kabelinspektionen sehr groß werden kann, müssen die Karten effektiv gespeichert werden. Hier bieten sich geometrische Modelle (Abschnitt 4.3.1) an. So können Pipelines und Kabel als Poly-Linien oder Splines und andere geschlossene Objekte als Polygone innerhalb der ebenen Karten abgebildet werden.

Die implementierten Algorithmen nutzen die *Probability Maps* zur Umgebungsdarstellung für die Assimilation und die Fusion der Sensordaten. Diese beiden Themen werden in den Abschnitten 4.4.1 und 4.4.2 ausführlich erläutert.

Die Speicherung der Karten für größere Gebiete erfolgt unter Nutzung von geometrischen Objektdarstellungen sowie mit Hilfe weiterer Verfahren. Diese werden in den Abschnitten 4.4.3, 4.4.4 und 4.4.5 beschrieben.

4.4. Probability Maps für Umgebungsrepräsentation und Datenfusion

Im Abschnitt 4.3.1 wurden mehrere Varianten der Umgebungsmodellierung vorgestellt. Eines dieser Modellvarianten ist das gitterbasierte Umgebungsmodell. Diese Modellstruktur kann komplexe Objekte und auch zusätzliche Informationen in den einzelnen Gitterelementen speichern. Durch gleichförmige Aufteilung bzw. Rasterung der abzubildenden Umgebung können die darauf aufsetzenden Algorithmen effektiv arbeiten und auch parallelisiert werden. Der Zugriff auf die einzelnen Gitterelemente erfolgt meist deterministisch und kann entsprechend der eingesetzten Speicherverfahren zügig vollzogen werden.

Nachteilig wirkt sich für diese Umgebungsmodellierung der große Bedarf an Speicherkapazität aus, der sich aber durch effiziente Verwaltung des Umgebungsmodells immens reduzieren lässt. Einige Verfahren zur effizienteren Speicherung werden in diesem Abschnitt vorgestellt.

Gitterbasierte Umgebungsmodelle werden seit den 1990'er Jahren im breiten Umfeld der mobilen Landrobotik unter der Ausprägung „Occupancy Grid Maps“ (Abbildung 4.17) für die Kollisionsvermeidung und Bahnplanung eingesetzt [119]. Diese sind eine räumliche Beschreibung des Roboter-/Fahrzeugumfeldes. Des Weiteren sind diese Modelle die Grundlage für Simultaneous Localization and Mapping (SLAM)-Verfahren. Eine weitere Bezeichnung für diese Umgebungsdarstellung ist „Certainty Grid“, welche von Moravec [86] geprägt wurde.

Im Unterwasserbereich werden gitterbasierte Karten vereinzelt als „Feature Maps“ (Abbildung 4.18) für die Exploration von Unterwasserstrukturen eingesetzt, wie von Bennett und Leonard in [13] beschrieben wurde. Ein weiteres Anwendungsfeld für den Einsatz dieses Verfahrens mit UUVs für weitläufige Gebiete wurde in der Literatur nicht gefunden.

Die in dieser Arbeit vorgestellten *Probability Maps* kombinieren die Ideen aus den Occupancy Grid und den Feature Maps für den Einsatz in der Fahrzeugführung für die Inspektion von Unterwasserstrukturen.

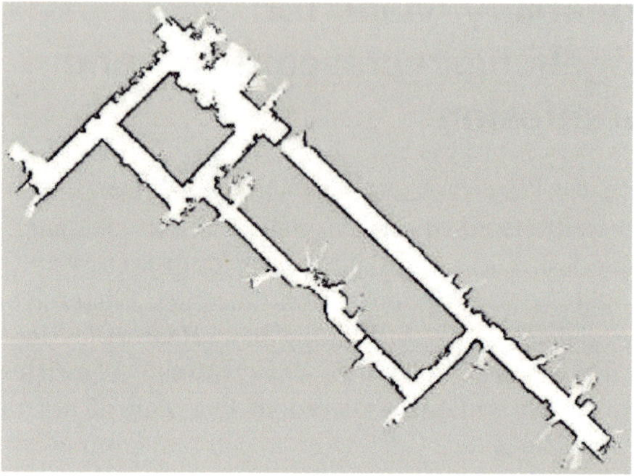

Abbildung 4.17.: Occupancy-Grid mit festen Hindernissen und Fluren in einem Gebäude [120]

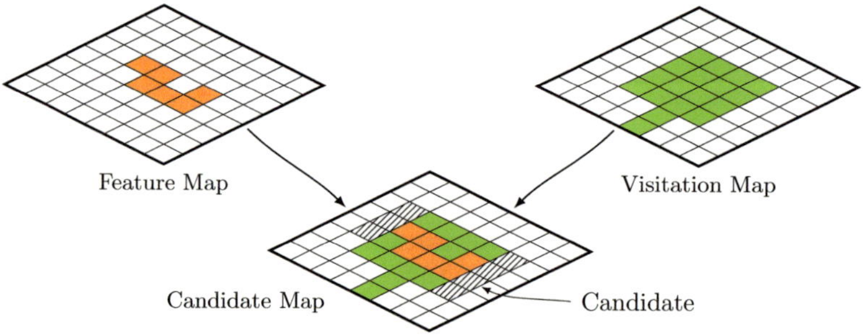

Abbildung 4.18.: Feature und Visiting Maps [13]

Es werden die Sensormodelle der Occupancy Grids und darauf aufbauenden Verfahren zur Datenfusion mit den in den Feature Maps beschriebenen Möglichkeiten zur Speicherung von Informationen in den Gitterelementen der Karten kombiniert, um die Limitierung durch die Definition von „befahrbahren" und „nicht-befahrbaren" Gitterelementen der Occupancy Grids aufzuheben. Dadurch besteht nun die Möglichkeit mehr und unterschiedliche Information in den gitterbasierten Karten zu speichern. Des Weiteren erfolgt die Anpassung der Ideen auf die Aufgabenstellung der Unterwasserinspektion.

Ein großer Vorteil dieser kartenbasierten Verfahren, ist dass der Operateur des Fahrzeuges sich diese Daten online sowie nach Beendigung der Mission graphisch anzeigen lassen und analysieren kann. Dabei kann die Online-Analyse nur erfolgen, wenn eine ausreichende Datenverbindung zum Fahrzeug (zum Beispiel über eine Kabel-, eine akustische oder eine Funkverbindung) besteht. Da im maritimen Bereich für die Navigation ausschließlich mit (See)Karten gearbeitet wird, sind die Probability Maps recht schnell in den bestehenden Workflow einzufügen.

Ein weiteres Ziel ist die Reduktion der Informationsdichte durch Aufbereitung der einzelnen Sensormesswerte, um diese in einen räumlichen Zusammenhang zu bringen. Die zu detektierenden Objekte besitzen eine räumliche Ausdehnung, die oft nicht direkt aus einzelnen Messwerten (insbesondere 2D-Sensoren) zu extrahieren ist. Nur aufeinanderfolgende oder räumlich zueinander zuordenbare Messwerte können solche Objekte abbilden, so dass diese identifizierbar sind.

Zusätzlich können die erstellten Karten in der Post-Mission-Analyse eingesetzt werden, um die Detektionsgüte der einzelnen Sensoren, die Fusion der Daten sowie das Fahrzeugverhalten während der Mission zu analysieren und gegebenenfalls zu optimieren. Diese Analysen können auch Online durchgeführt werden, wenn eine entsprechende Datenverbindung zum Fahrzeug besteht. Mit Hilfe geeigneter Werkzeuge, wie zum Beispiel die graphischen Anzeigefunktionen von OpenCV [97] oder Geographischer Informationssysteme, können diese Auswertungen durchgeführt werden. Die gefundenen Anomalien können auch in den Karten verzeichnet werden und dienen somit der Planung einer nachfolgenden detaillierten Sichtung der Fundstelle sowie der Reparaturplanung. Eine weitere Anwendung der erstellten Karten besteht in deren Auswertung für die Ergänzung und Aktualisierung der offiziellen Seekarten durch die zuständigen Stellen.

Da die Probability Maps auf Verfahren der Occupancy-Grids basieren, besteht die Möglichkeit der Verwendung von SLAM-Verfahren zur Unterstützung der Fahrzeugnavigation und Lokalisierung. Das Verfahren des Simultaneous Localization and Mapping (SLAM) wurde maßgeblich von DURRANT-WHYTE and LEONARD initial entworfen [36, 78, 76, 77]. Es behandelt das Problem der Kartenerstellung und gleichzeitiger Nutzung dieser Karte für die Navigation eines mobilen Roboters in einer unbekannten Umgebung. Ausgehend von dieser Idee sind sehr viele unterschiedliche SLAM-Verfahren entwickelt und implementiert worden, zum Beispiel für ROS [92].

SLAM kann dann eingesetzt werden, wenn hinreichend markante Objekte in ausreichender Anzahl in den Sensordaten vorhanden sind, welche aus unterschiedlichen Posen des Fahrzeuges detektiert und reidentifiziert werden können. [111] Meist ist dies in den großflächigen Inspektionsgebieten nicht der Fall, so dass SLAM in dieser Arbeit nicht direkt zur Navigation eingesetzt werden kann.

4.4.1. Mapping und Sensorkontaktmodell

Die Karte repräsentiert das globale Umgebungsmodell. Pipelines, Seekabel und sonstige Objekte werden in der Karte referenziert. Die Objekte bzw. die Pipeline oder das Seekabel werden über die vom Objekt belegten Gitterelemente repräsentiert. Abbildung 4.19 illustriert dies beispielhaft für eine Pipeline. Die Karte beinhaltet dementsprechend die georeferenzierten Sensorkontakte zu den entsprechenden Objekten.

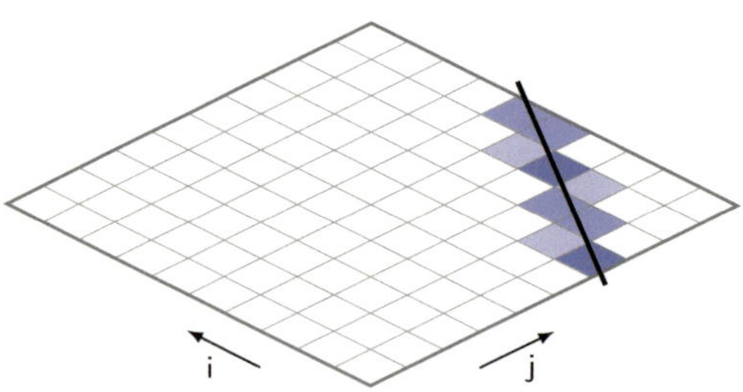

Abbildung 4.19.: Abbildung von Linienobjekten im Gittermodell

Die Sensordaten für die Kartenerstellung werden über das generalisierte Sensormodell (Abschnitt 4.3.2) abstrahiert. Dabei wird zwischen einem Linien-Sensor (1D) und einem 2D-Sensor unterschieden. Der Liniensensor liefert somit eine einzelne Position bzw. Kontakt für das detektierte Objekt. Werden mehrere Objekte gleichzeitig erfasst, werden entsprechend mehrere Positionen vom Sensor bereitgestellt.

Das generalisierte Sensormodell liefert nicht nur die Position des Kontaktes, es beinhaltet außerdem eine Metrik σ_c zur Abbildung der Wahrscheinlichkeit, dass die Daten das reale Objekt wiedergeben. Der Wertebereich für eine Detektion reicht von 0 für ein unsicheres Ergebnis bis 1 für eine absolut sichere Angabe ($\sigma_c \in [0, 1]$). Für den Fall, dass im Sensorgebiet mit entsprechender Sicherheit *kein* Objekt detektiert wurde, wird der negative Wert analog verwendet. So ist $\sigma_c = -1$, wenn mit absoluter Sicherheit kein gesuchtes Objekt vom Sensor erfasst wird. Somit erweitert sich der Wertebereich von σ_c auf $\sigma_c \in [-1, 1]$.

Kontakte mit Positionsdaten

Vorerst soll nur der Bereich $\sigma_c \in [0, 1]$ für einen vorhandenen Kontakt betrachtet werden. Unter der Annahme, dass die vom jeweiligen Sensor gemessenen Daten und die daraus ermittelte Kontaktposition normalverteilt ist, wird für die Berechnung der Zellbelegung in der Karte, die durch die Matrix $\mathbf{m}$ beschrieben wird, die Gausssche-Normalverteilung (Gleichung 4.4 und Abbildung 4.20) verwendet.

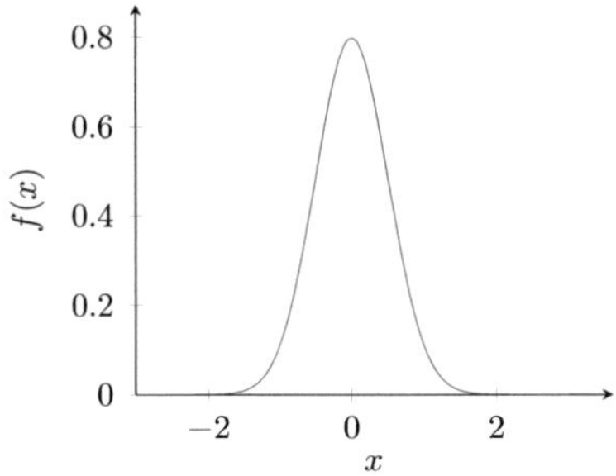

$$f(x) = \frac{1}{\sigma\sqrt{2\pi}} e^{-\frac{1}{2}\left(\frac{x-\mu}{\sigma}\right)^2} \tag{4.4}$$

Abbildung 4.20.: Normalverteilung

Andere Verteilungen können ebenfalls über die entsprechende Verteilungsfunktion innerhalb der Karten abgebildet werden, was ein großer Vorteil in der Verwendung dieser ist. Aufgrund der Funktionsweise der verwendeten Sensoren und der Herstellerangaben wurde das Modell auf Basis der Normalverteilung verwendet.

Da die Sensoren jeweils nur eine Kontaktposition übermitteln, wird diese als Mittelwert μ für das Sensormodell verwendet. Die Varianz σ der Normalverteilung wird aus dem vom Sensor bereitgestellten Vertrauenswert σ_c über einen linearen Zusammenhang c ermittelt, so dass $\sigma = c\,\sigma_c$. Der Faktor c beschreibt die Skalierung der vom Sensor gemessenen Werte in den Bildbereich der Kartendarstellung und beinhaltet auch die generelle Zuverlässigkeit des eingesetzten Sensors, die experimentell während des Einsatzes bestimmt werden muss.

Da die Karten die Sensorkontakte zweidimensional in der xy- bzw. NE-Ebene abbilden, wird zur Berechnung der einzelnen Zellenwerte die zweidimensionale Normalverteilung (Gleichung 4.5 und Abbildung 4.21) verwendet. Dabei werden die Werte für die Zellen um den Mittelwert des einzelnen Punktes (x_μ, y_μ) berechnet. Daher findet dieses Verfahren direkte Anwendung für einzelne Punktkontakte.

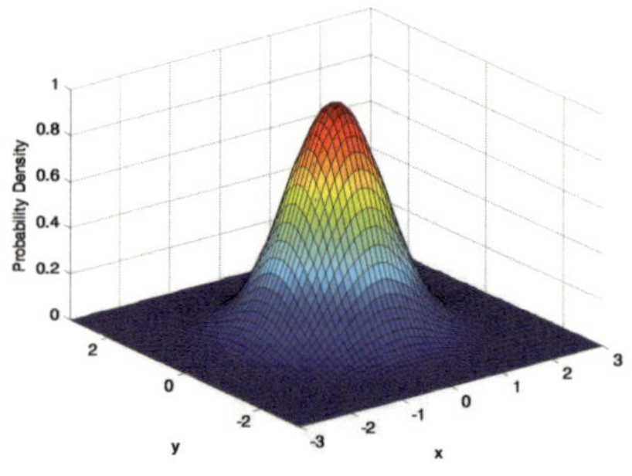

$$f(x,y) = \frac{1}{2\pi\sigma^2} e^{-\frac{(x-x_\mu)^2+(y-y_\mu)^2}{2\sigma^2}} \tag{4.5}$$

Abbildung 4.21.: 2D-Normalverteilung

Kontakte mit Position und Richtung

Wird hingegen ein Sensor verwendet, der die Position und die Ausrichtung des Objektes ermitteln kann, wird in der Karte eine Linie entsprechend der Sensorabdeckung und der vom Sensor gelieferten Kontaktdaten (Position (x_μ, y_μ) und Richtung φ) eingefügt. Da auch diese Messwerte mit Unsicherheiten ähnlich der punktuellen Kontaktdaten behaftet sind, wird auch hier eine Normalverteilung um das Liniensegment angenommen. Die in die einzelnen Zellen der Karte einzutragenden Werte müssen dementsprechend nach einer definierten Berechnungsvorschrift ermittelt werden:

Dazu werden mit Hilfe der Kontaktdaten ((x_μ, y_μ) und φ), die eine Gerade über die Punkt-Richtungsgleichung (Gleichung 4.3) beschreiben, mit dem Rechteck, das die Sensorabdeckung beschreibt, der Geradenabschnitt für die sichtbare Strecke mittels Schnittberechnung ermittelt. Die Strecke wird über die beiden Punkte A und B mit den Koordinaten (A_x, A_y) und (B_x, B_y) definiert.

Die einzelnen Werte für die Elemente der Karte werden aus deren Abstand d zur Strecke $\overline{AB}$ über die Normalverteilung (Gleichung 4.4) ermittelt. Bei der Berechnung des Abstandes zur Strecke wird zwischen drei Varianten unterschieden [107]:

a) der Punkt P liegt senkrecht zur Strecke,
b) der Punkt liegt „vor“ dem Punkt A oder
c) der Punkt befindet sich „hinter“ dem Punkt B.

Diese Varianten sind in der Abbildung 4.22 dargestellt. Die Variante a ist durch den Punkt P und den Abstand d zum Streckenelement $\bar{AB}$ illustriert. Die Variante c ist ebenfalls in der Abbildung mit Punkt P_1 und Abstand d_1 dargestellt. Die Variante b ist analog zu Variante c.

Um zu ermitteln, wo sich der Punkt P in Bezug zur Strecke $\overline{AB}$ befindet, wird das *Line-Fulfillment* f in der Ebene nach der Gleichung 4.8 berechnet. Es werden für die Berechnung die Vektoren $\vec{v}_1$ bzw. $\overrightarrow{AP}$ und $\vec{v}_2$ bzw. $\overrightarrow{AB}$ verwendet.

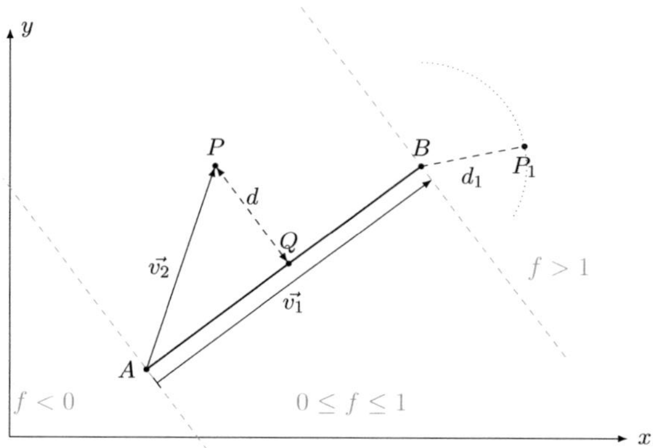

Abbildung 4.22.: Abstand Punkt zu Streckenelement

$$\vec{v_1} = \begin{pmatrix} v_{1,x} \\ v_{1,y} \end{pmatrix} = \begin{pmatrix} B_x - A_x \\ B_y - A_y \end{pmatrix} \tag{4.6}$$

$$\vec{v_2} = \begin{pmatrix} v_{2,x} \\ v_{2,y} \end{pmatrix} = \begin{pmatrix} P_x - A_x \\ P_y - A_y \end{pmatrix} \tag{4.7}$$

$$f = \frac{\vec{v_1} \cdot \vec{v_2}}{\vec{v_1} \cdot \vec{v_1}} = \frac{v_{1,x}\ v_{2,x} + v_{1,y}\ v_{2,y}}{v_{2,x}^2 + v_{2,y}^2} \tag{4.8}$$

Wenn $f \in [0, 1]$, dann liegt der Punkt P neben der Strecke (Variante a). Die Berechnung des Abstandes d zur Strecke erfolgt nach der Vorschrift der Abstandsberechnung zwischen Punkt und Gerade und ist in der Gleichung 4.10 beschrieben.

$$Q = A + f\ \vec{v_2} \tag{4.9}$$

$$d = \sqrt{(P_x - Q_x)^2 + (P_y - Q_y)^2} \tag{4.10}$$

Zur Ermittlung des Abstandes d (Gleichung 4.10) werden der Richtungsvektor $\vec{d}$ und die Normale $\vec{n}$ zur Berechnung des Fußpunktes Q (Abbildung 4.22) benötigt. Mit Hilfe des Fußpunktes Q wird der Abstand zum Punkt P berechnet nach [10].

Befindet sich der Punkt P nicht neben der Strecke, so ist für Variante a $f < 0$ und Variante b $f > 1$. Zur Berechnung des Abstandes zur Strecke ist eine Ermittlung der Distanz zwischen zwei Punkten nach Gleichung 4.11 notwendig.

$$d = \begin{cases} f < 0, & \sqrt{(P_x - A_x)^2 + (P_y - A_y)^2} \\ f > 1, & \sqrt{(P_x - B_x)^2 + (P_y - B_y)^2} \end{cases} \tag{4.11}$$

Bei $f < 0$ wird der Abstand zwischen A und P berechnet und bei $f > 1$ der Abstand zwischen B und P (in Abbildung 4.22 als P_1 bezeichnet).

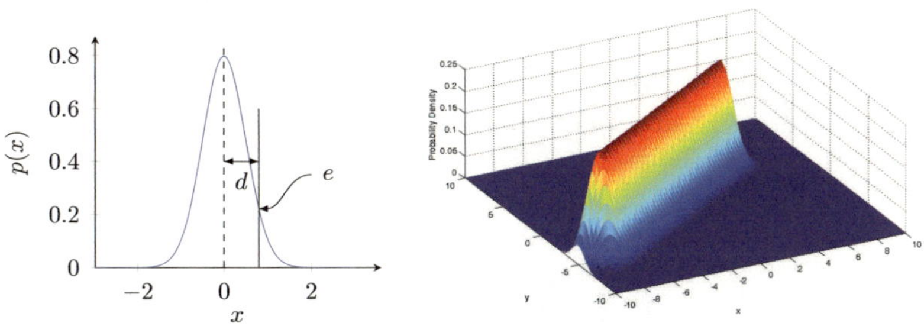

(a) Mapping der Wahrscheinlichkeitswerte aus der Normalverteilung

(b) graphische Darstellung

Abbildung 4.23.: Normalverteilung entlang einer Strecke

Mit Hilfe des Abstandes wird der Wert der Normalverteilung aus der Gleichung 4.4 ermittelt, wie in der Abbildung 4.23a dargestellt. Diese Werte werden dann in die Karte (Abbildung 4.23b) eingefügt.

Neue Messwerte in bestehende Karte einfügen

Das Einfügen neuer Messwerte f zum Zeitschritt k in die Karte m erfolgt über den in Gleichung 4.12 dargestellten Zusammenhang, wenn nur neue Kontakte in die einzelne Karte aufgenommen werden. Es werden mittels des max-Operators der Karte m_k neue Werte hinzugefügt und es folgt die aktualisierte Karte m_{k+1}.

$$m_{k+1} = \max(m_k, f_k) \tag{4.12}$$

Vorangegangene Messwerte werden durch die Verwendung des max-Operators nicht revidiert. Somit können auch eventuelle Messfehler nicht korrigiert werden und sind vorerst in der Karte gespeichert. Aber diese Kartendaten können über die Betrachtung der objektfreien Gebiete im nächsten Absatz revidiert werden, wenn dieser Kartenbereich mit dem Messfehler während einer nachfolgenden Messung als objektfrei betrachtet wird. Wenn in einer nachfolgenden Messung in dem entsprechenden Gebiet nochmals ein Kontakt verzeichnet wird, erfolgt die Kombination beider Messwerte in der Karte. Zusätzlich werden mittels der Sensordatenfusion (Abschnitt 4.4.2) die Einflüsse der Messfehler eines Sensors über die weiteren Sensoren mitigiert.

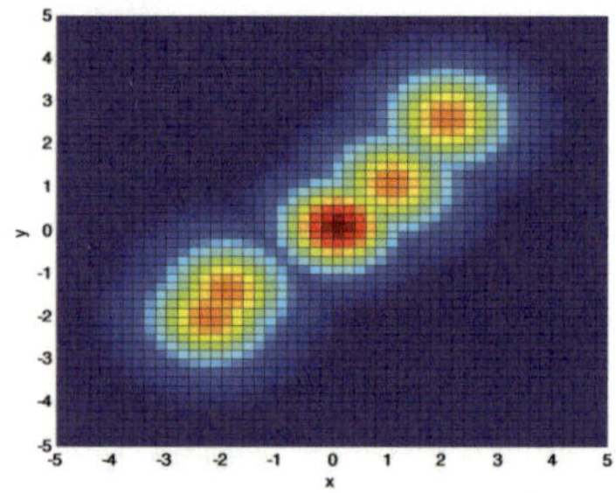

Abbildung 4.24.: Karte mit mehreren Kontakten

Die Abbildung 4.24 zeigt eine Karte, in die mehrere nachfolgende Kontakte mit unterschiedlichem Vertrauenswert σ_c unter Beachtung der Vorschrift aus Gleichung 4.12 eingefügt wurden. Der Vertrauenswert σ_c wird durch in der Sensordatenerfassung und -vorverarbeitung für den aktuellen Messwert bestimmt.

Behandlung von objektfreien Gebieten

Wenn der Sensor keine Kontakte zum Objekt detektiert, werden die in der Karte hinterlegten Wahrscheinlichkeiten nach einem sensorspezifischen Modell reduziert.

Eine Variante ist die lineare gewichtete Reduzierung der in der Karte gespeicherten Wahrscheinlichkeiten mit Hilfe eines sensor- und situationsspezifischen Skalierungsfaktor $s \in (0, 1)$ im Sichtbereich des Sensors m^{Sensor} nach Gleichung 4.13.

$$m_{k+1}^{Sensor} = s\, m_k^{Sensor} \tag{4.13}$$

Des Weiteren können die Wahrscheinlichkeiten auf einen definierten Wert f, der in der Karte ein objektfreies Gebiet bezeichnet, gesetzt werden. So kann der Kartenausschnitt m^{Sensor}, der vom Sensor erfasst wird, auf z. B. den Wert $f = 0$ gesetzt werden, wenn der Wert 0 aussagt, dass an der Kartenposition kein Objekt vorhanden ist. Diese Annahme wird auch für „unbekannte“ Gebiete getroffen. Somit ist bei dieser Festlegung keine direkte Unterscheidungsmöglichkeit zwischen „unbekanntem“ und „bekanntem“ Gebiet vorhanden.

Es sind auch andere sensorabhängige Werte möglich, wobei f vom Sensorvertrauenswert σ_c abhängig ist. Dabei gilt dann für ein objektfreies Gebiet $\sigma_c = -1$. Unter Verwendung des min-Operators werden die entsprechenden Messwerte f_k in die Karte engefügt, wie in der Gleichung 4.14 dargestellt ist.

$$m_{k+1}^{Sensor} = \min\left(m_k^{Sensor}, f_k\right) \tag{4.14}$$

Das auf dem Skalierungsfaktor basierende Verfahren reduziert die in der Karte gespeicherten Wahrscheinlichkeiten kontinuierlich und asymptotisch gegen 0, so dass diese Kartenpositionen wieder als „unbekannt“ gelten und als „objektfrei“ angenommen werden können. Die Geschwindigkeit ist dabei abhängig vom gewählten Faktor s. Wobei dieser auf Basis der operationellen Anforderungen und der Eigenschaften der verwendeten Sensoren experimentell ermittelt werden muss. Die Verwendung des min-Operators setzt die Werte in der Karte auf maximal den in f definierten Wert innerhalb eines Schrittes k. Dabei muss der Abstand zwischen zwei aufeinanderfolgenden Zeitschritten k und $k+1$ nicht äquidistant sein, wenn die Kontaktdaten im Koordinatensystem der Probabilty Map referenziert sind. Dies ist ein signifikanter Vorteil, wenn mehrere Sensoren verwendet werden, die mit unterschiedlichen Abtastfrequenzen arbeiten.

Die jeweilig zu verwendende Variante ist abhängig vom jeweilig verwendeten Sensor und der aktuellen Einsatzsituation. Daher wird empfohlen durch experimentelle Bestimmung die jeweilig bessere Variante auszuwählen.

4.4.2. Fusionierung der Karten

In [120] werden zwei grundlegende Ansätze beschrieben, um Daten von mehreren Sensoren auf Basis des Occupancy-Grid-Mappings miteinander zu fusionieren.

Der erste Ansatz verwendet eine einzelne Karte. In diese Karte werden alle Sensorwerte verzeichnet, indem die für jeden einzelnen Sensor erstellten inversen Sensormodelle angewendet werden. Dabei ist das inverse Sensormodell die Rücktransformation von der vom Sensor erzeugten Abbildung des Objektes zum realen Objekt. Laut [120] sind bei diesem Verfahren größere Probleme zu erwarten, da die unterschiedlichen Sensoren durch ihre verschiedenen Wirkprinzipien zur Objektdetektion auch unterschiedliche Objekte erkennen können. Als Beispiel hierfür kann die Erkennung von eingegrabenen Pipelines dienen: durch ein Magnetometer kann diese, wenn sie das Magnetfeld beeinflusst, detektiert werden, aber durch ein MBES oder eine Kamera nicht. Diese Sensoren können durch ihr Wirkprinzip nur Objekte, die auf dem Gewässergrund aufliegen bzw. in der Wassersäule sind, erfassen.

Die zweite Variante verwendet für jeden Sensor eine eigene Karte. Diese einzelnen sensorspezifischen Karten werden dann erst bei einem späteren Verarbeitungsschritt zu einer Karte fusioniert. Diese Variante wird in der vorliegenden Arbeit präferiert und entsprechend umgesetzt. Somit wird für jeden einzelnen Sensor eine eigene Karte erstellt und kontinuierlich mittels neuer Sensormesswerte aktualisiert. Es sind somit

$n \in \mathbb{N}$ Karten für n Sensoren notwendig.

Dabei ist die Gitter-Auflösung bzw. Zellengröße der jeweiligen sensorspezifischen Karte $\mathbf{m}_h$, $h \in [0, n]$ des Sensors h sowie der Karte mit den fusionierten Daten $\mathbf{m}_{fused}$ frei wählbar und vom Sensor und dem Verwendungszweck abhängig. Für die Fusionierung muss die entsprechende Karte auf die Auflösung der fusionierten Karte entsprechend hoch- oder herunter skaliert werden. Für eine einfachere Implementation der Karten soll hier eine durchgehend gleiche Auflösung für alle Karten verwendet werden.

Wenn die Karten die gleiche Gittergröße haben, können diese durch Matrixoperationen fusioniert werden. Dabei wird die jeweilige Operation auf jedes einzelne Gitterelement angewendet. Es besteht hier die Möglichkeit der Beschleunigung der Rechenoperation durch Parallelisierung, da diese unabhängig voneinander für jedes Gitterelement durchgeführt werden können.

[120] schlägt für die Fusionierung der Karten die konservativste Methode für die Vorhersage von Hindernispositionen in der Karte vor. Dabei wird die Karte des Sensors h gespeichert in $\mathbf{m}_h = \{m_{i,h}\}$ mit den einzelnen Elementen $m_{i,k}$. Unter der Bedingung, dass die Sensoren unabhängig voneinander messen, können die einzelnen Karten zu einer gemeinsamen Karte $\mathbf{m}_{fused}$ direkt unter Anwendung des Gesetzes von De Morgan (Gleichung 4.15) fusioniert werden.

$$p(m_{i,fused}) = 1 - \prod_h (1 - p(m_{i,h})) \tag{4.15}$$

Als Alternative wird die Verwendung des Maximalwertes (Gleichung 4.16, Abbildung 4.25) der einzelnen Gitterelemente für die Fusionierung vorgeschlagen.

$$p(m_{i,fused}) = \max_h p(m_{i,h}) \tag{4.16}$$

Das Ergebnis dieser Operationen zur Fusionierung ist eine Karte, die alle in den einzelnen Sensorkarten $\mathbf{m}_h$ verzeichneten Objekte, ebenfalls enthält. Dies ist unbedingt notwendig, wenn die Karte für die Kollisionsvermeidung mit Hindernissen und der entsprechenden Bahnplanung verwendet wird. Bei dem Anwendungsfall der Pipelinedetektion können diese Operationen eventuelle Fehldetektionen einzelner Sensoren mit in die fusionierte Karte übernehmen und somit eine Verfolgung einer fehlerhaften Verlegetrasse ermöglichen.

Auf Grund dieses Verhaltens wird die Verwendung eines gewichteten Mittelwertes der einzelnen Elemente für die Fusion bevorzugt, wie in Gleichung 4.17 formuliert und in Abbildung 4.25 illustriert:

$$\mathbf{m}_{fused} = \sum_h w_h \ \mathbf{m}_h \tag{4.17}$$

mit

$$\sum_h w_h = 1\,. \tag{4.18}$$

Da bei der Objektdetektion mit der gesamten Sensorsuite nach einem bestimmten Objekt gesucht wird, können somit auch Fehldetektionen einzelner Elemente durch die anderen Sensoren unterdrückt werden. Dabei werden die Karten von einzelnen Sensoren situationsabhängig stärker gewichtet. So kann wie beim eingangs vorgestellten Beispiel der Magnetsensor eine vergrabene oder aufliegende Pipeline detektieren und ein MBES nur eine aufliegende.

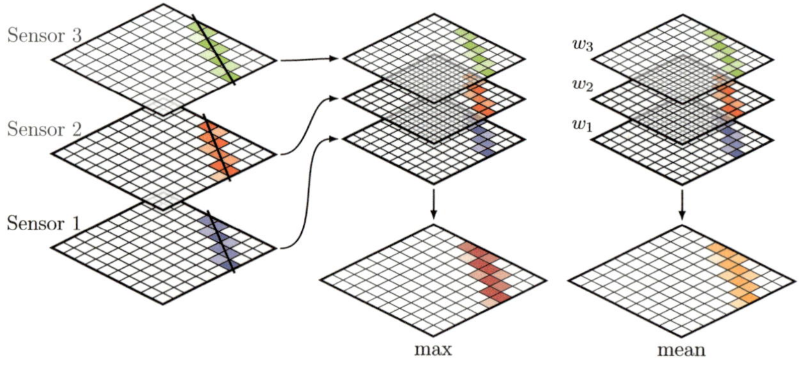

Abbildung 4.25.: Fusion der Karten durch Maximalwert- oder Mittelwertbildung

Der jeweilige Wichtungswert für den einzelnen Sensor w ist stark abhängig von den Umweltparametern des jeweiligen Operationsgebietes, dem abzubildenden Objekt und den verwendeten Sensoren. Daher sollte dieser Wert jeweils zu Beginn eines Einsatzes experimentell mittels Vergleich der Datengüte der einzelnen Sensoren in der speziellen Situation ermittelt werden. Dabei sollte zu Beginn von einer gleichmäßigen Gewichtung über alle n Sensoren $w_h = \frac{1}{n}$ ausgegangen oder auf Ergebnisse aus vorangegangenen Messungen in ähnlichen Situationen zurückgegriffen werden.

Die Fusionierung der Daten muss bei jedem Schritt der Datenextraktion für die nachfolgenden Algorithmen (Abschnitt 4.4.3) durchgeführt werden. Daher ist eine rechenzeiteffiziente Implementation der Operationen bei der Kartenverarbeitung notwendig. Dies kann zum Beispiel durch Parallelisierung erfolgen.

4.4.3. Informationsextraktion

Die in den Karten gespeicherten Informationen können durch Bildverarbeitung ausgewertet werden. Dabei werden die Karten mittels verschiedener Bildbearbeitungsalgorithmen analysiert und modifiziert, da sie sich wie normale Rastergraphiken bearbeiten lassen. Eine georeferenzierte Darstellung in einem GIS ist dementsprechend auch möglich.

Da die Pipelines oder Seekabel meist einen geradlinigen Verlauf haben, können diese über Liniendetektionsalgorithmen aus den Kartendaten extrahiert werden. Zwei in der Computer Vision gängigen Algorithmen werden in diesem Abschnitt vorgestellt: die Hough-Transformation und der RANSAC-Algorithmus.

Mittels weiterer Verfahren der Objekterkennung können aus den Karten verschiedenste, weitere Strukturen identifiziert werden.

4.4.3.1. Hough-Transformation

Die Hough-Transformation ist ein Verfahren zum Detektieren von Geraden in Bildern. Es wurde von Hough im Jahr 1962 zum Patent [60] angemeldet. Mit zunehmender Verbesserung der Rechenleistung in der Bildauswertung hat es sich verbreitet. Der Algorithmus wurde weiter verbessert und optimiert [35, 58, 61]. So wurden auch probabilistische Ansätze eingeführt [80]. Es ist mittlerweile ein Standardverfahren zur Liniendetektion [27, S.284ff.], [26, S.362] und ist Teil der quelloffenen Computer Vision-Bibliothek OpenCV [96]. Die OpenCV-Implementation wurde in dieser Arbeit verwendet.

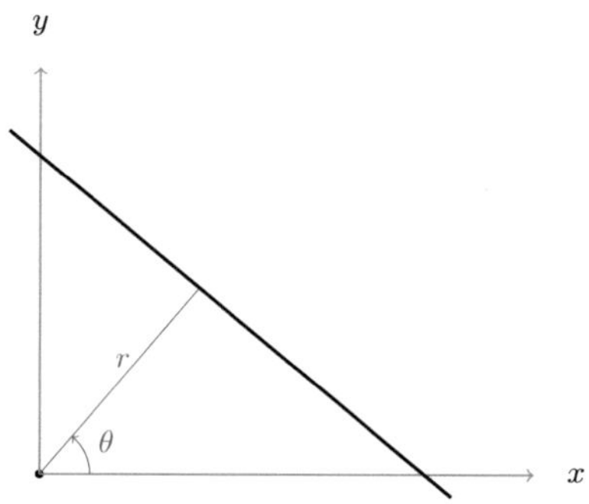

Abbildung 4.26.: Geradenbeschreibung in Polarform

Die Transformation nutzt die Polarform zur Beschreibung der Geraden (Abbildung 4.26 und Gleichung 4.20).

$$y = \left(-\frac{\cos\theta}{\sin\theta}\right)x + \left(\frac{r}{\sin\theta}\right) \tag{4.19}$$

$$r = x\cos\theta + y\sin\theta \tag{4.20}$$

Bei dem Algorithmus wird davon ausgegangen, dass durch jeden Punkt im kartesischen Koordinatensystem (x_0, y_0) eine festgelegte, beliebig wählbare Anzahl von Geraden gehen kann. Diese Geraden werden als Geradenfamilie bezeichnet und können entsprechend der Gleichung 4.21 beschrieben werden.

$$r_\theta = x_0 \cdot \cos\theta + y_0 \cdot \sin\theta \tag{4.21}$$

Dies heißt, dass jede Kombination von (r_θ, θ) eine Gerade beschreibt, auf der der Punkt (x_0, y_0) liegt. Alle Kombinationen von (r_θ, θ) durch diesen Punkt werden durch eine Geradenfamilie beschrieben und diese lässt sich in einem (θ, r)-Plot (Abbildung 4.27a) als Sinuskurve darstellen.

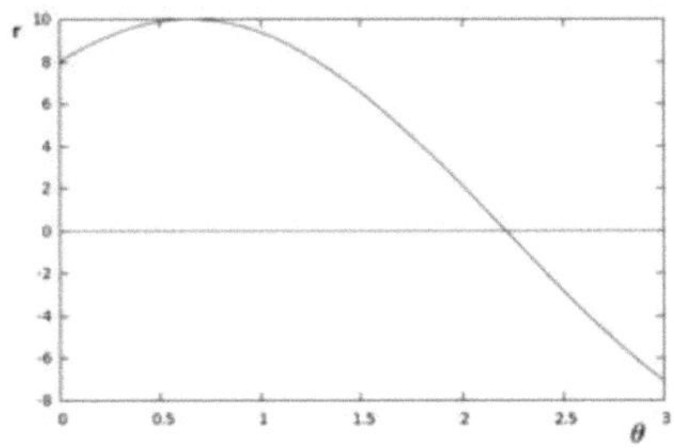

(a) Geradenfamilie durch einen Punkt

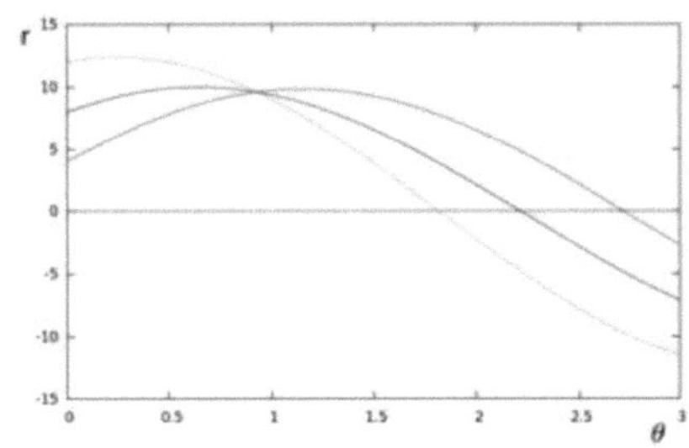

(b) Geradenfamilien durch verschiedenen Punkte

Abbildung 4.27.: Hough-Linientransformation [96]

Dies kann für alle entsprechenden Punkte in einem Bild durchgeführt werden und die Geradenfamilien durch diese Punkte lassen sich ebenfalls in den Plot einzeichnen. Die Abbildung 4.27b zeigt einen solchen Plot für die Punkte(x_0, y_0), (x_1, y_1) und (x_2, y_2). Die drei Kurven schneiden sich in einem Punkt. Dies heißt, dass die (r_θ, θ)-Kombination dieses Schnittpunktes in dem $\theta - r)$-Bildbereich eine Gerade beschreibt, auf der die drei Punkte liegen.

Der Hough-Algorithmus nutzt die Transformation in den $r - \theta$-Raum und zählt die Anzahl der Kurven, die sich schneiden. Ab einem definierten Schwellwert der Anzahl der sich schneidenden Kurven in dem Punkt, gilt dann diese Linie als detektiert.

Für die Anwendung der Hough-Transformation in Rastergraphiken müssen die Daten binär vorliegen, da Intensitäten oder Farbwerte vom Algorithmus nicht unterschieden werden.

4.4.3.2. RANSAC

Der Random Sample Consensus (RANSAC) - Algorithmus wurde 1981 von Fischler und Bolles in [46] vorgestellt. Der RANSAC-Algorithmus ist ein robustes Verfahren für das Schätzen von Modellparametern, wenn der zugrunde liegende Datensatz viele Ausreißer beinhaltet. Laut [115, 27, 26] wird RANSAC ebenfalls häufig im Bereich Computer Vision eingesetzt, wo viele Ausreißer in den Messwerten meist durch Sensorrauschen oder durch Fehler in der Sensordatenauswertung vorkommen.

Die grundlegende Funktionsweise des Verfahrens basiert darauf, dass aus dem Messwertdatensatz eine zufällig ausgewählte Teilmenge zusammengestellt wird. Für Werte dieser Teilmenge werden dann die Modellparameter geschätzt. Dabei muss die Anzahl der Elemente der Teilmenge mindestens der Anzahl der Modellparameter entsprechen. Nachdem die Parameter ermittelt wurden, prüft der Algorithmus das Modell gegen den kompletten Datensatz. Es wird geprüft, wie viele Messwerte außerhalb eines definierten Konfidenzintervalls λ_O liegen. Diese werden durch eine Kostenfunktion abgebildet. Die Abbildung 4.28a illustriert dies.

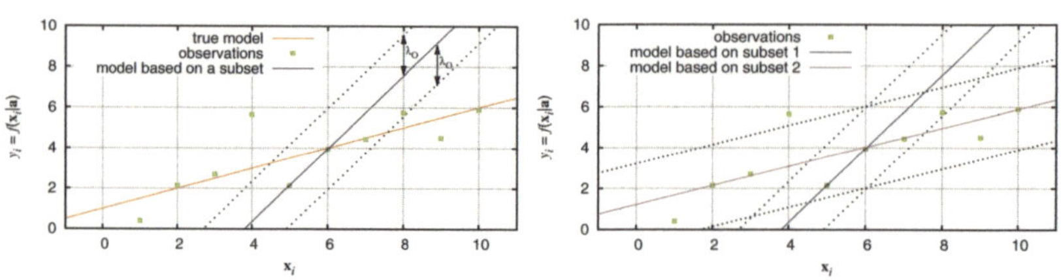

(a) (b)

Abbildung 4.28.: RANSAC - Parameterschätzung für ein lineares Modell (Teilmengengröße N = 2) und Konfidenzintervall λ_O; [115]

Die Parameterschätzung und Bewertung wird für mehrere zufällig ausgewählte Teilmengen wiederholt (Abbildung 4.28b). Nachdem eine festgelegte maximale Anzahl von Teilmengen geprüft wurde, wählt der Algorithmus den am besten bewerteten Parametersatz aus.

Der Artikel von Choi, Kim und Yu [23] gibt einen weiterführenden Überblick über das Verfahren sowie über zusätzliche Modifikationen und Optimierungen.

Das grundlegende RANSAC-Verfahren ist nur auf die Detektion von einzelnen Linien in einem Datensatz beschränkt. Sollen mehrere Linien in dem Datensatz detektiert werden, so ist dies mit diesem Verfahren nicht direkt möglich.

4.4.4. Handling großer Operationsgebiete und Karten

Eine Inspektion oder das Verfolgen einer Pipeline bzw. eines Seekabels umfasst große Operationsgebiete. Am Beispiel der North-Stream-Pipeline müssten für eine Inspektion der gesamten Verlegetrasse (Abbildung 4.29 [88]) 1224 Kilometer [89] inspiziert werden.

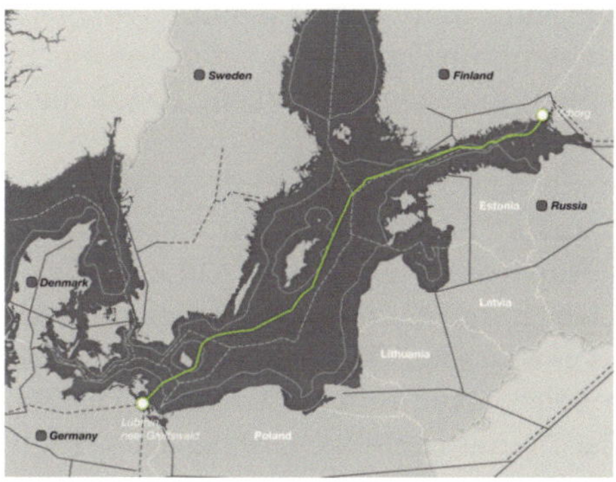

Abbildung 4.29.: Verlegetrasse NorthStream-Pipeline [88]

Bei einer Missionsdauer von ca. 6 Stunden mit einer operativen Fahrzeuggeschwindigkeit von 3 nautischen Knoten können pro Mission ca. 18 Seemeilen bzw. $33km$ inspiziert werden. Operationsgebiete dieser Größe und mit einer hinreichend genauen Gittergröße können aktuell nicht auf dem Fahrzeug effektiv verarbeitet werden. Bei $10cm$ Auflösung, einer Länge von $33000m$ und Breite von $500m$ für ein geradliniges Teilstück einer Pipeline, wären dies ca. $1,65$ Milliarden Gitterelemente. Daher sind Strategien für Bearbeitung und Speicherung von solch großen Gebieten notwendig.

Dafür existieren in der Literatur, insbesondere in der Bildverarbeitung, verschiedene Ansätze. Es werden drei sehr häufig genutzte Verfahren in diesem Abschnitt vorgestellt:

1. Auflösungspyramiden
2. Windowing
3. Kachelung (Tiles, Paging)

Diese werden auch alle in der Umsetzung der in der Arbeit entwickelten Verfahren kombiniert genutzt. Deren Integration und Anwendung wird ausführlich in Kapitel 5 beschrieben.

4.4.4.1. Auflösungspyramiden

Eine Variante, um eine hinreichend genaue Auflösung der Probability Maps zur genauen Navigation zu haben sowie Speicher und Bearbeitungsproblemen entgegen zu wirken, bietet die Verwendung von Auflösungspyramiden.

Der grundlegende Anwendungsbereich dieser Auflösungspyramiden bzw. „image pyramids“ ist die Bildverarbeitung und -auswertung. So variiert die Auflösung eines Bildes in Abhängigkeit des Zoomlevels: Wenn große Bereiche dargestellt werden, ist nur eine niedrige Auflösung des Bildmaterials notwendig. Werden hingegen Details des Bildes betrachtet, ist eine höhere Auflösung notwendig. Die gängigen Verfahren (Gauss und Laplace) zum Erstellen einer solchen Bildpyramide sind in OpenCV umgesetzt [98].

Die Abbildung 4.30 zeigt eine solche Auflösungspyramide. Dabei beinhaltet die Auflösungsebene 0 die detaillierteste Darstellung. Mit steigender Ebene wird die Auflösung reduziert und einzelne Gitterelemente zusammengefasst. Dadurch reduziert sich die Anzahl der Gitterelemente, die einen definierten Bildbereich abdecken. Analog dazu lässt sich somit mit gleicher Anzahl von Gitterelementen ein größerer Bildbereich – mit weniger Details – darstellen.

Dadurch, dass die einzelnen Gitterelemente mit zunehmend höherer Ebene größere Gebiete abstrahieren, werden die Wahrscheinlichkeiten, der einzelnen benachbarten Elemente der untergeordneten Ebene zusammengefasst. Somit sind in der höheren Ebene die Unterschiede in

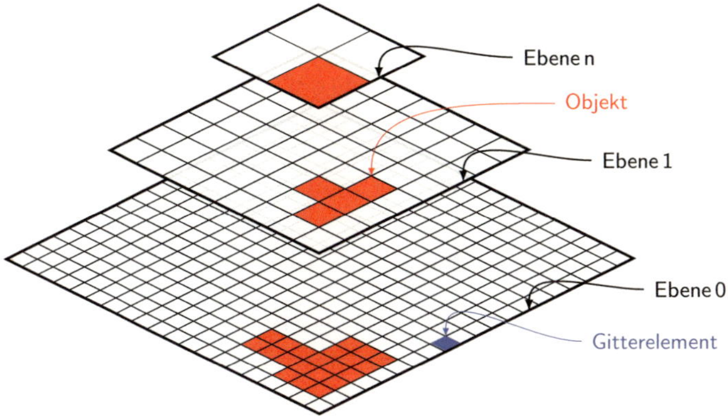

Abbildung 4.30.: Auflösungspyramide

den gespeicherten Werten zwischen benachbarten Elementen größer. Es wird schärfer unterschieden, ob ein Element ein Objekt abbildet, oder nicht.

Auflösungspyramiden werden auch im Gebiet der mobilen Robotik eingesetzt. Hans Moravec beschreibt die Verwendung dieses Verfahren in seinem Artikel [86] für die mobilen Systeme des Carnegie-Mellon University Mobile Robot Laboratory. Dabei wird ein hochauflösendes Gitter mit $6,25cm$-Auflösung für die Abbildung der näheren Umgebung bis $2m$ Entfernung von der aktuellen Position des Roboters verwendet. Das Gitter mit der größten Umgebungsabdeckung, bis $16m$, hat dann eine Auflösung von nur $50cm$ für jedes Gitterelement. Das in dem Artikel vorgestellte Verfahren ermöglicht den Roboter seine Bahn zu planen und Hindernissen auszuweichen. Dabei ist die Genauigkeit der Planung durch die unterschiedlichen Gitterstrukturen im näheren Umfeld präziser als im Fernfeld. Jedoch kann im Fernfeld die Bahn grob vorgeplant werden.

4.4.4.2. Windowing

MORAVEC schreibt in seinem Artikel [86], dass die Gitterstrukturen als Referenzpunkt die aktuelle Fahrzeugposition haben. Somit bewegen sich diese mit dem Fahrzeug über die Ebene und bilden die Umgebung immer als Ausschnitt bzw. innerhalb eines Fensters ab. Eine globale Karte wird entsprechend nicht erstellt. Mit Bewegung des Fahrzeuges muss somit das Gitter kontinuierlich vom vorhergehenden zum nächsten Abtastschritt an die aktuelle Fahrzeugposition angepasst werden. Es bewegen sich dadurch auch die Hindernisse und Objekte im Umgebungsmodell des Fahrzeuges. Dies hat den großen Vorteil, dass die Bahnplanung des Roboters immer relativ zu diesem durchgeführt werden kann und die Kollisionsvermeidung eine geringe Komplexität haben kann. Der entscheidende Nachteil dieses Ansatzes ist die bereits erwähnte Neuberechnung der einzelnen Gitterelemente bei der translatorischen und rotatorischen Fahrzeugbewegung.

Um diesem Nachteil des von MORAVEC vorgestellten Ansatzes entgegenzuwirken und um diesen Ansatz auf maritime Fahrzeuge mit vorhandenen Datenstrukturen, Softwaresystemen und operationellen Abläufen anzuwenden, wird in dieser Arbeit ein modifiziertes Verfahren angewendet. Es wird festgelegt, dass die Gitter eine Nord-Ost-Ausdehnung haben und somit nicht mit dem Fahrzeug rotieren. Somit sind keine rotatorischen Koordinatentransformationen notwendig. Des Weiteren werden ein globales und eine lokales Gebiet definiert, wobei das lokale die direkte Umgebung um das Fahrzeug beschreibt. Die Abbildung 4.31 illustriert dies.

Das globale Gebiet ist ortsfest und bewegt sich nicht mit dem Fahrzeug; die gespeicherten Objekte bewegen sich somit nicht im Gitter, wenn sich die Fahrzeugposition ändert. Das lokale Gebiet definiert einen Ausschnitt bzw. ein Fenster auf das globale Gebiet. Der Referenzpunkt des lokalen Gebietes ist die aktuelle Fahrzeugposition. Es bewegt sich daher mit dem Fahrzeug und die Objekte in diesem Gitter bewegen sich relativ in diesem. Reaktive Algorithmen können in diesem körperfesten Referenzsystem agieren.

Das Fahrzeug bewegt sich, insbesondere bei Pipeline- und Seekabel-

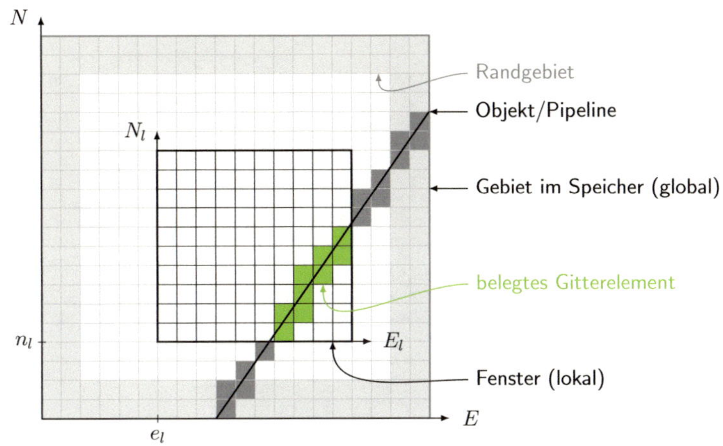

Abbildung 4.31.: Windowing

inspektionen, kontinuierlich in eine Richtung. Dabei werden während der ununterbrochenen Inspektion die Daten von den bereits inspizierten Bereichen für die aktuelle Fahrzeugführung nicht mehr benötigt. Auf sie muss primär bei Trackverlust oder bei Ausweichmanövern während einer aktuellen Inspektion zurückgegriffen werden. Durch Ungenauigkeiten in den Navigationsdaten verringert sich die Positionsgüte der gespeicherten Daten mit zunehmender Distanz zur aktuellen Fahrzeugposition. In [86] wird vorgeschlagen, dass in diesen Bereichen mittels Blurring-Operationen die wachsende Unsicherheit abgebildet wird. Ein weiteres Verfahren ist das Löschen von Gitterelementen aus dem globalen Gebiet, deren Abstand zu der aktuellen Fahrzeugposition über einem definierten Limit ist und sich durch die Fahrzeugbewegung weiter vergrößert. Im Gegensatz dazu werden neue Gitterelemente in Richtung der Fahrzeugbewegung in das globale Gebiet aufgenommen, wie in der Abbildung 4.32 illustriert wird. Dadurch bleibt die Gittergröße des globalen Gebietes konstant und eine Implementierung unter anderem auf eingebetteten Systemen wird vereinfacht.

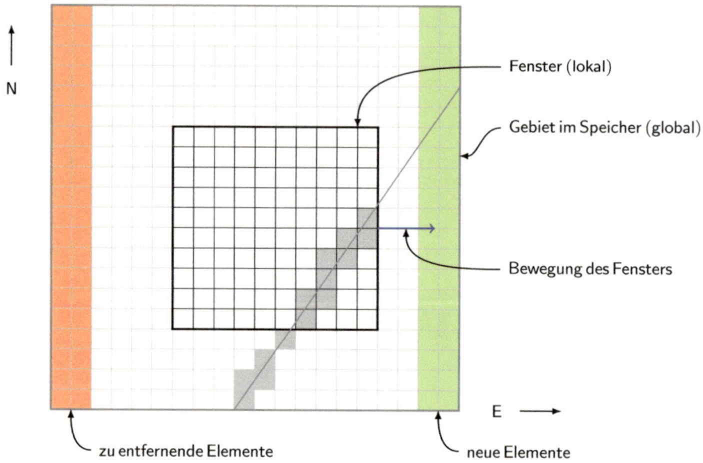

Abbildung 4.32.: Managing des globalen Gebietes bei Fensterbewegung

Die Verwendung eines körperfesten Gitters als lokales Gebiet zur Abbildung der Umgebung vereinfacht die darauf aufbauenden Algorithmen zur Fahrzeugsteuerung, da diese mit einem fest definierten Bereich arbeiten können. Es wird nur der aktuell benötigte Bereich aus dem globalen Gebiet zur Bahnplanung und Fahrzeugregelung verwendet. Bei Verwendung von OpenCV oder anderen Bildverarbeitungsbibliotheken für die Verarbeitung der Karten wird dieses Fenster als Region of Interest (ROI) bezeichnet. Die Handhabung des globalen Gebietes ist dementsprechend frei. Der in diesem Absatz vorgestellte Ansatz verwirft Elemente aus dem Gitter, wenn diese nicht mehr benötigt werden, und fügt neue Elemente in das Gitter ein, wenn sich das Fenster in diesen Gitterbereich bewegt. Ein weiterer Ansatz zur Handhabung des globalen Gebietes wird im nächsten Absatz vorgestellt.

4.4.4.3. Paging, Kachelung

Dieses Verfahren basiert auf dem Windowing-Ansatz. Es werden hier jedoch die Randbereiche des globalen Gebietes in Abhängigkeit von der

Fahrzeugbewegung nicht gelöscht bzw. neu eingefügt.

Bei dem Paging-Ansatz wird das globale Gebiet in einzelne Bereiche gekachelt, wie es in der Abbildung 4.33 dargestellt ist. Die einzelnen Bereiche können als nebeneinander gelegte Kacheln (tiles) betrachtet werden. Einzelne Kacheln können aktiviert sein und werden somit für die Speicherung der Daten für das globale Modell verwendet. Sie können aber auch deaktiviert sein und werden entsprechend nicht bearbeitet.

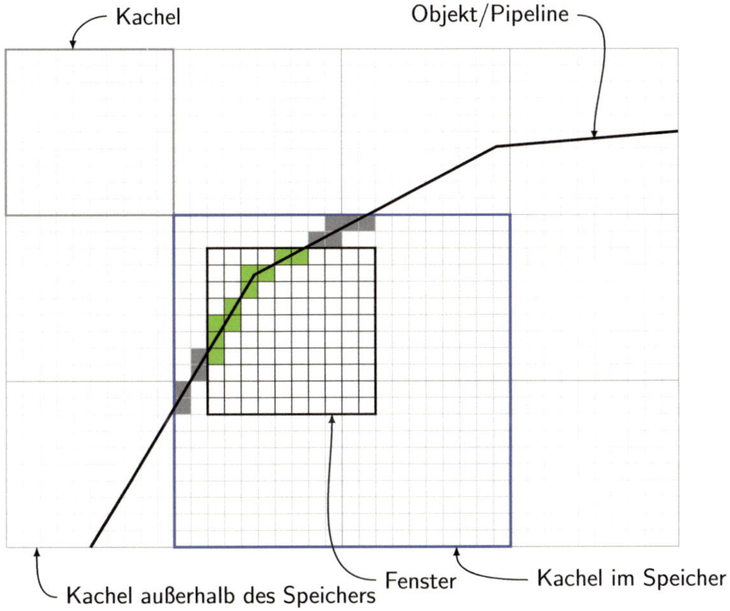

Abbildung 4.33.: Kachelung

Es sind immer die Kacheln aktiv, welche die Daten um die aktuelle Position des Fahrzeuges herum enthalten. Die Abbildung 4.33 illustriert dies. Die Auswahl dieser aktiven Kacheln erfolgt über den im Abschnitt 4.4.4.2 vorgestellten Algorithmus. Dabei wird das Fenster genutzt, um den vom Fahrzeug „notwendigen, sichtbaren Bereich“ der Karte zu definierten. Alle vom Fenster beinhalteten Kacheln gelten als aktiv. Wenn durch die Fahrzeugbewegung der Bereich des Fensters eine nicht aktive Kachel überstreicht, wird diese aktiviert. Nicht mehr vom Fenster beinhaltete Kacheln werden dementsprechend wieder deaktiviert.

Deaktivierte Kacheln müssen nicht im Speicher vorgehalten werden. Sie können komprimiert auf externe Speichersysteme ausgelagert werden. Als Speicherstrategien können referenzierte Bilddateien im Dateisystem abgelegt oder die Daten in einer Datenbank hinterlegt werden.

Dieses Verfahren wird in der Computergrafik angewendet, wenn in großen Bilddaten gescrollt wird. Eine weitere Anwendung ist im Bereich der Kartendienste, wie zum Beispiel Google Maps oder OpenStreetMap. Hier werden die nur vorgerenderten Kartenbereiche, die im Fenster des Nutzers angezeigt werden, als Kacheln an diesen übertragen und dargestellt.

4.4.5. Tracking und Bewertung der extrahierten Daten

Die Karte kann als eigenständiger Sensor im Sinne des generalisierten Sensormodells (Abschnitt 4.3.2) in das Gesamtsystem integriert werden. Dabei erfolgt die Weitergabe der Informationen an nachfolgende Algorithmen mittels im generalisierten Sensormodell definierten Datenformates.

Bei der Verwendung des Windowing-Verfahrens (Abschnitt 4.4.4.2) ist zu empfehlen mit einer definierten Fenstergröße zu arbeiten, um entsprechende Objekte in dem Fenster auf der Karte zu erfassen und diese mittels des generalisierten Sensormodells weiter zu verarbeiten. Auf Basis dieses Verfahrens kann ein Sensor mit sehr großer Reichweite und Abdeckung simuliert werden.

Die Karte kann primär für die Bewertung der Datenqualität der einzelnen realen Sensoren, für die Bahnplanung zum initialen Auffinden des zu inspizierenden Objektes eingesetzt werden. Für das Wiederauffinden des getrackten Objektes nach einem Trackingverlust durch die Tracking-Filter (Abschnitt 4.5) liefert die Karte die notwendigen Daten, um Inspektion des Objektes schnellstmöglich wieder aufzunehmen.

Auf Basis der in den Karten gespeicherten Informationen wird das globale Umgebungsmodell durch die in Abschnitt 4.4.2 beschriebene Fusionierung der einzelnen Sensorkarten für die Mission erstellt. In diesem bewegt sich das Fahrzeug virtuell und darin wird die Bahnplanung durchgeführt.

4.5. Tracking Filter

Das Tracking der einzelnen Objekte erfolgt mit aktuellen Sensordaten und kann für jeden Sensor einzeln angewendet werden oder der Tracking-Filter kann, entsprechend konfiguriert, die Daten der Sensoren auch fusionieren. Dabei folgt der Filter den Sensordaten und kann die Position des zu trackenden Objektes für einzelne Zeitschritte voraussagen. Des Weiteren ist es mit Hilfe des Filters möglich, einzelne fehlende Datensätze oder Ausreißer in den Sensordaten zu filtern. Dadurch erhöht sich auch die Stabilität der nachfolgenden Regelung, die auf den Sensordaten aufsetzt. Es sind somit keine Sprünge in den Sensordaten bzw. Objektpositionen vorhanden.

Für die Verwendung der Tracking-Filter müssen folgende Voraussetzungen erfüllt sein:

- Das zu trackende Objekt muss von den entsprechenden Sensoren erfasst sein. Es muss somit im Detektionsbereich des Sensors sein.
- Bei Verwendung von Sensordatenfusion muss mindestens ein Sensor der verwendeten Sensorsuite das Objekt erfasst haben.
- Der Sensor soll kontinuierlich Messdaten liefern können.

Dadurch können die Tracking-Filter nur bei der Objektverfolgung (wie zum Beispiel Pipeline, Seekabel, Wand oder Schiffsrumpf) eingesetzt werden. Dabei wird kein globales Umgebungsmodell, wie die Kartendarstellung, verwendet oder erzeugt. Die Filter arbeiten direkt mit den Sensordaten. Für den allgemeinen Einsatz der Filter wird das generalisierte Sensormodell verwendet, um die zu trackenden Objekte zu beschreiben.

Für das Design des Filters muss das Koordinatensystem betrachtet werden, zu dem die Sensordaten referenziert sind. Es ist somit zu unterscheiden, ob mit den direkten Sensordaten im Koordinatensystem des Sensors, des Fahrzeuges oder im georeferenzierten Koordinatensystem gearbeitet wird. Bei Verwendung der georeferenzierten Daten müssen eventuelle Fehler durch Drift des eingesetzten Navigationssystems sowie Totzeiten durch die Datenverarbeitung und Kommunikation berücksichtigt werden.

4.5.1. Filterung in der Datenverarbeitungskette

Durch die hohe Variabilität in der Sensordatenverarbeitung und in der Verwendung der Sensordaten in der Fahrzeugregelung, können an verschiedenen Punkten die Sensordaten gefiltert werden. Die nachfolgenden Abbildungen 4.34 bis 4.36 zeigen dies. Die Datenverarbeitungskette und der Aufbau der Fahrzeugregelung wird in Abschnitt 3.5 vorgestellt.

(a) ohne Filter (b) mit Filter

Abbildung 4.34.: Filterung mit einzelnen Sensoren

Bei der Verwendung eines einzelnen Sensors für die Objektdetektion (Abbildung 4.34) kann die Datenfilterung nach der Erfassung durch den Sensor erfolgen. Die gefilterten Daten werden dann der nachfolgenden Verarbeitung, wie beispielsweise der Fahrzeugführung zur Objektverfolgung, zur Verfügung gestellt. Die Filterung stabilisiert hier die vom Sensor gelieferten Daten. Es kann dabei Ausreißern sowie Aussetzern im Datenstrom entgegengewirkt werden.

Bei dem Einsatz der kartenbasierten Datenfusion (Abschnitt 3.5) können ebenfalls die von den einzelnen Sensoren gelieferten Daten gefiltert werden (Abbildung 4.35). Dabei können ebenfalls Sprünge oder Ausreißer in den Daten gefiltert werden. Eine entsprechende Filterung der von kartenbasierten Fusion bereitgestellten Daten wird als nicht notwendig angesehen, da diese durch den Softwaresensor zu jeder Zeit zur Verfügung stehen und entsprechend innerhalb des implementierten Algorithmus bearbeitet werden.

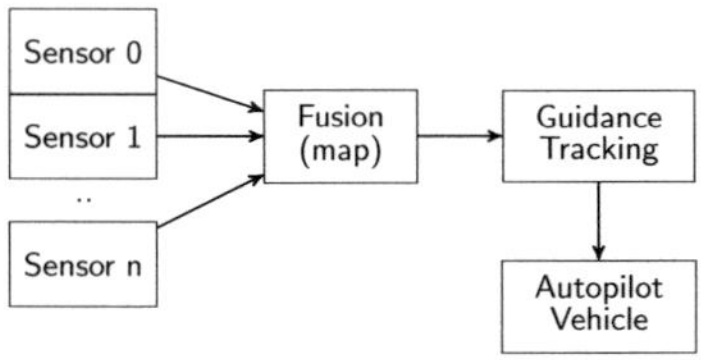

(a) ohne Filter

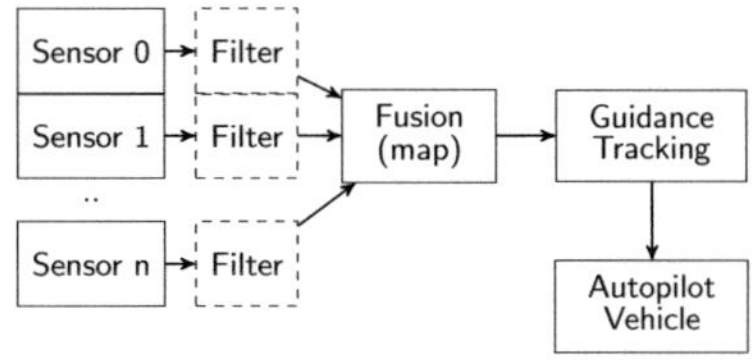

(b) mit Filter

Abbildung 4.35.: Filterung in Kombination mit der kartenbasierten Sensorfusion

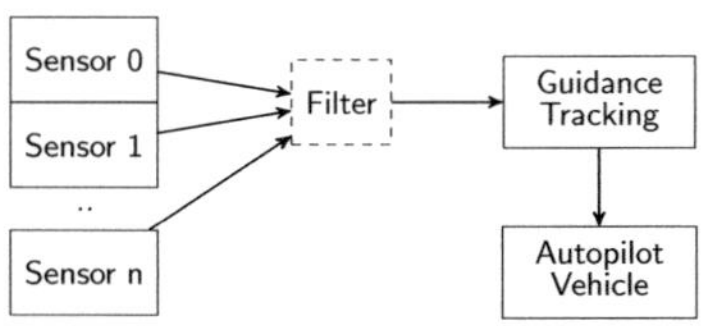

(a) Fusion über Filter

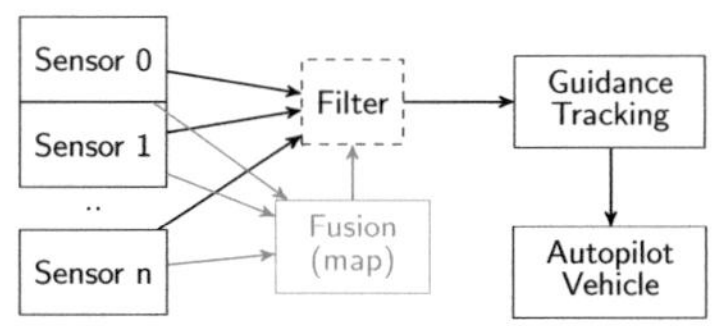

(b) kartenbasierte Fusion als Sensor

Abbildung 4.36.: Datenfusion und Filterung

Eine weitere Anwendung des Tracking-Filters ist die Fusion der einzelnen Sensordaten über den entsprechenden Filter-Algorithmus (Abbildung 4.36a). Da bei den hier zu verwendenden Filtern kein Umgebungsmodell generiert wird, werden nur aktuell vorhandene Sensordaten fusioniert.

Des Weiteren kann die kartenbasierte Fusion in diese Filterstruktur eingebunden werden (Abbildung 4.36b), da diese auch als Sensor agieren kann. Somit kann hier auch auf das generierte Umgebungsmodell zurückgegriffen werden. Des Weiteren kann das Umgebungsmodell in den Karten weiter durch die aktuellen Sensordaten verbessert werden. Zusätzlich können beide Fusionsverfahren Informationen über die Datenqualität der einzelnen Sensoren austauschen und die Algorithmen können entsprechend angepasst werden.

4.5.2. Receive-and-hold Filter

Das einfachste, eingesetzte Verfahren ist der Receive-and-Hold Filter. Der Algorithmus empfängt die vom Sensor kommenden Daten kontinuierlich, speichert diese und leitet diese parallel an den nachfolgenden Algorithmus weiter. Die grundlegende Filterstruktur ist in Abbildung 4.37 dargestellt, welche mit Hilfe der Gleichungen 4.22 und 4.23 beschrieben werden kann.

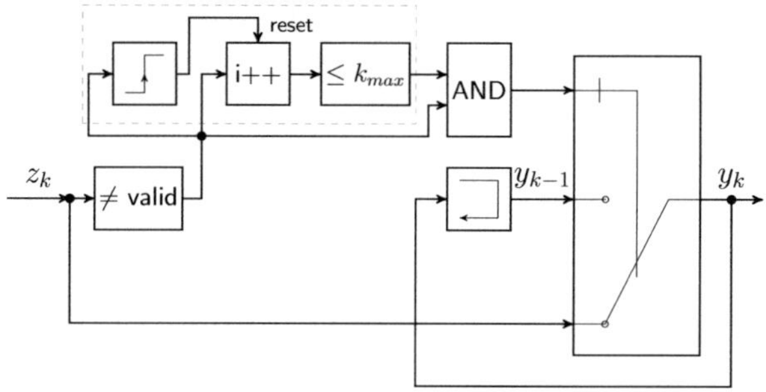

Abbildung 4.37.: Struktur des receive-and-hold Filters

$$y_k = \begin{cases} y_{k-1}, & z_k = \mathsf{invalid}\ \text{UND}\ i_k \leq k_{max} \\ z_k, & \mathsf{sonst} \end{cases} \tag{4.22}$$

mit

$$i_k = \begin{cases} i_{k-1} + 1, & z_k = \mathsf{invalid} \\ 0, & \mathsf{sonst} \end{cases} \tag{4.23}$$

Die Wirkungsweise des Filters basiert auf der Auswertung der Messungen z_k. Wenn der Sensor kurzzeitig keine Daten liefert überbrückt der Filter diese Lücken mit den zuletzt gespeicherten Sensordaten. Dadurch wird vermieden, dass eine nachfolgende Regelung bei fehlenden Datenpunkten keine Sollwertsprünge hat und das Fahrzeug stabil geregelt werden kann. Die Abbildung 4.38 illustriert dies an einem unterbrochenen Eingangssignal (rot) und dem Ausgangssignal (blau) des Filters.

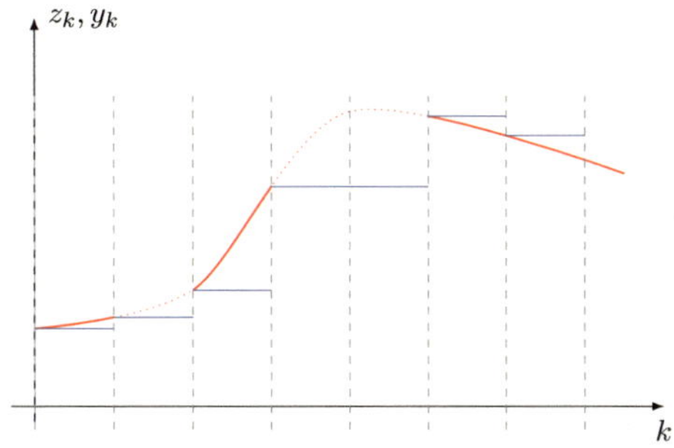

Abbildung 4.38.: Wirkungsweise des receive-and-hold Filters mit Eingang z_k (rot) und Ausgang y_k (blau)

Wenn der Sensor über einen längeren, festgelegten Zeitraum k_{max} kein zu trackendes Objekt mehr detektiert, darf dann der Filteralgorithmus an die ihm nachfolgenden Verfahren keine zwischengespeicherten Daten mehr liefern. Daher muss die Dauer der Überbrückung parametrierbar sein und an den zu filternden Sensor angepasst werden.

Dieser Filter kann auch als Kalman Filter (Anschnitt 4.5.3) mit unterbleibendem Korrekturschritt bei fehlenden Messungen implementiert werden. Jedoch integriert der Receive-and-hold Filter eine mit der Reset-Funktion ein wichtige Funktionalität, welche die nachfolgenden Algorithmen über einen Trackverlust informiert, indem es einen maximalen Zeitraum k_{max} für die Speicherung der Informationen festlegt. Dies wäre bei der Verwendung eines Kalman Filters nicht der Fall.

Ein weiteres Einsatzfeld dieses Algorithmus ist die Anpassung der Samplezeiten der einzelnen Sensoren untereinander. Der Filteralgorithmus kann die zwischengespeicherten Daten mit einer höheren Frequenz weiterreichen als er Daten vom Sensor erhält.

Des Weiteren kann dieser Filter verwendet werden, um die Verlaufsrichtung eines Seekabels oder einer Pipeline zu ermitteln. Dazu müssen ein oder auch mehrere Positionswerte zwischengespeichert werden. Aus diesen und dem aktuellen Wert kann eine Linie zur Verlaufsrepräsentation mittels Regression geschätzt werden. Dadurch können

Daten, die nur dem generalisierten Sensormodell (Abschnitt 4.3.2) des Linien-Sensors entsprechen in das Modell des 2D-Sensors überführt werden.

4.5.3. Kalmanfilter

Eine weitere Variante zur Filterung der Sensordaten ist der Kalman Filter. Dieser ist in all seinen Varianten aktuell der meistverwendete Algorithmus zur Zustandsschätzung von linearen und nichtlinearen Systemen und auch für die Sensordatenaufbereitung. Er wurde erstmalig in dem Artikel [68] von R.E. Kalman als rekursive Lösung des diskretlinearen Datenfilterungsproblems beschrieben.

Der Kalman Filter schätzt die Systemzustände $x \in \mathbb{R}^n$ und die Kovarianzen eines zeitdiskreten, linearen und zeitinvarianten Systems anhand kontinuierlich aktualisierter Messwerte $z \in \mathbb{R}^m$. Das System kann durch eine lineare stochastische Differenzengleichung 4.24 und einer Ausgangsgleichung 4.25 beschrieben werden [124]:

$$x_k = Ax_{k-1} + Bu_{k-1} + w_{k-1} \tag{4.24}$$

$$z_k = Hx_k + v_k \tag{4.25}$$

Die Variablen w_k und v_k beschreiben das System- und das Messrauschen. Es wird angenommen, dass diese Variablen weißes Rauschen repräsentieren, unabhängig voneinander und normalverteilt sind (Gleichungen 4.26 und 4.27):

$$w_k \sim N(0, Q) \tag{4.26}$$

$$v_k \sim N(0, R) \tag{4.27}$$

Die Kovarianzmatrizen des Systemrauschens Q und des Messrauschens R können sich während jedes Zeitschrittes k verändern, der Einfachheit halber werden diese als konstant angenommen [124].

Der Filteralgorithmus gliedert sich in zwei Schritte auf: der *Zustandsvorhersage* („Predict“) unter Nutzung der Systemgleichung und der *Korrektur*schritt („Correct“) der Vorhersage durch Messwerte unter Nutzung der Systemausgangsgleichung. Die Zustandsvorhersage erfolgt bei jedem Zeitschritt k und die Korrektur bei aktuellen Messwerten z_k.

Standard Kalmanfilter

Die Filtergleichungen für die beiden Schritte sind in der Abbildung 4.39 dargestellt: Während der Vorhersage werden die Systemzustände mittels der Gleichung 4.24 und die Fehlerkovarianzmatrix P mittels der Systemkovarianzmatrix Q geschätzt. Wenn während des Zeitschrittes Messwerte vorliegen, kann die Vorhersage korrigiert werden. Dazu wird die Kalmanverstärkung K_k unter Verwendung der Messkovarianzmatrix R und der Fehlerkovarianzmatrix P_k berechnet. Dieser Wert dient der Korrektur der geschätzen Systemzustände $\hat{x}_k^-$ mit Hilfe der Kalmanverstärkung K_k und dem Schätzfehler $e_k = z_k - H\hat{x}_k^-$. Des Weiteren wird noch die Fehlerkovarianzmatrix P_k korrigiert.

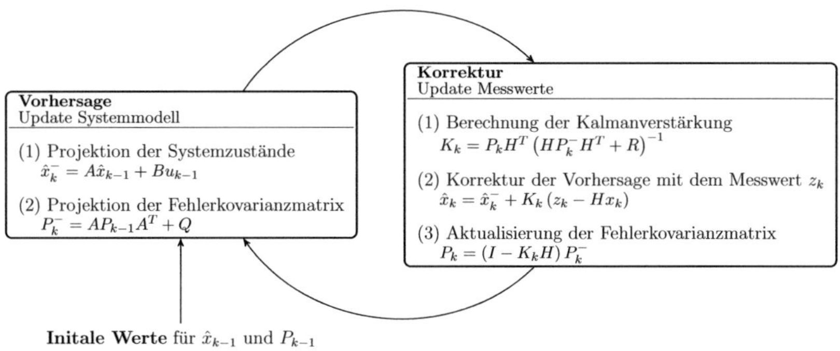

Abbildung 4.39.: Kalman Filter [124]

Diese Filterdefinition ist für *lineare* Systeme einsetzbar. Nichtlineare Systeme müssen entsprechend linearisiert in einem Arbeitspunkt (Extended Kalman Filter) oder mit Hilfe von Sigma-Punkten (Unscented Kalman Filter) geschätzt werden.

Extended Kalman Filter

Für die Anwendung des Kalman Filter-Algorithmus auf nichtlineare Systeme muss dieses linearisiert werden. Das System kann um einen definierten Arbeitspunkt linearisiert werden und der Standard-Kalman Filter kann mit den gewonnenen, linearen Systemgleichungen verwendet werden. Der Extended Kalman Filter (EKF) erweitert diesen Ansatz: das System wird um die aktuelle Vorhersage des Mittelwertes und dessen Kovarianz der Systemzustände $\hat{x}_k^-$ linearisiert. [112, S.400ff.]

Der grundlegende Filteralgorithmus mit Vorhersage und Korrektur des Standard-Kalmanfilters bleibt gleich (Abbildung 4.40). Es werden jedoch für die Vorhersage der Systemzustände x_k und -ausgänge z_k die nichtlinearen, stochastischen Differentialgleichungen (Gleichungen 4.28 und 4.29) verwendet. [124]

$$x_k = f(x_{k-1}, u_k w_{k-1}) \quad (4.28)$$
$$z_k = h(x_k, v_k) \quad (4.29)$$

Da im praktischen Einsatz die Werte für die Beschreibung des Rauschens w_k und v_k nicht bekannt sind, werden diese nach [124] mit 0 approximiert. Die Systemgleichungen werden dann, wie in Abbildung 4.40 dargestellt, verwendet.

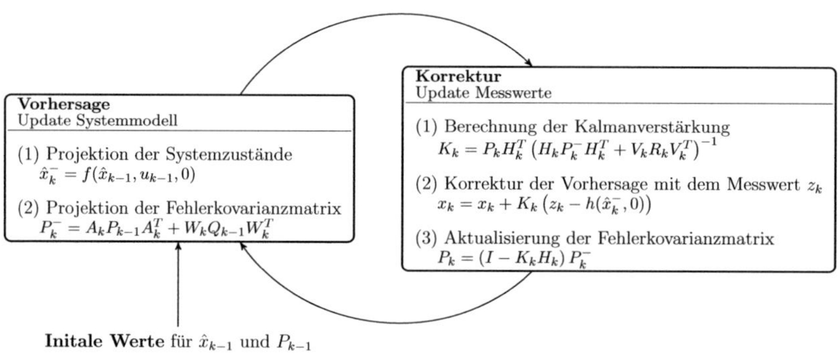

Abbildung 4.40.: Extended Kalman Filter [124]

Für die Berechnung der einzelnen Werte der Fehlerkovarianzmatrix P_k, der Kalmanverstärkung K_k und der Korrekturen werden nicht wie beim linearen Kalman Filter konstante Werte für die linearen Systemvariablen und Kovarianzen des System- und Messrauschens (A, H, Q und R) verwendet. Diese Werte müssen in jedem Zeitschritt durch Linearisierung am Arbeitspunkt neu berechnet werden. Es wird daher bei diesen Variablen der Index k eingeführt. Die Matrix A_k ist dementsprechend die Jacobi-Matrix der partiellen Ableitungen von f nach x am entsprechenden Arbeitspunkt. Analog sind W_k die Jacobi-Matrix der partiellen Ableitungen von f nach w, H_k die Jacobi-Matrix der partiellen Ableitungen von h nach x und V_k die Jacobi-Matrix von h nach v. Die detaillierte Herleitung des EKF kann den Publikationen [124] und [112] entnommen werden.

Einsatz des Kalman Filters

Generell werden Kalman Filter als Navigationsfilter eingesetzt, um die aktuelle Fahrzeugposition aus den Daten der einzelnen Navigationssensoren zu schätzen. Im Abschnitt 4.2.1 wurden die verschiedenen Sensoren für die Positionsbestimmung des Fahrzeuges vorgestellt.

Ein weiteres Einsatzgebiet ist die Filterung der Sensordaten und die Vorhersage der Positionen von zu trackenden Objekten relativ zur aktuellen Fahrzeugposition. Dies ist vor allem bei Inspektionsmissionen notwendig, da die zu inspizierenden Objekte im aktiven Sensorbereich für die Untersuchungen „sichtbar“ sein müssen.

Während der Kabel- und Pipelineinspektion folgt das Fahrzeug der Verlegetrasse, dabei wird die Position der Pipeline von den Sensoren während der Überfahrt getrackt und die Fahrzeugbewegung geregelt, so dass das Fahrzeug stets in der optimalen Position über dem Kabel oder der Pipeline ist, um diese zu inspizieren. Der Kalman Filter wird hier genutzt, um eventuelle fehlerhafte oder fehlende Sensorinformationen auszugleichen, die Informationen der unterschiedlichen Sensoren zu fusionieren und um die Position des Kabels bzw. der Pipeline im Sensorbereich während der Fahrzeugbewegung vorherzusagen.

Für die Anwendung des Kalman Filters muss ein Systemmodell aufgestellt werden. Da hier die Sensordaten gefiltert werden sollen, bietet sich das generalisierte Sensormodell (Abschnitt 4.3.2) an.

Wenn der Sensor nur die seitliche Ablage y_B misst und diese Messwerte stabilisiert werden sollen, kann ein linearer Kalman Filter verwendet werden. Als Systemzustände $\mathbf{x}$ bieten sich die seitliche Ablage und deren Änderungsrate bzw. -geschwindigkeit $\dot{y}_B$ an. Bei dieser Systembeschreibung wird die Fahrzeugbewegung nicht betrachtet. Sie fließt bei dem Korrekturschritt über die vom Sensor gemessenen Werte indirekt mit ein. Die Werte Kovarianzmatrizen des System- Q und des Messmodells R müssen experimentell bestimmt werden, da insbesondere das Messrauschen der einzelnen Sensoren von der Umgebung des Fahrzeuges abhängt. So beeinflussen beispielsweise die Salinität, die Temperatur und die Dichte des Wassers sowie die Bodenbeschaffenheit die hydroakustischen Messungen.

$$\dot{\mathbf{x}} = A \begin{pmatrix} y_B \\ \dot{y}_B \end{pmatrix} \tag{4.30}$$

$$z = \begin{bmatrix} 1 & 0 \end{bmatrix} \mathbf{x} \tag{4.31}$$

Es wird der Kalman Filter nach dem Diagramm 4.39 unter Nutzung der Systembeschreibung (Gleichungen 4.30 und 4.31) implementiert und kann dann auf alle Sensoren, welche das generalisierte 1D-Sensormodell unterstützen, angewendet werden.

Wird hingegen das 2D-Sensormodell mit der seitlichen Ablage y_B und Richtung φ_B verwendet und die translatorische und rotatorische Fahrzeugbewegung betrachtet, wird die Systembeschreibung nichtlinear und für die Schätzung wird ein EKF benötigt. Für den Aufbau der Systemgleichungen werden verschiedene Koordinatensysteme verwendet, in denen die entsprechenden Objekte definiert bzw. die Messungen durchgeführt werden: So ist die reale, in der Fahrzeugumgebung sich befindende Pipeline (Seekabel oder Wand) im erdfesten NED-Koordinatensystem beschrieben und ortsfest. Das Fahrzeug bewegt sich in diesem Koordinatensystem und misst die Position der Pipeline mit einem Sensor im Koordinatensystem des Sensors, welche bei bekanntem Verbauort im Fahrzeug in das körperfeste Fahrzeugkoordinatensystem transformiert werden kann. Die Transformation zwischen erdfestem Koordinatensystem und dem körperfesten des Fahrzeuges ist infolge der

Fahrzeugbewegung nichtlinear.

Die Pipeline kann mit der Geradengleichung 4.32 beschrieben werden. Wobei dies eine Approximation eines Teilstückes der Pipeline darstellt. Die am Meeresboden verlegte Pipeline kann auch Kurven, Knicke und Abzweigungen enthalten.

$$p = p_0 + k\,d\,, \quad k \in \mathbb{R} \tag{4.32}$$

mit

$$p_0 = \begin{pmatrix} N \\ E \end{pmatrix} \tag{4.33}$$

$$d = \begin{pmatrix} \cos\alpha \\ \sin\alpha \end{pmatrix} \tag{4.34}$$

Wobei der Punkt p_0 eine Koordinate im erdfesten NED-System (Gleichung 4.33) und d die Richtung beschreiben (Gleichung 4.34). Der Winkel α in der Gleichung 4.34 bezeichnet die nordweisende Ausrichtung der Pipeline im erdfesten Koordinatensystem.

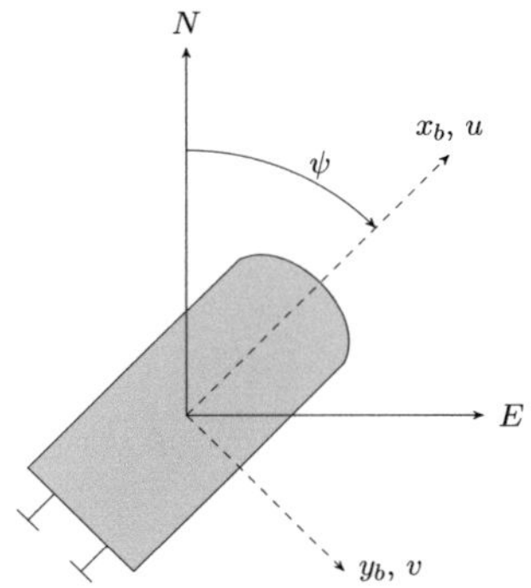

Abbildung 4.41.: Koordinatensysteme des 3DOF-Modells

Zur Beschreibung der Fahrzeugbewegung in der Ebene wird das kinematische 3DOF Bewegungsmodell nach [49] verwendet. Der Zusammenhang zwischen den körperfesten Geschwindigkeiten ν und der Position im NE-System mit der nordweisenden Ausrichtung des Fahrzeuges (heading) ψ wird in der Gleichung 4.35 dargestellt und in der Abbildung 4.41 beispielhaft illustriert.

$$\eta = R(\psi)\nu \tag{4.35}$$

mit

$$R(\psi) = R_{z,\psi}\,,\; \nu = \begin{pmatrix} u \\ v \\ r \end{pmatrix} \text{ und } \eta = \begin{pmatrix} N \\ E \\ \psi \end{pmatrix}. \tag{4.36}$$

Die Rotationsmatrix für die Koordinatentransformation ist in der Gleichung 4.37 beschrieben:

$$R_{z,\psi} = \begin{pmatrix} \cos\psi & -\sin\psi & 0 \\ \sin\psi & \cos\psi & 0 \\ 0 & 0 & 1 \end{pmatrix} \tag{4.37}$$

Die im EKF zu schätzenden Zustandsvariablen sind die seitliche Ablage y_B und die nordweisende Ausrichtung der Pipeline α (Gleichung 4.38).

$$\mathbf{x} = \begin{pmatrix} y \\ \alpha \end{pmatrix} = \begin{pmatrix} y_B \\ \varphi_B - \psi \end{pmatrix} \tag{4.38}$$

Als Systemeingänge gelten die Geschwindigkeiten des Fahrzeuges in den drei Freiheitsgraden nach Gleichung 4.39.

$$\mathbf{u} = \nu = \begin{pmatrix} u \\ v \\ r \end{pmatrix} \tag{4.39}$$

Mit den aus den Gleichungen 4.35 bis 4.39 beschriebenen Zusammenhängen lassen sich die Systemgleichungen $f(\mathbf{x},\mathbf{u})$ und $h(\mathbf{x},\mathbf{u})$ mit der zeitlichen Schrittweite Δt aufstellen.

$$f(\mathbf{x}_k,\mathbf{u}_k) = \begin{pmatrix} \frac{y_{B,k} cos(\alpha-\psi_k) - \Delta t[u_k cos(\alpha-\psi_k) + v_k sin(\alpha-\psi_k)]}{cos(\alpha-\psi_k-\Delta t\, r_k)} \\ \psi_k + \Delta t\, r_k \end{pmatrix} \tag{4.40}$$

$$h(\mathbf{x}_k,\mathbf{u}_k) = \mathbf{x}_k \tag{4.41}$$

Unter Verwendung des in der Abbildung 4.40 vorgestellten Schemas und der Systemgleichungen (4.40 und 4.41) lässt sich der EKF für das Tracken der Pipeline auf Basis des generalisierten 2D-Sensormodells integrieren.

Die Kovarianzmatritzen müssen auf Basis der Sensormessdaten und -güte sowie der Bodenbeschaffenheit des jeweiligen Missionsgebietes experimentell ermittelt und entsprechend angepasst werden.

Fusion mit Kalman Filter

Die Fusion der Sensordaten erfolgt im Korrekturschritt des Kalman Filter-Algorithmus. Dafür müssen die Sensordaten dem generalisierten Sensormodell entsprechen und auf das körperfeste Koordinatensystem des Fahrzeuges transformiert sein, so dass die Daten der einzelnen Sensoren ohne weitere Anpassungen dem Modell des Vorhersageschrittes des Kalman Filters entsprechen.

$$K_{k,i} = P_k H^T \left(H P_k^- H^T + R_{k,i}\right)^{-1} \tag{4.42}$$

$$\hat{x}_k = \hat{x}_k^- + \frac{1}{m} \sum_{i=1}^{m} \left(K_{k,i}\left(z_{k,i} - H x_k\right)\right) \tag{4.43}$$

Die Bewertung der einzelnen Sensordaten erfolgt durch Anpassung der Kovarianzmatrizen des Kalman Filters, insbesondere der Messwertkovarianzen R für jeden einzelnen Messwert $z_{k,i}$ im Zeitschritt k und Sensor i der insgesamt m Sensoren. Die jeweiligen Werte für $R_{k,i}$ werden aus den Vertrauenswerten des einzelnen Sensors für den jeweiligen Messwert $\sigma_{s,k,i}$ und einem experimentell bestimmten Korrekturwert c_i entsprechend der Vorgehensweise aus Abschnitt 4.4.1 ermittelt.

Die Berechnung der Kalman-Verstärkung K_k für den linearen Fall (Abbildung 4.39) erfolgt nun für jeden einzelnen Sensor (Gleichung 4.42) und die Korrektur des Fehlers erfolgt über den Mittelwert aller Korrekturen der einzelnen Sensoren (Gleichung 4.43) unter der Annahme, dass die Messwerte normalverteilt sind. Die Anwendung für den EKF erfolgt analog.

4.6. Einbindung von Verlegedaten und a-priori-Informationen

Die Einbindung der Pipeline- und Seekabelverlegedaten als Vorinformation für die Missionsausführung kann als virtueller Sensor erfolgen. Dabei kann dieser transparent über das generalisierte Sensormodell (Abschnitt 4.3.2) in die Verarbeitungskette eingebunden werden (Abbildung 4.42).

Die Beschreibung der Implementation des virtuellen Sensors für die Simulation von Verlegedaten erfolgt in Abschnitt 5.5.1.

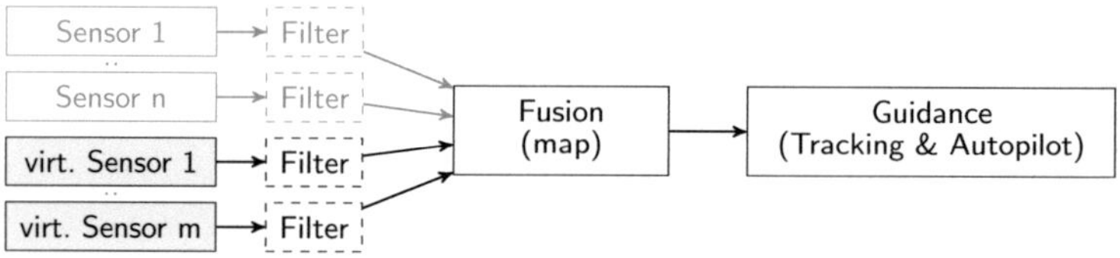

Abbildung 4.42.: Einbindung des virtuellen Sensors in die Datenverarbeitungskette

Die Integration in die Sensordatenverarbeitungskette kann entweder als pure Simulation der Sensoren oder als Bereitstellung von Vorabinformationen während einer realen Mission erfolgen. Bei der puren Sensorsimulation ersetzen die virtuellen Sensoren die realen, so dass eine komplette Inspektionsmission ohne reale Sensoren simuliert werden kann. Wenn der virtuelle Sensor zur Bereitstellung der Verlegedaten während der Missionsausführung genutzt wird, erfolgt die Einbindung des virtuellen Sensors parallel zu den im Fahrzeug vorhandenen Sensoren, wie in Abbildung 4.42 dargestellt. Die Verlegeinformationen werden dann mittels der Datenfusion in die Datenverarbeitungskette, wie in den vorhergehenden Abschnitten beschrieben, eingespeist.

Die Integration eines virtuellen Sensors für die Schiffshüllen- und Hafeninspektion erfolgt analog. Die Implementation wird im Abschnitt 5.5.2 vorgestellt.

4.7. Zusammenfassung

Damit das VGS die Fahrtrajektorien des UUVs planen und das Fahrzeug auf seine Umgebung reagieren kann, wird diese in einem vereinfachten und auf die Algorithmen zugeschnittenen Umweltmodell abgebildet.

Während einer Unterwasserinspektion werden viele verschiedene Sensoren genutzt, um ein breites Spektrum von möglichen Anomalien zu detektieren sowie das zu untersuchende Objekt zu identifizieren. Da in dieser Arbeit erstmalig eine große Anzahl von Sensoren mit unterschiedlichen physikalischen Wirkungsweisen eingesetzt wurde und eine hohe Flexibilität in Erweiterbarkeit und Modifizierbarkeit der Sensorsuite ermöglicht werden sollte, wurde ein auf mehrere Komponenten aufbauendes Umweltmodell für die Pipelineinspektion erstellt.

Es wurde ein universelles Modell zur Beschreibung der im Erfassungsbereich des einzelnen Sensors meist geradlinigen Pipeline für den 1D- und die 2D-Sensor spezifiziert. Darauf aufbauend wurde das lokale Modell für die Regelung des Fahrzeuges anhand der Position und Ausrichtung der Pipeline entlang der aktuellen Fahrzeugposition definiert. Da dieses Modell nur bei unmittelbarem Kontakt eines Sensors zur gesuchten Pipeline anwendbar ist, wurde zusätzlich ein globales Umgebungsmodell definiert. Das globale Umgebungsmodell basiert auf dem Konzept der „Occupancy-Grids“ und wurde auf den vorliegenden Anwendungsfall angepasst und zu einer *Propability-Map* erweitert. Diese Karte ist als Matrix definiert und speichert in den einzelnen Matrixelementen die Wahrscheinlichkeiten, dass diese das gesuchte Objekt enthalten. Die Karten wurden für jeden einzelnen Sensor erstellt und zu einer gemeinsamen Karte über eine sensorspezifische Wichtung fusioniert, um die in der Karte enthaltenen Informationen zu verdichten und zu sichern. Um die in den Karten gespeicherten Informationen wieder zu extrahieren und in das generalisierte Sensormodell für die Verwendung in nachfolgenden Algorithmen zur Verfügung zu stellen, werden Verfahren aus dem Bereich Computer Vision verwendet. Das generalisierte Sensormodell ist bei der Kombination von Sensoren, Datenfusion und Fahrzeugführungsalgorithmen das bindende Element, um die Positions- und Lagedaten der Pipeline und Seekabel zwischen den einzelnen Komponenten auszutauschen.

Basierend auf dem generalisierten Sensormodell wurde ein Kalman Filter entworfen, der die Tracking- und Objektfolgealgorithmen durch Fusionierung und Datenfilterung unterstützt. Da der Kalman Filter fortlaufend neue Sensordaten benötigt, ist er nur während des aktiven Verfolgens der Verlegetrasse anwendbar. Somit wird während der Suche ausschließlich das kartenbasierte Modell genutzt, um die aus den Sensoren gewonnen Positionsdaten zu verzeichnen. Darauf aufbauend wird die Anfahrt zur Pipeline geplant, wenn genügend gesicherte Positionen in der Karte eingezeichnet sind. Zusätzlich unterstützt das kartenbasierte Umgebungsmodell das aktive Folgen der Verlegetrasse, das es auch mit dem Kalman Filter kombiniert werden kann (Abbildung 4.36b).

Da die Operationsgebiete für die Kabelinspektion sehr weiträumig sind, wurden Strategien zur Speicherung großräumiger Karten entworfen und umgesetzt. Dadurch wird ein Wiederauffinden der zu inspizierenden Pipeline nach einem Trackverlust über ein größeres Gebiet gewährleistet.

Das Umweltmodell mit dem generalisierten Sensormodell und dem kartenbasierten Umgebungsmodell ist die Grundlage für die Trajektoriengenerierung zum Auffinden und zur Identifikation des zu inspizierenden Objektes und dem Folgen des Objektes während der Inspektion. Zusammen mit den Führungsalgorithmen aus Kapitel 3 bildet das Umweltmodell die Basis für das autonome Verhalten des AUVs.

5. Implementation

In den vorhergehenden Kapiteln wurden einzelne Verfahren vorgestellt, um Teilaspekte der Unterwasserinspektion zu lösen. Dieses Kapitel führt die einzelnen Punkte zusammen und zeigt eine Integration dieser in ein bzw. in verschiedene unbemannte Unterwasserfahrzeuge. Die umgesetzten Implementationen wurden in mehreren Versuchen erfolgreich getestet, die im Kapitel 6 präsentiert und diskutiert werden.

Im aktuellen Kapitel werden zunächst die einzelnen Trägersysteme mit ihrer Fahrzeugführungssoftware vorgestellt. Im Anschluss daran wird die Integration der Inspektions- und Trackingalgorithmen in die bestehenden Fahrzeugführungssysteme basierend auf dem Front-Backseat-Modell (Sektion 3.2) beschrieben. Das Kapitel schließt mit den umgesetzten Konzepten zur Erweiterung der wegpunktbasierten Missionsplanung für den Einsatz bei Inspektionsmissionen.

5.1. Vorgehensmodell

Die Algorithmen wurden entsprechend den in [66] beschriebenen Vorgehensmodellen implementiert und auf mehreren Plattformen integriert. Die Abbildung 5.1 zeigt die einzelnen Integrationsschritte vom konzeptuellen Design der Führungsalgorithmen bis zur finalen Integration auf dem Zielsystem.

Begonnen wird mit dem Entwurf des Algorithmus unter Verwendung des ConSys-Frameworks (Abschnitt 3.4), das Kommunikationsschnittstellen, Hardware-Abstraktion und viele weitere Werkzeuge als Bibliotheken zur Verfügung stellt. Nachdem der Algorithmus implementiert ist, kann er mit Hilfe einer 3D-Simulationsumgebung in einer Virtuellen Realität und Sensorsimulationen getestet werden. Wenn der Algorith-

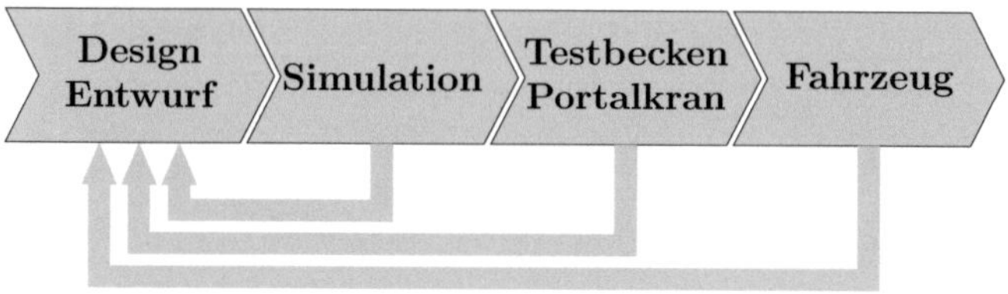

Abbildung 5.1.: Vorgehensmodell – Schrittweise Algorithmen-Integration

mus mit realen Sensoren getestet werden soll, kann dies mit verschiedenen Sensoren unter Nutzung eines 3D-Portalkranes in einem Testbecken erfolgen. Abschließende und umfassende Tests sind mit dem Zielsystem, dem Unterwasserfahrzeug, während Seeversuche durchzuführen, da hierbei das komplette Fahrzeug- und Sensorverhalten in der Umwelt getestet werden kann und die Algorithmen entsprechend validiert werden können.

Durch die Verwendung des ConSys-Frameworks kann der Algorithmus als Softwaremodul einmalig implementiert werden. Die Integration auf verschiedenen Plattformen erfolgt durch einzelne Schnittstellenmodule, die den Zugriff auf Sensordaten und die Kontrolle des Fahrzeuges ermöglichen.

Das in der Abbildung 5.1 dargestellte Vorgehensmodell zeigt die einzelnen Integrationsschritte als sequenziellen Ablauf. Mit jedem weiteren Integrationsschritt steigt der Aufwand der Überprüfung der einzelnen Funktionen des implementierten Algorithmus. Eine Evaluation innerhalb der Simulation kann kontinuierlich während der Implementation des Algorithmus stattfinden und ein Redesign vorgenommen werden. Die Integration auf dem Fahrzeug ist meist der finale Schritt, da Seeversuche mit dem Fahrzeug zum Testen logistisch, personell und finanziell aufwendig sind; dennoch dienen die aus diesen Versuchen gewonnenen Informationen der Verbesserung und Parametrisierung der implementierten Algorithmen. Der komplette Vorgang der Implementation ist somit ein zyklischer Prozess, wie in Abbildung 5.1 illustriert ist.

Es können während der Integration auch einige Schritte übergangen werden, oder nach einen Schritt die Integration beendet werden – je nach Situation und Verfügbarkeit, die entsprechend bewertet werden müssen.

5.2. Modulare Integration basierend auf dem ConSys-Framework

Wie bereits im vorherigen Abschnitt erwähnt, können durch die Verwendung des ConSys-Frameworks, das in Abschnitt 3.4 vorgestellt wurde, die einzelnen Elemente der Fahrzeugführung und für die Anbindung und Auswertung externer Sensoren oder Softwaresysteme als Module implementiert werden. Das Framework stellt für die Kommunikation zwischen den verschiedenen Modulen eine Middleware zur Verfügung. Durch die Kombination der einzelnen Module, die jeweils spezifische Funktionen zur Führung des Fahrzeuges bereitstellen, kann ein komplettes Fahrzeugführungssystem durch Konfiguration flexibel und zur Laufzeit zusammengestellt werden.

Es wurden Softwaremodule für die einzelnen Algorithmen wie Datenfusion und Tracking implementiert. Ebenfalls wurden Schnittstellenmodule erstellt, welche die einzelnen Sensoren in das Softwaresystem einbinden. Weitere Schnittstellenmodule sind für die Kommunikation mit der Grundlegenden Fahrzeugsteuerung (Autopilot) und Navigation verantwortlich. Durch die Schnittstellenmodule, welche externe Software an die ConSys-Middleware anbinden, kann ein System zur Fahrzeugführung auf verschiedenen Plattformen bzw. Fahrzeugen auch entsprechend des Frontseat-Backseat-Driver-Konzeptes (Abschnitt 3.2) integriert werden. Eine pure Nutzung des ConSys-Frameworks als VGS ist ebenfalls möglich und wird so auf Fahrzeugen wie dem CWatch-ROV [50] und dem DEDAVE-AUV [51] eingesetzt. Ein Wechsel des eingesetzten Fahrzeuges ist somit auch ohne größere Anpassung der Algorithmen möglich.

Die Abbildung 5.2 zeigt exemplarisch einen solchen modularen Systemaufbau.

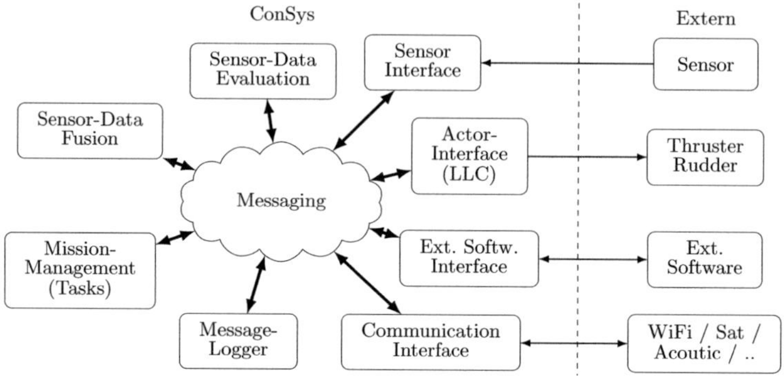

Abbildung 5.2.: Modularer Aufbau eines Fahrzeugführungssystems basierend auf ConSys

Das zentrale Element des Frameworks ist die Middleware, die eine reibungslose Kommunikation zwischen den einzelnen Modulen ermöglicht. Beispielhaft sind Module für

- die Abarbeitung einer definierten Mission,
- die Führung des Fahrzeuges,
- die Sensordatenakquise und -auswertung,
- das Ansprechen der einzelnen Aktuatoren über einen Low Level Controller (LLC) des Fahrzeuges, wie Thruster, Ruder oder Manipulatoren,
- die Kommunikation mit externen Systemen über Funkwellen, Akustische Modems und weitere Kanäle sowie für
- das Aufzeichnen von Nachrichten

in der Abbildung aufgeführt.

Mit Hilfe der Middleware und der flexiblen Gestaltung der Module kann fast jede Aufgabe mit dem System umgesetzt oder das Gesamtsystem mit geringem Aufwand entsprechend (um)konfiguriert werden.

5.3. Trägersysteme und Fahrzeuge

Im Abschnitt 5.1 wurden die verschiedenen Trägersysteme zur Integration angesprochen. Diese sollen nun hier vorgestellt werden.

5.3.1. Unterwasser-Simulator (CViewVR)

Für die Entwicklung und den Test der Fahrzeugführungsalgorithmen wurde eine Virtuelle Realität (CViewVR) verwendet. Diese kann die Fahrzeugbewegungen graphisch und räumlich darstellen.

Es können verschiedenste dreidimensionale Objekte in die einzelnen Szenarien eingebunden und dargestellt werden. Somit können Inspektionsszenarien erstellt und die Fahrzeugbewegungen im dreidimensionalen Raum visualisiert werden. Die Abbildung 5.3 zeigt zwei mögliche Szenen für die Wand- bzw. Schiffshülleninspektion (Abbildung 5.3a) und die Pipelineinspektion (Abbildung 5.3b).

Der strukturelle Aufbau der Software ist in der Abbildung 5.4 illustriert. Dieser ist modular konzipiert, so dass verschiedene Szenarien durch eine Beschreibungssprache definiert und in die Software geladen werden können. Aus der Abbildung 5.4 ist auch zu entnehmen, dass einzelne Objekte der Szene, wie Unter- oder auch Überwasserfahrzeuge, durch externe Simulatoren oder über eine manuelle Fernsteuerung innerhalb der Szene bewegt werden können. Die Schnittstelle zur Objektmanipulation bietet mittels TCP/IP bzw. UDP/IP einen von der verwendeten Software unabhängigen Zugang zu den Objekten der Szene.

Eine detaillierte Beschreibung des Aufbaus der Szenen, der Schnittstellen und der Software ist in [54, 122, 123] dargestellt.

Primär für Präsentationszwecke und Post-Mission-Analysen erstellt, wurde CViewVR um eine Simulation von Sensoren erweitert. Es können somit unterschiedliche akustische Sensoren, wie Scanningsonare und Fächerecholote simuliert werden [54, 122]. Eine Darstellung eines Sonarkegels, der eine Schiffsaußenwand erfasst, ist in der Abbildung 5.5a zu sehen. Des Weiteren zeigt die Abbildung 5.3a den Einsatz mehrerer simulierter akustischer Sensoren, wie ein Scanning-Sonar und Ab-

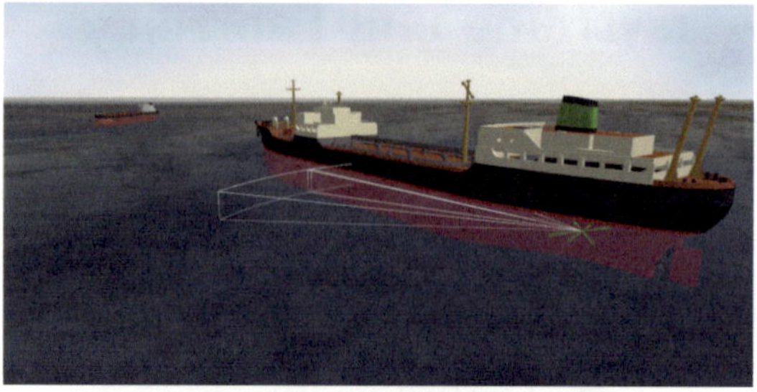

(a) Schiffshülle

(b) Pipeline

Abbildung 5.3.: Inspektionsszenarien in CViewVR

standssensoren im Einsatz. Die Sensordaten werden über die Fernsteuerungsschnittstellen (Abbildung 5.4) an die einzelnen Simulatoren übermittelt. Somit ist hier eine Fahrzeugführung als geschlossene Regelschleife über eine Sensordatenauswertung möglich.

Für die Erprobung von Pipelinetracking-Algorithmen wurde die Software um eine Darstellung von Unterwasserpipelines auf Basis von einzelnen Stützpunkten ergänzt. Dabei ist es möglich, dass die Pipeline in einer konstanten Tiefe verläuft oder dem Meeresboden folgt. Durch geeignete Parametrisierung dieser Stützstellen ist es möglich, eingegrabene Pipelinesegmente und Segmente mit Free-Span zu modellieren. Auf Basis dieser Darstellung wurde ebenfalls ein virtueller Sensor zur Erfassung der Pipelines in das Simulationssystem eingeführt. Der Bereich in dem dieser Sensor die Pipeline erfasst sowie der aktuell kürzeste

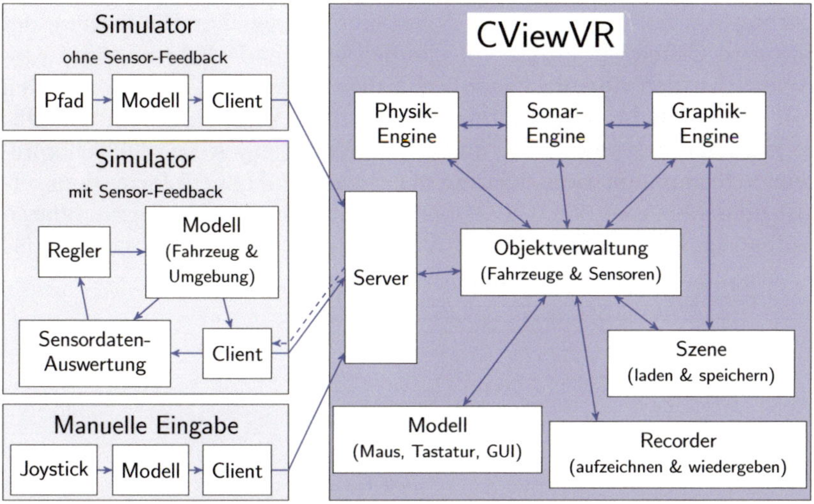

Abbildung 5.4.: Struktureller Aufbau von CViewVR und Einbindung externer Simulatoren

Abstand von Sensor zu dieser kann ebenfalls in der Visualisierung (Abbildung 5.5b) dargestellt werden.

(a) Sonar

(b) Pipeline-Detektion

Abbildung 5.5.: Sensorsimulation in CViewVR

Auf Basis dieser Software wurde die Fahrzeugführung zur Detektion und Verfolgung von Pipelinetrassen sowie von Wandstrukturen und Schiffshüllen implementiert. Die Sensorsimulationen dienten der Generierung von Sollwerten für die Fahrzeugregelung. Zur Einbindung der Software CViewVR in das auf ConSys basierende Fahrzeugführungssystem wurden entsprechende Schnittstellenmodule, welche mit den von CViewVR bereitgestellten Schnittstellen kommunizieren, erstellt. So können die Steuerbefehle und die Sensordaten jeweils in die entsprechende Kommunikationsrichtung in Echtzeit und ohne Informationsverlust übertragen werden. Die Abbildung 5.6 illustriert diesen modularen Aufbau und die Anbindung der VR an die Fahrzeugführung über das Messaging-System der ConSys-Middleware.

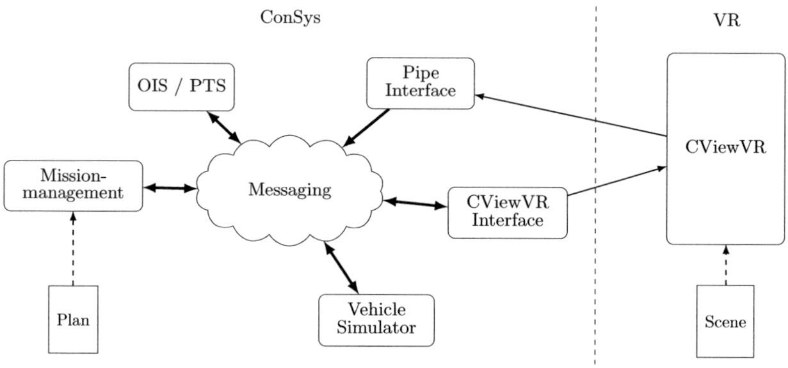

Abbildung 5.6.: Konfiguration der ConSys-Module für die Nutzung von CViewVR

Es wurden mehrere Simulationen durchgeführt. Die Ergebnisse werden im Kapitel 6 vorgestellt. Dabei konnten mit Hilfe der 3D-Simulation die einzelnen Fahrzeugbewegungen entlang der zu inspizierenden Objekte überprüft und die Algorithmen entsprechend der Ergebnisse optimiert werden. Von Vorteil ist hier, dass keine Fahrzeughardware benötigt wird und die Simulationen präzise wiederholbar sind.

5.3.2. 3D-Portalkran – Pipelinetracking

Neben der Simulation mit virtuellen Sensoren in CViewVR wurde zur Algorithmenentwicklung und -validierung ein auf einem Unterwasserbecken aufbauendes Testfeld verwendet. In das Testfeld können diverse Sensoren sowie auch Unterwasserfahrzeuge eingebracht werden, um Daten zu erfassen. Mit Hilfe eines 3D-Portalkranes (Abbildung 5.7) können die Sensoren (Abbildung 5.9) im Wasserbecken entlang der drei Achsen (x,y,z) bewegt werden.

Abbildung 5.7.: Unterwasser-Versuchsbecken mit 3D-Portalkran

Zur Erfassung eines am Boden des Testbecken liegenden Kunststoffrohres wurden für den experimentellen Aufbau zwei sich unterscheidende Sensoren verwendet. Im Rahmen des generalisierten Sensormodells (Abschnitt 4.3.2) wurden ein MBES als Liniensensor (1D) und eine Kamera als 2D-Sensor eingesetzt. Beide Sensoren nutzen unterschiedliche physikalische Verfahren (akustisch und optisch), um das Objekt zu erfassen. Daher bilden diese eine gute Grundlage zur Implementation von Sensorfusionsalgorithmen. Die durchgeführten Versuche zur Sensordatenfusion werden in Kapitel 4 in Abschnitt 2.5 erläutert.

Die Anbindung der Sensoren in das auf ConSys basierende Fahrzeugführungssystem erfolgt ebenfalls wie bei CViewVR über eigenständige Schnittstellenmodule (die Module MBES-Interface und Camera-Interface). Diese Einbindung ist in der Abbildung 5.8 illustriert. Des Weiteren wird die Portalkransteuerung mittels eines eigenen Moduls (Gantry-Control-Interface), das die Positionsdaten der drei Achsen be-

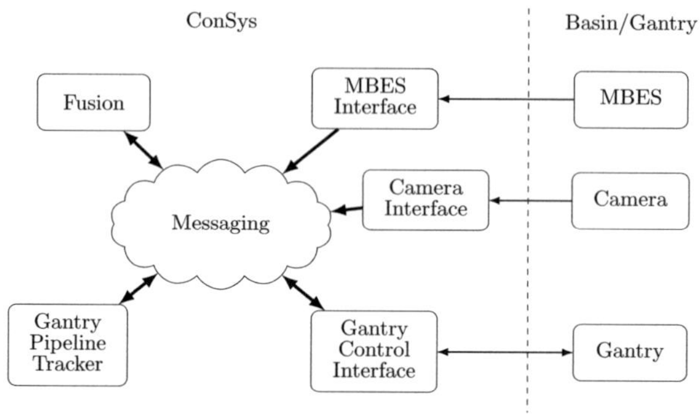

Abbildung 5.8.: Konfiguration der ConSys-Module für das Pipelinetracking mit dem Portalkran

reitstellt, eingebunden. Über das Interface können Geschwindigkeitssollwerte an die Portalkransteuerung vorgegeben werden, so dass dieser durch das Modul Gantry-Pipeline-Tracker gesteuert werden kann. Dabei werden die von den Sensoren erfassten Daten, die über das Modul Fusion zusammengeführt werden, für die Sollwertvorgaben verwendet. Das Fusion-Modul ist entsprechend des modularen Ansatzes das gleiche, das auf den anderen Plattformen eingesetzt werden kann. Das Gantry-Pipeline-Tracker-Modul ist eine speziell auf den Portalkran angepasste Variante des Pipelinetracking-Reglers, da dem Portalkran keine Sollwerte in der Form (Kurs ψ, Geschwindigkeit u, Tiefe d) vorgegeben werden können.

Die von den Sensoren erfassten Daten werden mittels Pipelinedetektionsalgorithmen basierend auf Computer Vision ausgewertet. Die dafür genutzten Algorithmen sind in Abschnitt 5.4 im Detail beschrieben. Die ermittelten Pipelinepositionen werden entsprechend dem generalisierten Sensormodell den Algorithmen zur Datenfusion und Fahrzeugregelung zur Verfügung gestellt.

Die Sensoren (Abbildung 5.9) können über die drei Achsen des Portalkranes frei im Wasserbecken positioniert werden. Dadurch wird das zu untersuchende Objekt aus unterschiedlichen Positionen und Be-

Abbildung 5.9.: Sensorik zur Pipelineerfassung (MBES, Kamera) am 3D-Portalkran

trachtungswinkeln erfasst. Der Portalkran kann dabei in verschiedenen Steuerungsmodi betrieben werden:

i. manuell mit Vorgabe eines festen Zielpunktes,
ii. vorgegebener Pfad als Schleife oder in einmaliger Ausführung sowie
iii. durch externe Geschwindigkeitsvorgabe für die drei Achsen.

Somit kann der Portalkran zur reinen Datenerfassung im offenen Regelkreis oder unter Verwendung des Tracking-Algorithmus als geschlossener Regelkreis betrieben werden. Dabei erfolgt die Anbindung der Steuerungssoftware des Portalkrans ebenfalls mittels eines Schnittstellenmoduls des ConSys-Frameworks.

5.3.3. KAPITAS-AUV – Pipeline- und Seekabelinspektion

Als Trägersystem für die Inspektion von Unterwasserkabeln und Pipelines wurde das von der ATLAS ELEKTRONIK GmbH und ATLAS MARIDAN ApS während des vom Bundesministerium für Wirtschaft und Energie (BMWi) geförderten Projektes „KAPITAS" entwickelte und gebaute AUV verwendet. Das Fahrzeug ist in den Abbildungen 4.10 und 5.10 dargestellt.

Das Fahrzeug nutzt zur Pipelineerfassung und -detektion die in Abschnitt 4.2.2 beschriebenen Sensoren, wie SSS, MBES, SBP, Magnetometer und Kamerasystem. Dabei sind Magnetometer, Kamerasystem

Abbildung 5.10.: KAPITAS-AUV während der Seeversuche

und SBP unter dem Fahrzeug an einem abnehmbaren Flügel verbaut. Da mehrere Magnetometer-Sensoren zur Erfassung der Pipelineposition unter dem Fahrzeug verwendet werden, werden durch den Flügel die Einbaupositionen quer zum Fahrzeug auf eine große Länge verteilt. Dies ermöglicht eine hohe Datenqualität.

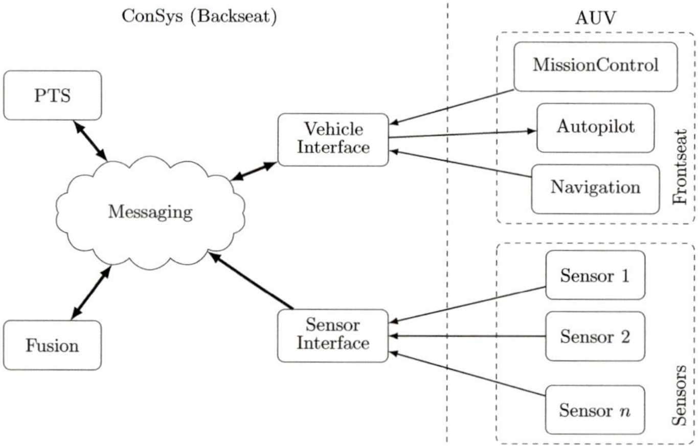

Abbildung 5.11.: Konfiguration der ConSys-Module für das KAPITAS-AUV

Die Einbindung der Sensoren und des Autopiloten des Fahrzeuges erfolgt, wie bei den bereits beschriebenen Plattformen, ebenfalls über ConSys-Schnittstellenmodule (Abbildung 5.11) auf Basis des Backseat-Driver-Konzeptes (Abschnitt 3.2). Die vollständige Integration der Algorithmen für das autonome Pipelinetracking in das vom Hersteller entwickelte Fahrzeugführungssystem und die Interaktion mit diesem wird im Detail in Abschnitt 5.6 vorgestellt.

5.3.4. SeaCat-AUV – Hafeninspektion

Für die Schiffsrumpf- und Hafeninspektion wurde als Zielplattform das ebenfalls von der ATLAS ELEKTRONIK GmbH in Bremen entwickelte AUV *SeaCat* verwendet. Dieses Fahrzeug ist im Flachwasser bis ca. 600 m Wassertiefe einsetzbar. Durch einen wechselbaren „Kopf“ kann dieses Fahrzeug für eine Breite Varianz von Einsatzszenarien verwendet werden. In den Abbildungen 4.8 und 5.12 ist das Fahrzeug mit dem Inspektionskopf *CSurvey* zu sehen. Dieser wurde vom DKFI in Bremen entwickelt und ist auch Teil der eingesetzten Fahrzeugkonfiguration.

Abbildung 5.12.: SeaCat-AUV während einer Wandinspektion [6]

Das Fahrzeug wurde mit dem Fahrzeugführungssystem *AUVeasy* von ATLAS ELEKTRONIK als Basissystem für Steuerungs- und Navigationsaufgaben sowie für das Missionsmanagement betrieben. Darauf setzen ähnlich wie beim KAPITAS-AUV die Algorithmen zur autonomen Fahrzeugführung während der Hafeninspektion auf. Diese wurden ebenfalls auf Basis des ConSys-Frameworks implementiert und die Anbindung an die Fahrzeugsoftware sowie an die Steuerungssoftware des

Sensorkopfes erfolgte auch über ConSys-Softwaremodule. Der strukturelle, modulare Aufbau dieser Algorithmen ist in der Abbildung 5.13 dargestellt. Das Modul Objektinspektionssystem (OIS) integriert die Führungsalgorithmen und kommuniziert über das Messaging mit den Interface-Modulen, welche die Anbindung an das Fahrzeug und die Sensoren bereitstellen.

Die Schnittstellenimplementation zum Fahrzeug folgt dem Prinzip des Backseat-Drivers (Details in Abschnitt 3.2). Die Kommunikation mit dem Sensorkopf und der Sensordatenvorauswertung erfolgt über eine CORBA-Schnittstelle. Dabei wurde abhängig von der Lage der zu inspizierenden Wand zum Fahrzeug der Sensorkopf immer auf die Wand ausgerichtet.

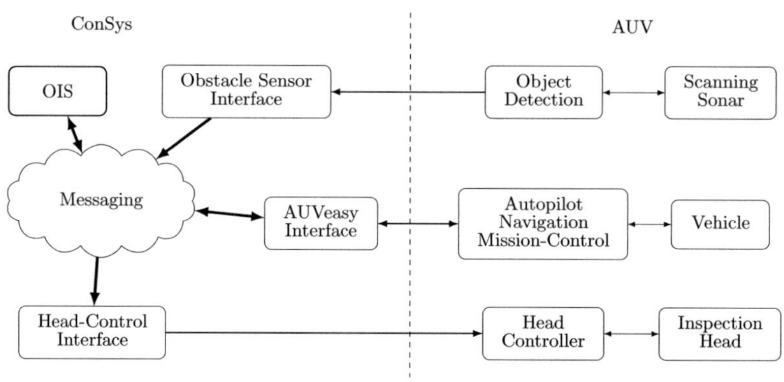

Abbildung 5.13.: Konfiguration der ConSys-Module für das SeaCat-AUV mit AUVeasy

Die genaue Beschreibung der Integration der autonomen Führung des Fahrzeuges während der Wandinspektion und der Einbindung der von den Inspektionssensoren und vom Hindernismeidesonar gewonnenen Daten in das VGS wird in Abschnitt 5.6 ausgeführt.

5.4. Sensordatenauswertung im Testbecken

Im Abschnitt 5.3.2 wird der Versuchsaufbau zum Pipelinetracking unter Verwendung des 3D-Portalkranes und des Wasserbeckens beschrieben. Über die durchgeführten Experimente mit diesem Versuchsaufbau und deren Ergebnisse wird in dem Abschnitt 6.1.2 berichtet. Der aktuelle Abschnitt stellt die einzelnen Algorithmen vor, die für das Tracking des KG-Rohres in dem Wasserbecken implementiert wurden.

Bei der Umsetzung der Verfahren wurden Algorithmen aus dem Bereich Computer Vision, insbesondere die Implementation in der Bibliothek OpenCV [97], genutzt. Es wurden die von der Kamera aufgezeichneten Daten sowie die vom MBES ermittelten Sonogramme ausgewertet. Das KG-Rohr wurde in den Daten detektiert und als Kontaktdaten gemäß dem generalisierten Sensormodell nachfolgenden Algorithmen zur Verfügung gestellt. Die Abbildung 5.14 illustriert die umgesetzte Reglersruktur, unter Verwendung der in Abschnitt 3.5 und in Abbildung 3.12 vorgestellten Elemente am Beispiel des Testbeckens mit Portalkran und Pipeline.

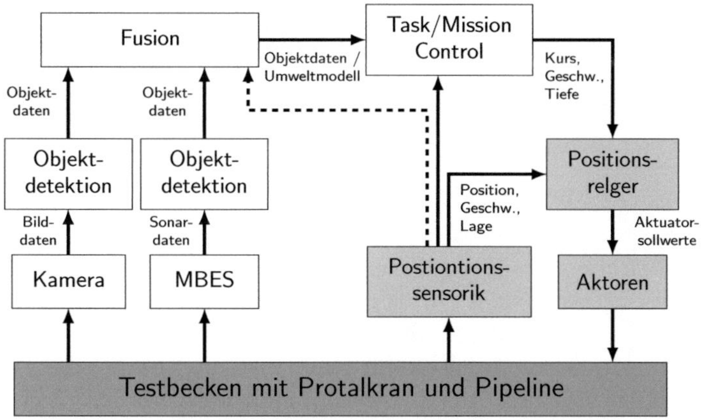

Abbildung 5.14.: Überblick der Reglerstruktur für das Pipelinetracking im Testbecken

Die nachfolgenden Unterabschnitte stellen die in dem Versuchsaufbau verwendeten Verfahren zur Detektion der Pipeline in dem Kamerabild und den Daten des Fächerecholotes vor.

5.4.1. Kamera

Als Kamera wurde eine Sony-Netzwerkkamera verwendet und an dem Portalkran befestigt (Abbildung 5.9). Dabei erfasst die Kamera den Beckenboden und ist so ausgerichtet, dass der obere Sichtbereich des Kamerabildes in x-Richtung und der linke Bereich des Bildes in y-Richtung des Portalkranes ausgerichtet sind.

Die Kamera zeichnet ein farbiges RGB-Bild des Beckenbodens und aller darin enthaltenen Objekte auf. Die Abbildung 5.15a zeigt das Kamerabild mit dem KG-Rohr.

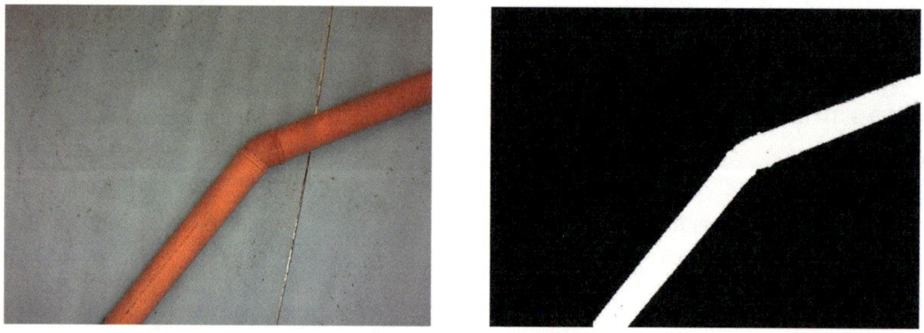

(a) Eingangsdaten (b) Maske auf Basis der Farbwerte

Abbildung 5.15.: Kamerabild Testbecken

Da das Rohr eine braun-orangene Farbe hat und das Wasserbecken blau angestrichen ist, wurde das RGB-Kamerabild in den HSV-Farbraum transformiert. In diesem Farbraum können die Farbwerte vom Rohr von denen des Hintergrundes durch ein Schwellwertverfahren gut getrennt und so in eine Maske umgeformt werden (Abbildung 5.15b).

Diese Maske dient als Basis für die Kanten und Liniendetektion durch den Hough-Algorithmus. Entsprechend parametrisiert werden die seit-

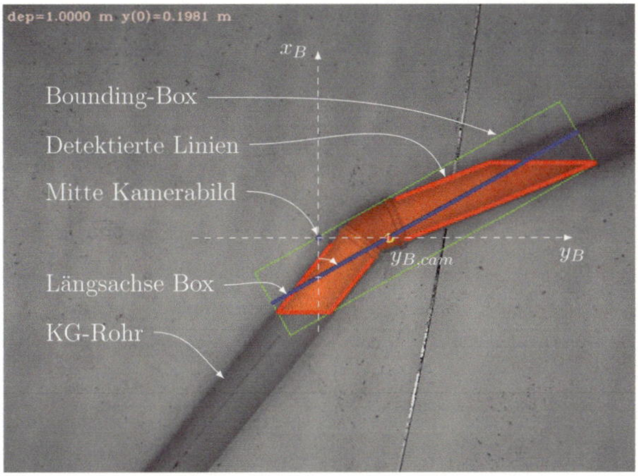

Abbildung 5.16.: Detektiertes Objekt im Kamerabild

lichen Begrenzungslinien des Rohres im Bild detektiert. Des Weiteren wird über einen Kontour-Fitting-Algorithmus der in der Maske hervorgehobene (weiße) Bereich als Kontur dargestellt. Diese dient einem Box-Fitting-Algorithmus zur Schätzung einer Begrenzungsbox um diese Kontur herum. Der gesamte Algorithmus mit einer ausführlicheren Erklärung befindet sich im Anhang A.1.1.

Mit Hilfe der Parameter der Box (Länge und Breite) und der ermittelten Randlinien kann der extrahierte Farbbereich als KG-Rohr klassifiziert werden. Über die Längsachse der Box wird die seitliche Ablage y_B und der Winkel α für das generalisierte 2D-Sensormodell ermittelt. Das Ergebnis dieser Schritte ist in der Abbildung 5.16 dargestellt; einige der in den Zwischenschritten ermittelten Werte sind ebenfalls in der Abbildung illustriert.

5.4.2. MBES

Als zweiter Sensor zur Pipelinedetektion im Versuchsbecken wurde ein akustischer Sensor, ein MBES der Firma BlueView, gewählt. Dieser ist ebenfalls auf den Beckengrund ausgerichtet, so dass der Sensor über akustische Abstandsmessung die Entfernung zu einem schallreflektierenden Objekt in Richtung der z-Achse des Portalkranes messen kann.

Das MBES besteht aus mehreren Schallwandlern, die entlang einer Linie angeordnet sind. Der Sensor wurde am Portalkran so ausgerichtet, dass die Achse an der die Schallwandler angeordnet sind, der y-Achse des Portalkrans entspricht.

Durch Zeitmessung und entsprechende akustische Verfahren zur Signalauswertung werden die Echos der Objekte in Entfernungen und Winkel vom Sensor als 2-dimensionales Feld ausgegeben. Durch die vom Sensorhersteller mitgelieferte Software-Bibliothek können die Echos als Bild in einem kartesischen Koordinatensystem ausgegeben werden, wie in der Abbildung 5.17 dargestellt. Die Abbildung zeigt zusätzlich die Ergebnisse der Pipelinedetektion.

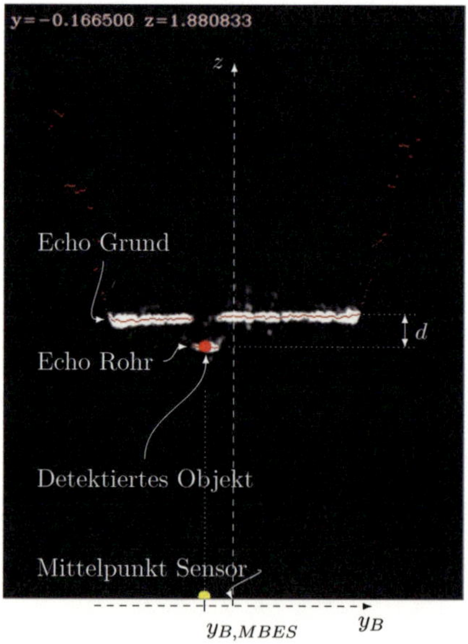

Abbildung 5.17.: Detektiertes Objekt im MBES

Zur Detektion der Pipeline werden aus den im Sonarbild vorhandenen Echointensitäten die Maximalintensitäten entlang der z-Achse gesucht und so die Entfernung zum am stärksten schallreflektierenden Objekt ermittelt. Diese Maximalintensität ist in den Echos als dünne Linie in der Abbildung eingezeichnet. In diesen Abstandswerten wird das Rohr mit bekanntem Durchmesser d gesucht und dessen Mittelpunkt $y_{B,MBES}$ berechnet. Der Wert $y_{B,MBES}$ ist die seitliche Ablage des Rohres entsprechend des generalisierten Linien-Sensormodells. Der Algorithmus befindet sich in einer detaillierteren Darstellung im Anhang A.1.2.

5.5. Objekt-Simulation

Für den Test der Fahrzeugführungsalgorithmen wurden qualitative Simulationen erstellt. Mit Hilfe dieser Simulationen können die zu inspizierenden Objekte, wie Seekabel, Pipelines oder Wandstrukturen, virtuell inspiziert und somit die einzelnen Phasen der Inspektionsmissionen ohne Risiko erprobt werden.

Des Weiteren können diese Simulationen reale Sensoren ersetzen bzw. ergänzen. Dies ist z.B. der Fall, wenn für eine Pipelineinspektion Verlegeinformationen bereitgestellt werden. So kann die Simulation als Sensor agieren, der die Verlegeinformationen für die Sensordatenfusion zur Verfügung stellt.

Nachfolgend werden die Verfahren zur Simulation von virtuellen Pipelines und von virtuellen Hafenspundwänden sowie deren Einbindung in das Inspektion-VGS vorgestellt.

5.5.1. Virtuelle Pipeline und Verlegeinformationen

Die virtuelle Pipeline dient dazu, die vor einer Mission vorliegenden Verlegeinformationen als virtuelle Sensorinformationen zur Verfügung zu stellen. Der virtuelle Sensor integriert die generische Sensorschnittstelle und wird über eine eindeutige Sensor-ID identifiziert, um in der Datenfusion entsprechend als Sensor für die Verlegeinformationen erkannt und behandelt zu werden.

Die Simulation basiert auf den Positionsdaten von Pipelines bzw. Seekabeln, die willkürlich für die Tests definiert, aus Missionsaufzeichnungen oder aus Seekarten (siehe Abbildung 4.6) entnommen werden können. Der Kabel- bzw. Pipelinetrack wird auf Basis von Wegpunkten definiert. Das Listing 5.1 beinhaltet einen solchen Datensatz für einen Pipelineabschnitt mit vier Stützpunkten. Dabei werden die Koordinaten der Stützpunkte sowie deren Wassertiefe bzw. Höhe über dem Meeresgrund (HoG) angegeben und als mit Semikolon separierte Werte als Text gespeichert. Die einzelnen Stützpunkte können außerdem über eine eindeutige ID identifiziert werden, so dass auch größere Pipelinetracks in einer Datenbank abgelegt werden können. Die Abbildung 5.18 illustriert einen solchen Pipeline-Polygonzug.

Listing 5.1: Pipeline-Verlegedaten für Simulation

```
#Id;PositionNorth;PositionEast;HoG;Diameter
AA-001;55.8816852189;12.5713599155;1;1.12
AA-002;55.8807373441;12.5748486485;1;1.12
AA-003;55.8808504023;12.5785233386;1;1.12
AA-004;55.8797110617;12.5798722035;1;1.12
```

Als Pipelinekontakt wird die kürzeste Distanz zu der Pipeline berechnet. Dabei wird die kürzeste Distanz (d_1, d_2 und d_3) von der aktuellen Fahrzeugposition zu jedem Streckenabschnitt ($\overline{P_1P_2}$, $\overline{P_2P_3}$ und $\overline{P_3P_4}$ in der Abbildung 5.18) nach dem in Abschnitt 4.4.1 vorgestellten Verfahren ermittelt. Dann wird aus diesen Distanzen die kürzeste inklusive der zugehörigen Strecke ausgewählt.

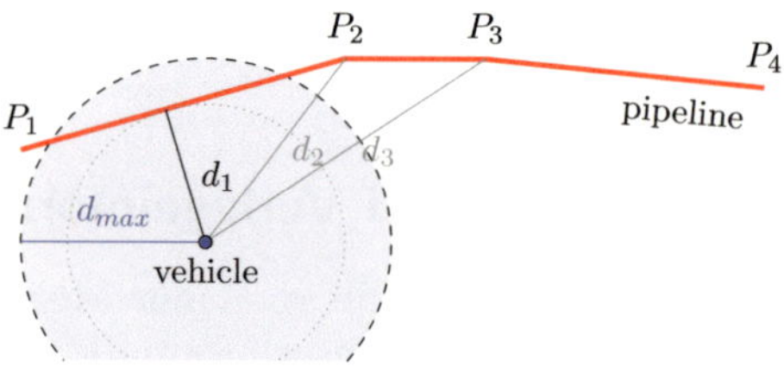

Abbildung 5.18.: Simulationsprinzip Pipeline-Sensor

Mit Hilfe der Punkt-Richtungs-Gleichung, die dieses Pipelinesegment beschreibt, wird die seitliche Ablage und die Richtung der Pipeline in

Bezug auf die Position und Lage des Fahrzeuges (Lagewinkel ϕ, θ und ψ) berechnet. Mit diesen beiden Parametern y_B und α entspricht die Ausgabe der Simulation dem generalisierten 2D-Sensormodell.

Für eine vollständige qualitative Sensorsimulation kann eine maximale Sensorreichweite angegeben werden: Überschreitet die kürzeste Distanz d die vordefinierte Maximaldistanz d_{max}, ist dementsprechend kein Pipelinekontakt mehr vorhanden.

Wenn der simulierte Sensor zur Bereitstellung der Verlegeinformationen für die Sensorfusion verwendet wird, kann mit Hilfe dieser Reichweitenbegrenzung das Datenaufkommen entsprechend reduziert werden. Es werden dann nur Pipelinekontakte innerhalb dieser Maximalreichweite d_{max} ermittelt. Des Weiteren können Pipelines ausgeblendet werden, wenn diese in den Verlegeinformationen vorhanden sind, aber nicht zum aktuellen Operationsgebiet gehören.

Des Weiteren können unterschiedliche Verhaltensweisen oder Störungen der einzelnen Sensoren über ein mit den Kontaktdaten verknüpftes Rauschsignal oder Zeitverzögerungen simuliert werden. Wenn mehrere virtuelle Pipelinesensoren mit den gleichen Verlegedaten parallel verwendet werden, können daraus auch Sensorwerte für den Test des Datenfusionsalgorithmus generiert werden.

5.5.2. Wandsimulation

Die Simulation der Wandstrukturen basiert auf dem gleichen Grundprinzip wie die Simulation der Pipelines: Es werden die kürzesten Abstände die Richtungen zu den einzelnen Segmenten der Wand von der aktuellen Fahrzeugposition aus berechnet. Die Abbildung 5.19 illustriert dieses Verfahren.

Jedoch wird hier nicht das Segment mit dem kürzesten Abstand zur Fahrzeugposition ausgewählt. Es werden alle Wandsegmente als Hindernisse registriert, die sich innerhalb der Sensorreichweite d_{max} befinden.

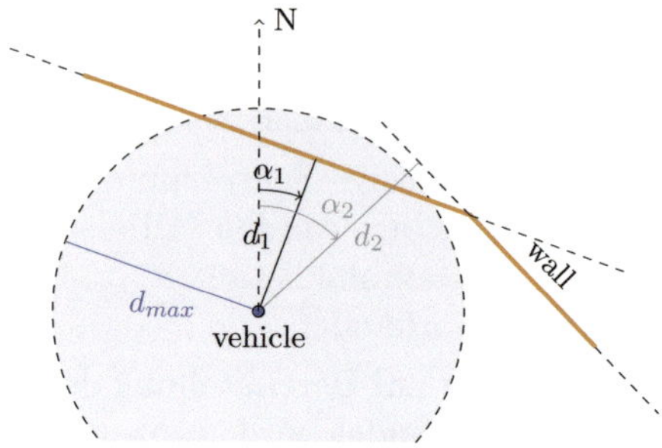

Abbildung 5.19.: Prinzip der Hindernissimulation für Wände

5.5.3. Einbindung in das Softwaresystem

Die Simulatoren für die Pipeline- und der Wandsimulation sind als ConSys-Module implementiert und stellen die ermittelten Simulationswerte über das Messaging der Middleware den an der Fahrzeugführung beteiligten Modulen zur Verfügung, wie in Abbildung 5.20 dargestellt.

Dabei verhalten sich die Simulatoren in der Bereitstellung von Daten wie die realen Sensoren, so dass diese während der Experimente ohne reale Hardware ersetzt werden können. Dabei werden die Kontaktdaten zu dem betreffenden bzw. zu inspizierenden Objekt zyklisch ermittelt und über die Middleware versandt.

Die in den beiden vorherigen Abschnitten vorgestellten Verfahren zur Ermittlung von virtuellen Sensordaten liefern die jeweils kürzesten Abstände zu dem simulierten Objekt, welches eine Pipeline, Seekabel oder Wand sein kann.

Diese Informationen dienen als Grundlage für die weitere Sensorsimulation. Dabei werden die durch diese Algorithmen gewonnenen Objektpositionen mit entsprechend der zu simulierenden Sensoreigenschaften modifiziert. Dies kann mit Hilfe eines zusätzlichen Offsets, einer simulierten Drift der Daten und/oder durch Aufbringung eines Rauschens auf die Sensordaten erfolgen; des Weiteren kann der Datenfluss zeitverzögert werden, um die unterschiedlichsten Sensorverhaltensweisen zu simulieren.

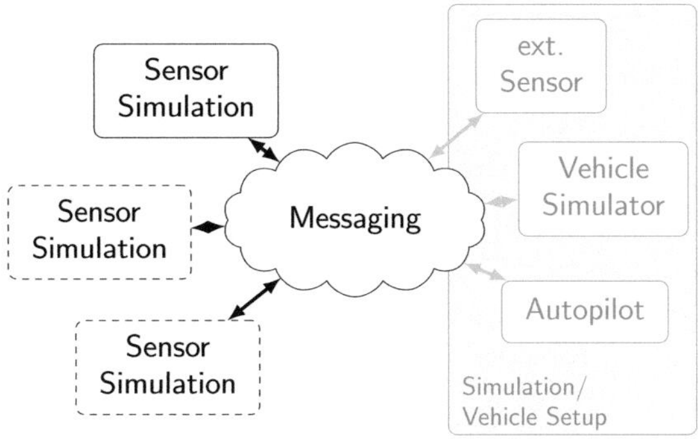

Abbildung 5.20.: Einbindung der simulierten Sensoren in das VGS über die Middleware

Es können auch unterschiedliche Sensoren parallel simuliert werden, indem verschiedene Modifikationen in mehreren, parallelen Verarbeitungsketten angewendet werden. Durch die so entstandenen verschiedenen virtuellen Sensoren, welche die gleichen Ausgangsinformationen verwenden, können so simulierte Werte für den Test der Datenfusionsalgorithmen generiert werden.

Der strukturelle Aufbau dieser Integration in das Führungssystem und der Informationsfluss ist in der Abbildung 5.21 illustriert und basiert auf dem grundlegenden Aufbau der Informationsverarbeitung, welcher Abschnitt 3.5 beschrieben und in Abbildung 3.12 dargestellt ist.

Die Abbildung 5.20 zeigt die Verwendung eines einzigen oder mehrerer Simulatoren. Bei der Wandsimulation ist entsprechend der Softwarestruktur des VGS, ohne eine Datenfusion, nur ein einziger Sensor in das VGS integrierbar. Das Pipelinetracking unterstützt durch die Datenfusion hingegen mehrere Sensoren, so dass hier durch entsprechende Parametrisierung des Pipelinesimulators, wie in der Abbildung dargestellt ist, mehrere Simulatoren parallel verwendet werden können.

Des Weiteren können beim Pipelinetracking die Simulatoren auch mit realen Sensoren gemischt werden. Durch diese Möglichkeit lassen

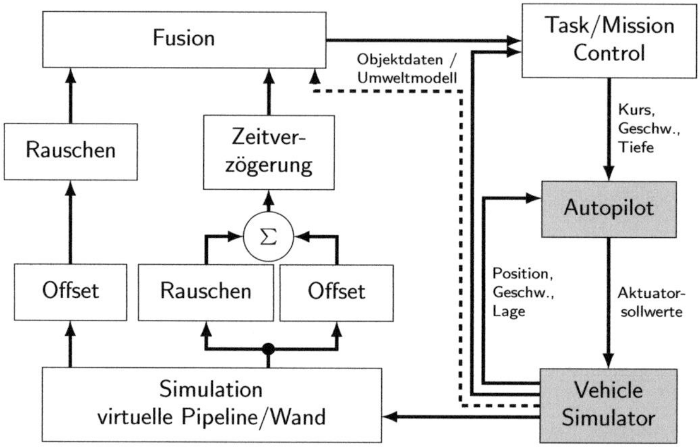

Abbildung 5.21.: Überblick der Reglerstruktur für die Simulation mit mehreren Sensoren

sich Verlegeinformationen in die Sensorstruktur des Pipelinetrackings mit Hilfe des Pipelinesimulators transparent für die nachfolgenden Algorithmen einbinden.

5.6. Integration der Führungsalgorithmen

Die für die Pipeline- und Hafeninspektion verwendeten Fahrzeuge SeaCat und KAPITAS-AUV sind AUV's mit jeweils einem vollständig ausgestatteten und erprobten VGS (Maridan VGS für das KAPITAS-AUV und AUVeasy für SeaCat). Diese konnte nicht durch das auf ConSys basierende VGS ersetzt werden. Somit wurden die auf den Fahrzeugen vorhandenen Systeme um einen externen Steuerungsmodus nach dem Backseat-Driver-Konzept (Abschnitt 3.2) erweitert, die Abbildung 5.22 illustriert dies exemplarisch.

Die Module zur Fahrzeugführung während der Inspektion sind als der Backseat-Driver implementiert. Sie stellen somit die Inspektionsfunktion als Erweiterung des ursprünglichen VGS (Frontseat-Driver)

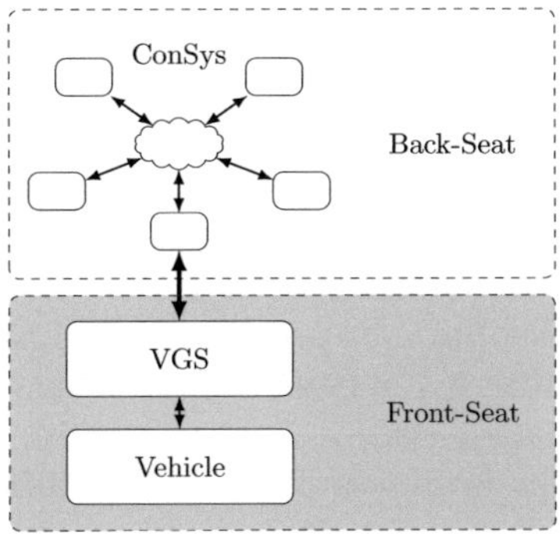

Abbildung 5.22.: ConSys-Module als Backseat-Driver

zur Verfügung, ohne dieses grundlegend anpassen zu müssen. Um dies zu erreichen, wurde dafür eine eigenständige Schnittstelle definiert, die folgende Funktionen bzw. Parameter mindestens bereitstellt:

- vom VGS (Eingang des Backseat-Drivers)
  - Navigationsdaten (Position, Geschwindigkeiten und Lagewinkel),
  - zusätzliche Informationen aus dem Missionsplan
- zum VGS (Ausgang des Backseat-Drivers)
  - Reglersollwerte (Kurs ψ, Geschwindigkeit u, Tiefe d),
  - Geschwindigkeitssollwerte (translatorisch u, v, w, rotatorisch p, q, r) oder
  - Wegpunkte (Latitude, Longitude, Tiefe/Höhe über Grund)

  je nach vom VGS bereitgestellter Schnittstelle.

Dabei ist die Inspektion des Objektes ein Element des definierten Missionsplanes (Abschnitt 5.7). Wird dieses Planelement während der sequenziellen Abarbeitung des Missionsplanes aktiviert, so wird dies dem Backseat-Driver über eine Nachricht mitgeteilt. Diese beinhaltet die notwendigen Informationen für eine mögliche Übernahme der Fahrzeugführung durch den Backseat-Driver, welcher daraufhin initialisiert wird.

Nun sind zwei Vorgehensweisen möglich: der Inspektionsalgorithmus übernimmt sofort die Führung des Fahrzeuges, um das zu inspizierende Objekt zu suchen, oder der Frontseat-Driver folgt so lange auf einem im Missionsplan definierten Pfad bis der Inspektionsalgorithmus das zu inspizierende Objekt identifiziert hat und dann die Übernahme der Fahrzeugführung anfordert. Das erste Verfahren wird bei der Pipelineinspektion angewendet und detailliert in den nächsten Absätzen beschrieben. Die zweite Variante wird bei der Hafeninspektion genutzt und anschließend erläutert. Bei beiden Varianten arbeitet der Backseat-Driver nach dem Behavior-Based-Control-Prinzip, das in Abschnitt 3.1 vorgestellt wurde. Der Frontseat-Driver folgt entsprechend einem sequenziellen Missionsplan, somit wird das Gesamtsystem durch die Aktivierung vom auf Aufgaben basierend arbeitenden Backseat-Driver hybridisiert.

Die einzelnen Aufgaben und Elemente für die Pipeline- und die Hafeninspektion sind im Kapitel 2 im Detail erläutert und sollen hier nicht mehr beschrieben werden. Die beiden Varianten der Backseat-Driver (Seekabel- und Pipelineinspektion sowie Schiffsrumpf- und Hafeninspektion) setzen die jeweiligen Aufgaben und Abläufe um. Die nächsten Absätze erläutern das Zusammenspiel zwischen Frontseat- und Backseat-Driver.

5.6.1. Direkte Übernahme der Fahrzeugführung (Instant Activation) – Pipelineinspektion

Bei der Seekabel- und Pipelineinspektion wird die Führung des Fahrzeuges bei Aktivierung des entsprechenden Missionsplanelementes (Abbildung 5.26) vom Vehicle Guidance System (Fahrzeugführungssystem) (VGS), dem Frontseat-Driver, an das Inspektionssystem, das Pipelinetrackingsystem (PTS) bzw. den Backseat-Driver, übergeben. Der Aufbau des Missionsplanes wird im Abschnitt 3.8.1 vorgestellt.

Während der Inspektion übernimmt PTS die Fahrzeugführung und übermittelt dem VGS nur die Steuerkommandos mit Kurs, Geschwindigkeit und Tiefe als Sollwerte für den Autopiloten. Das VGS stellt die notwendigen Navigationsdaten, wie aktuelles Heading ψ, Geschwindigkeit u und Position (Lat./Lon./Tiefe) bereit. Der Kommunikationsfluss zwischen den beiden Modulen ist im Sequenzdiagramm in Abbildung 5.23 dargestellt.

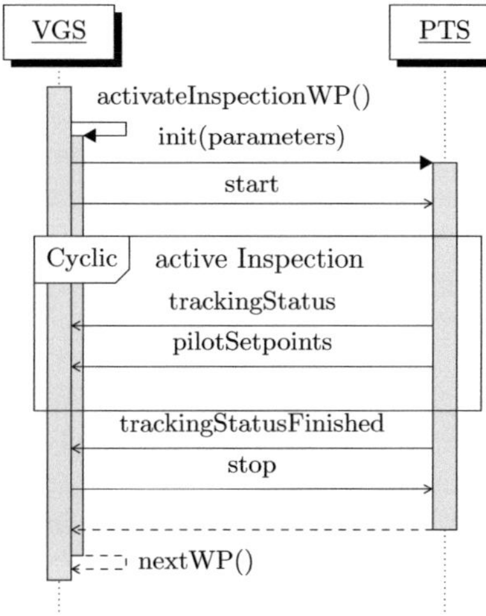

Abbildung 5.23.: Interaktion zwischen VGS und PTS während einer Pipelineinspektion

Das von PTS durchgeführte Inspektionsmanöver ist, wie bereits erwähnt, ein Teil des Missionsplanes. Wenn das Fahrzeug im Missionsplan als nächstes abzuarbeitendes Missionselement ein Inspektionsmanöver vorfindet, übermittelt das VGS die Parameter dieses Manövers an das PTS und initialisiert somit das PTS für die bevorstehende Inspektion. Bei diesen Parametern handelt es sich um:

- die Begrenzungspunkte des Operationsgebietes in dem sich das Fahrzeug während des Trackings bzw. der Inspektion frei bewegen kann,
- einen Start- und einen End-Wegpunkt für das Manöver, bei dem sich das Fahrzeug zu Beginn bzw. Ende des Manövers befinden soll, sowie
- weitere Parameter, wie Sicherheitsabstand zum Gewässergrund, Tauchtiefe und Fahrzeuggeschwindigkeit.

Das PTS wird nach der Initialisierung über das *START*-Kommando aktiviert. Es beginnt die Suche nach dem Kabel bzw. der Pipeline, wie in Kapitel 3 beschrieben. Damit das VGS die Ausführung der Inspektion überwachen und auch auf eventuelle Probleme reagieren kann, sendet das PTS seinen Ausführungsstatus auch als *Heartbeat* zyklisch an das VGS. Wenn dies unterbleibt, beendet das VGS sicherheitshalber die Ausführung der Inspektion, übernimmt wieder die Kontrolle über das Fahrzeug und führt es auf den im Missionsplan definierten Rückfall-Pfad. Des Weiteren sendet PTS an das VGS ebenfalls zyklisch die Steuerkommandos, um das Fahrzeug entsprechend entlang des Pipelinetracks bzw. des Suchmanövers zu führen.

Am Ende einer Inspektion übermittelt das PTS seinen neuen Status „Inspektion beendet". Das VGS beendet daraufhin die Ausführung von dem PTS, übernimmt wieder die Führung des Fahrzeuges und aktiviert das nächste Missionsplanelement. Wenn dieses ein Inspektionsmanöver ist, beginnt die Ausführung wieder mit der Initialisierung von dem PTS.

5.6.2. Unterbrechung und Übernahme der Fahrzeugführung (Interception) – Hafeninspektion

Die Missionsausführung bei der Hafeninspektion beginnt wie bei der Seekabel- und Pipelineinspektion mit dem Aussetzen des Fahrzeuges und der Fahrt ins Inspektionsgebiet, wie im Missionsplan (Details im Abschnitt 5.7) definiert ist. Dabei wird das Fahrzeug vom VGS geführt. Genau, wie bei der Pipelineinspektion wird der Backseat-Driver, hier Objektinspektionssystem (OIS) genannt, über ein Element des Missionsplanes aktiviert und entsprechend mit den notwendigen Parametern initialisiert, wie im Sequenzdiagramm (Abbildung 5.24) dargestellt ist.

Nachdem das OIS initialisiert wurde und über die Missionsbeschreibung, welche in Abbildung 5.28 (Abschnitt 5.7) illustriert ist, durch das VGS auf dem definierten Track an das zu untersuchende Objekt herangeführt wurde, ruft das OIS die Objektdaten zyklisch von der Objektdetektion (OBD) ab (Abbildung 5.24). Wenn das OIS in den

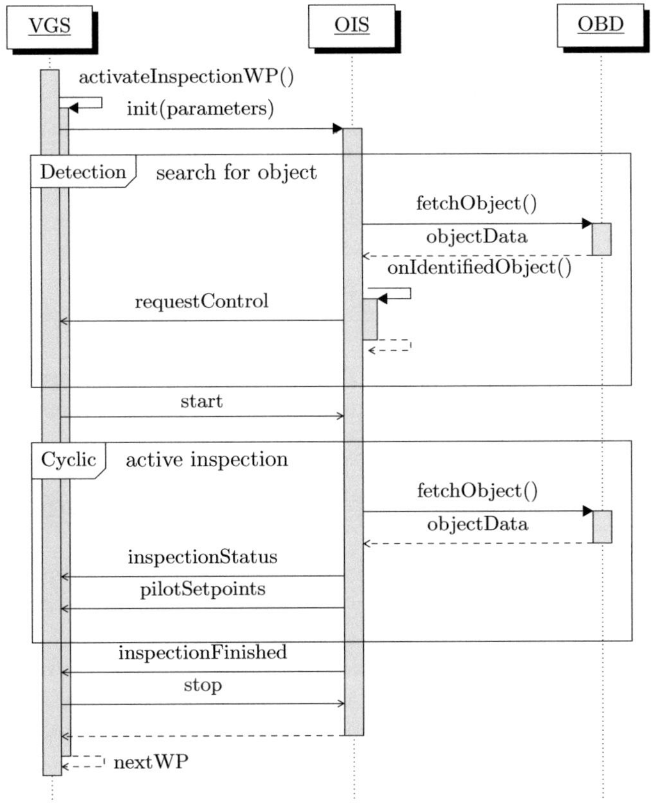

Abbildung 5.24.: Interaktion zwischen VGS und OIS während einer Hafeninspektion

Objektdaten das zu inspizierende Objekt identifiziert hat, wird vom VGS (Frontseat-Driver) die Erlaubnis zur Führung des Fahrzeuges angefordert. Nach deren Prüfung vom VGS wird mittels *start* die Führung des Fahrzeuges an das OIS übergeben und die Inspektion begonnen.

Wenn das OIS die Kontrolle über die Führung des Fahrzeuges hat, kann es dann auch den im Missionsplan festgelegten Track verlassen und sich innerhalb des definierten Inspektionsgebietes frei bewegen, um die Inspektionsaufgabe durchzuführen. Die Inspektion erfolgt, wie in Abschnitt 3.8.1 beschrieben. Während der Inspektion ruft das OIS die Objektinformationen vom OBD in regelmäßigen Abständen ab und plant anhand der Informationen die Fahrtrajektorie. Daraus werden dann die Sollwerte für den Autopiloten nach dem in Abschnitt 3.7.3 vorgestellten Verfahren ermittelt und an den Autopiloten des VGS per Nachricht, wie in Abbildung 5.24 dargestellt, übermittelt.

Wurde das Objekt vollständig inspiziert, kann das VGS die Führung des Fahrzeuges wieder übernehmen. Dies erfolgt durch Benachrichtigung an das VGS, dass die Inspektion beendet ist. Dieses stoppt darauf die Ausführung von dem OIS, übernimmt entsprechend die Fahrzeugführung und aktiviert das nächste Element im Missionsplan.

5.7. Erweiterte Missionsbeschreibung

Die Missionsbeschreibung ist ein zentraler Bestandteil eines AUV-Einsatzes. In dem Missionsplan sind alle Manöver enthalten, die das Fahrzeug während seines Einsatzes durchführen soll.

Bei einer klassischen AUV-Mission, die meist dem Survey eines Gebietes zur Datenaufnahme und dessen Exploration dient, sind alle einzelnen Manöver des Fahrzeuges im Detail vorgeplant. Dies erfolgt meist über Wegpunkte oder mittels einzelner Manöverelemente (Track, Survey, etc.) in einem sequentiell aufgebauten Missionsplan, wie in Abschnitt 3.8 beschrieben ist.

Die Abbildung 5.25 illustriert einen solchen Plan exemplarisch. Vom Startpunkt der Mission erfolgt der Transfer über einen durch Wegpunkte definierten Track in das zu explorierende Gebiet. Die Exploration bzw. der Survey erfolgt dann meist über ein mäanderförmiges Manöver, bei dem die Abstände der einzelnen Mäanderarme so gewählt werden, dass das zu untersuchende Gebiet durch die verwendeten Sensoren optimal abgedeckt wird. Nachdem der Survey abgeschlossen ist, erfolgt dann der Transfer, meist über Wegpunkte, zum nächsten Survey oder zur Recovery/Berge-Position, wo dann das Fahrzeug an der

Wasseroberfläche wieder geborgen wird.

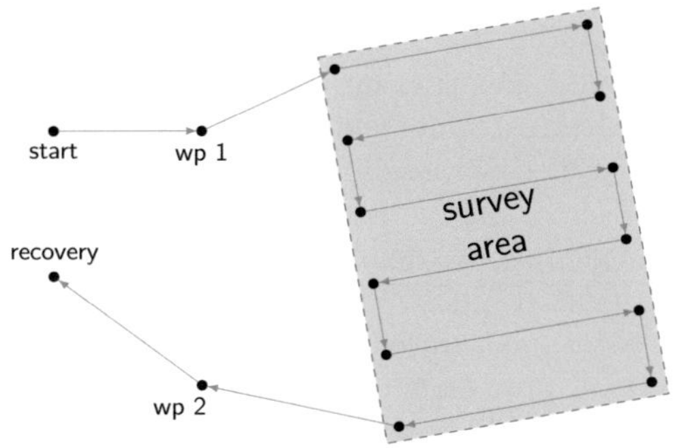

Abbildung 5.25.: Sequentieller Missionsplan mit Wegpunkten und Survey-Gebiet

In dem Missionsplan wird jeder einzelne Parameter, wie Wegpunktposition, Tauchtiefe, Geschwindigkeit, etc., für die Fahrzeugbewegung beschrieben, so dass zu jedem Zeitpunkt der ausgeführten Mission eine Abschätzung der Position des Fahrzeuges und Einbeziehung von externen Randbedingungen, wie z. B. Strömungen, möglich ist. Es kann somit die Missionsdauer und der Energiebedarf im Voraus geschätzt werden. Des Weiteren reagiert das Fahrzeug nicht direkt auf die Umweltbedingungen, da es den Missionsplan automatisiert abarbeitet.

Eine solche Missionsbeschreibung ist für den Einsatz bei Inspektionsaufgaben zu starr. Das Fahrzeug muss bei einer Inspektion von den vorgeplanten Pfaden abweichen dürfen, da die genaue Lage und die Position der zu inspizierenden Objekte oft unbekannt sind. Zusätzlich können sich die Position und Lage des Objektes durch Umwelteinflüsse verändern. Aus diesen Gründen muss der klassische Missionsplan erweitert werden, damit er alle notwendigen Informationen für die Inspektionen enthält.

Pipelinetracking

Die einzelnen Schritte der Missionsbeschreibung für das Tracking und die äußere Inspektion von Seekabeln- und Pipelines sind in Abschnitt 3.8.1 detailliert aufgeführt.

Da sich die genaue Position des Seekabels bzw. der Pipeline unter anderem durch Meeresströmungen, Tidenhub und Sedimenttransport ändern kann, muss diese zu Beginn der Inspektion gesucht werden und der Track zum Folgen der Verlegetrasse, wie im Abschnitt 3.8.1 beschrieben, online geplant werden. Dafür muss sich das Fahrzeug in der Nähe der vermuteten Pipelineposition frei bewegen können. Dies erfolgt in dem Missionsplan durch die Definition eines *Inspektionsgebietes*, auch *inspection area* oder der *safety area for autonomy* genannt, als Planelement. Die Abbildung 5.26 zeigt einen solchen Missionsplan exemplarisch. Die rote, schraffierte Fläche stellt das Inspektionsgebiet dar, in dem sich das AUV frei bewegen darf.

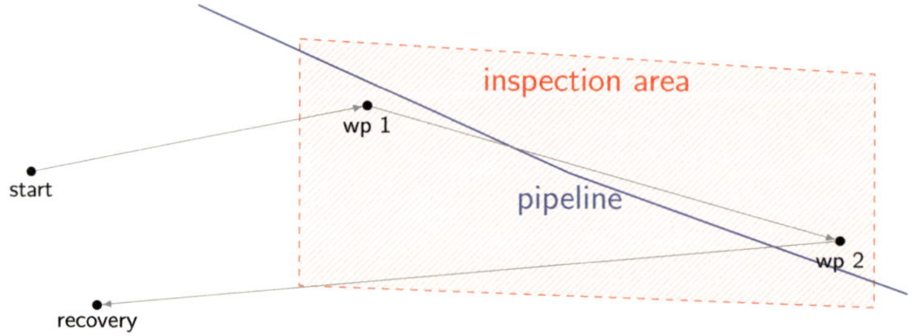

Abbildung 5.26.: Missionsplan mit Inspektionsgebiet

Das Inspektionsgebiet ist mit zwei Wegpunkten verknüpft. Der erste Wegpunkt (*wp1* in Abbildung 5.26) markiert den Start der Inspektion. Ein zweiter Wegpunkt (*wp2*) markiert den Rückkehrpunkt auf den Missionsplan. Dieser wird nach erfolgter Inspektion oder, wenn die Pipeline nicht gefunden oder die Inspektion abgebrochen wurde, angefahren. Die Aktivierung und Beendigung des Inspektionsmanövers erfolgt, wie in Abschnitt 5.6.1 vorgestellt.

Hafeninspektion

Bei Hafeninspektionen handelt es sich, wie auch bei Schiffsrumpf- und Staumauerinspektionen, um eine Untersuchung von Wandstrukturen nach Anomalien. Daher muss der Missionsplan alle notwendigen Informationen enthalten, die einer erfolgreichen Identifikation des zu untersuchenden Objektes sowie der Sicherheit des UUV's und der Umgebung dienen. Das UUV darf nicht in gesperrte Gebiete, wie zum Beispiel Fahrwasserstraßen, eindringen und dadurch anderer Fahrzeuge, Menschen, Infrastruktur oder Objekte gefährden.

Es wird wie bei der Missionsbeschreibung für das Pipelinetracking ein Standard-Missionsplan um ein Inspektionsgebiet erweitert. Jedoch soll dieses nicht wie bei dem Pipelinetracking frei definierbar sein, sondern sich an vorgegebene Pfadelemente anfügen. Somit wird die Mission hauptsächlich durch Wegpunkte und die diese verbindenden Tracks definiert. Die Abbildung 5.27 zeigt einen Track mit den entsprechenden Parametern, welche das zugehörige Inspektionsgebiet definieren. Es können auch mehrere Tracks hintereinander gesetzt werden, so dass sich das Inspektionsgebiet erweitert. Als geometrische Parameter für das Inspektionsgebiet können der seitliche Abstand zum Track in Richtung Steuerbord d_{stb} und Backbord d_p sowie der initiale Abstand zum Wegpunkt längs des Tracks d_t definiert werden.

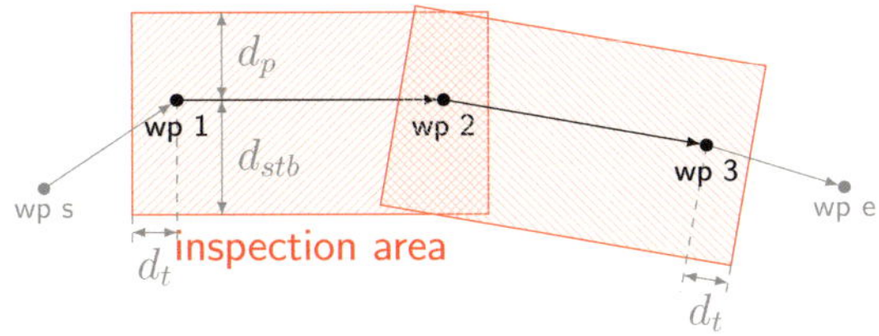

Abbildung 5.27.: Inspektionsgebiet entlang eines Tracks

Eine vollständiger Missionsplan für eine Hafen- bzw. Wandinspektion ist exemplarisch in der Abbildung 5.28 dargestellt. Er beinhaltet alle Elemente, die in den Missionsanforderungen einer Wandinspektion in Abschnitt 3.8.1 beschrieben sind. Beginnend beim Startwegpunkt (*start*) erfolgt der Transfer zu dem zu inspizierenden Objekt. Mit Erreichen des Wegpunktes *wp 1* beginnt die Inspektion mit der Suche nach dem zu inspizierenden Objekt entlang des vordefinierten Tracks. Nachdem das Objekt identifiziert wurde, kann der Inspektionsalgorithmus auch vom Track abweichen, um das gesamte Objekt nach Anomalien zu untersuchen. Er darf sich dabei nur im Inspektionsgebiet bewegen.

Abbildung 5.28.: Inspektionsgebiet an einer Hafenmauer

Nach erfolgter Inspektion kehrt das Fahrzeug zum Track zurück und folgt diesem zum nächsten Planelement. Wird das zu untersuchende Objekt nicht identifiziert und somit die Inspektion nicht begonnen, bleibt das Fahrzeug immer auf dem vordefinierten Track, so dass der Missionsplan einem einfachen wegpunktbasierten Missionsplan entspricht.

In dem Missionsplan wird ebenfalls der Typ des zu inspizierenden Objektes definiert, damit dies bei der Anfahrt identifiziert werden kann. Des Weiteren ist die vertikale Pfadplanung, die online während der Inspektion nach dem in Abschnitt 3.7.4 vorgestellten Verfahren durchgeführt wird, abhängig von diesen Parametern.

Die in der Missionsplanung erstellten Pläne werden an das VGS des Fahrzeuges übermittelt und mit Start der Mission ausgeführt. Das VGS übernimmt dabei die Führung des Fahrzeuges für die „Standard“-Planelemente und übergibt die Ausführung der „erweiterten“ Planelemente an die als Backseat-Driver implementierten Führungssysteme (PTS und OIS).

5.8. Mission-recording und -replay

Um die Sensordaten nach einer Mission mit dem realen Fahrzeug auszuwerten oder Optimierungen in der Online-Sensordatenauswertung durchzuführen, werden die gesamten Sensor- und Navigationsdaten im Datenspeichersystem des Fahrzeuges aufgezeichnet. Diese aufgezeichneten Daten können im Nachgang einer Mission oder aus dem Archiv wiedergegeben werden. Das in diesem Abschnitt vorgestellte System zur Roh-Datenaufzeichnung und -wiedergabe wurde vom Fahrzeughersteller des KAPITAS-AUV zur Verfügung gestellt und wurde für die Entwicklung der Datenfusion während des Kabel- und Pipelinetrackings verwendet. Das System soll hier im Überblick vorgestellt werden.

Recording

Zum Testen der Fusionsalgorithmen für das Pipelinetracking werden aktuelle Sensordaten oder Aufzeichnung dieser aus einer Mission benötigt. Diese Daten müssen zeit- und ortssynchron von allen während der Aufzeichnung verfügbaren Sensoren erfasst werden. Daher wurde ein System für Datenspeicherung und -wiedergabe genutzt, das diese Anforderungen beherrscht. Der strukturelle Aufbau dieses Systems ist in der Abbildung 5.29 illustriert.

Alle Sensormodule, auch der Fusionsalgorithmus, speichern ihre Sensordaten über das Recorder-Modul auf dem Datenspeicher des Fahrzeuges. Zusätzlich werden die Navigationsinformationen gespeichert.

Replay

Bei der Wiedergabe werden die aufgezeichneten Sensorrohdaten als Eingangsdatenstrom für die einzelnen Sensorauswerte-Module anstelle der realen Sensoren genutzt. Die Abbildung 5.30 zeigt den strukturellen Aufbau des Replays mit den Softwarekomponenten zur Auswertung und Fusionierung der Sensordaten.

Das Vorgehen, mit gespeicherten Missionsdaten die einzelnen Detektoren auszulegen, erhöht die Stabilität der Pipelinedetektion und Da-

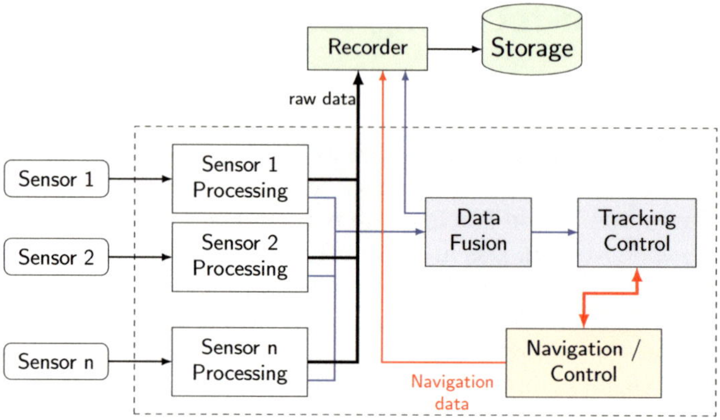

Abbildung 5.29.: Aufzeichnung der Sensor- und Missionsdaten

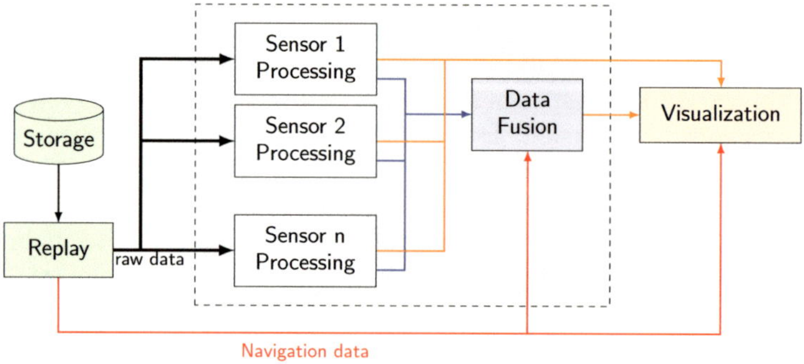

Abbildung 5.30.: Wiedergabe der aufgezeichneten Sensordaten zur Auswertung

tenfusion bzw. ermöglicht das Arbeiten an den Algorithmen im Labor abseits des Fahrzeuges und des Seegebietes.

5.9. Datenauswertung und Darstellung

Die Auswertung der Missionsdaten und Darstellung der aufgezeichneten Sensor- und Missionsdaten dient der Dokumentation der von den Sensoren erfassten Daten und der durchgeführten Manöver während der Mission.

Die gesammelten Daten werden mit Hilfe geeigneter Visualisierungswerkzeuge wie GIS oder sensorspezifischer Darstellungssoftware georeferenziert und graphisch aufbereitet. Sie dienen somit auch der Dokumentation von den einzelnen Missionen. Des Weiteren können auf Basis dieser Daten die verwendeten Algorithmen optimiert werden.

Für die Entwicklung des Führungsverhaltens wurde initial die Darstellung der Fahrzeugbewegungen durch die VR verwendet. Diese wird im Abschnitt 5.3.1 vorgestellt und im Kapitel 6 deren Einsatz für die Inspektion beschrieben.

Als weitere Darstellungsvariante der Fahrzeugbewegungen wird ein GIS (Google Earth [55], QGIS [103] oder Marble [71]) verwendet. Für die Darstellung in Google Earth mussten die Daten für die Anzeige aufbereitet werden und es wurden kml-Dateien (Keyhole Markup Language) [56] erstellt. Ein Beispiel einer solchen kml-Datei mit aufgezeichneten Positionsdaten ist in Listing 5.2 und die dazugehörige Anzeige ist in der Abbildung 5.31 dargestellt.

Listing 5.2: Track-Aufzeichnung als kml-Datei

```
<kml xmlns="http://earth.google.com/kml/2.2">
<Document> <Placemark> <name>OIS track</name>
<LineString> <coordinates> 10.01703,54.6599924,-0.46
10.01701,54.6599924,-0.46  10.01700,54.6599958,-0.45
10.01698,54.6599992,-0.46  10.01696,54.6600026,-0.47
10.01695,54.6600060,-0.46  10.01693,54.6600095,-0.47
10.01691,54.6600163,-0.47  10.01690,54.6600197,-0.47
10.01688,54.6600265,-0.45  10.01686,54.6600334,-0.47
</coordinates> </LineString> </Placemark> </Document>
</kml>
```

So können aufbereitete Sonardaten, wie die vom MBES aufgezeichneten Distanzwerte, für die Bathymetrie-Darstellung innerhalb dieser Systeme verwendet werden. Mit Hilfe der Darstellung können die Detektionsalgorithmen bewertet werden.

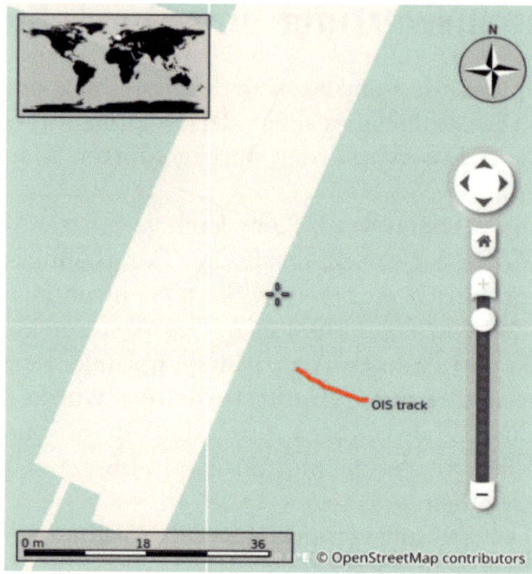

Abbildung 5.31.: Darstellung des Tracks im GIS

Des Weiteren wurden Funktionen entwickelt, welche die Datenpunkte der von den Sensordatenauswertungsalgorithmen detektierten Pipelinepositionen in den GIS oder als MATLAB-Plot anzeigen können. Da diese Positionen die Grundlage für die Datenfusion bei der Pipelineinspektion sind, können diese auch georeferenziert visualisiert werden. Dadurch können ebenfalls die Ergebnisse der in der Arbeit entwickelten Fusionsalgorithmen visualisiert und bewertet werden.

5.10. Zusammenfassung

In diesem Kapitel wurden die Umsetzung sowie die Integration auf die verschiedenen Sensorträger und Experimentierplattformen, wie das Testbecken mit Portalkran, das KAPITAS-AUV und das SeaCat-AUV, präsentiert. Dabei wurde die Integration der Algorithmen mit Hilfe der ConSys-Plattform besprochen und die dadurch erlangte Flexibilität und Portabilität demonstriert.

Durch die hohe Flexibilität bei der Softwareintegration wurden entsprechend des am Kapitelanfang vorgestellten Vorgehensmodells die implementieren Verfahren und Algorithmen auf den unterschiedlichen Plattformen getestet, ohne dass die Software neu implementiert werden musste. So wurde die Grundlage zum Test der Algorithmen zur Erkennung und Verfolgung des Verlaufs der zu inspizierenden Objekte mit Hilfe von Simulationen und der VR gelegt. Diese können ohne Änderungen auch direkt in den realen Fahrzeugen während der Seeversuche eingesetzt werden.

Es wurden Simulatoren für virtuelle Sensoren zur Pipelinedetektion und zur Spundwanddetektion erstellt. Mittels des hier vorgestellten modularen Konzeptes zur Implementation und Integration können die Simulatoren auch während der Seeversuche eingesetzt werden. Dadurch können die Führungsalgorithmen auch auf den Fahrzeugen erprobt werden, ohne, dass sich im Operationsgebiet eine Pipeline oder eine Spundwand im Versuchsgebiet befindet muss.

Des Weiteren wurde das AUV während der Hafeninspektion nicht in Gefahrenbereichen eingesetzt, wo es zu einer Kollision mit einer Wand kommen könnte. Eine erste Erprobung der Algorithmen zur Fahrzeugführung im freien Wasser konnte mit Hilfe der simulierten, virtuellen Wände ohne die Gefahr einer Kollision stattfinden.

Zusätzlich können somit auch die Algorithmen zur Datenfusion mit realen Sensordaten und simulierten Daten parallel und gleichzeitig arbeiten. Dadurch kann die Pipeline- und Seekabelsimulation die vorhandenen und bekannten Verlegedaten über die Sensordatenfusion in das Gesamtsystem einbinden und so dem Fahrzeugführungsalgorithmus bereitstellen. Dabei wird dieser virtuelle Sensor mit den Verlegedaten wie ein realer Sensor behandelt und die Daten fließen in der Fusion entsprechend in das Gesamtlagebild mit ein.

Um die Daten während der Seeversuche aufzuzeichnen, wurde ein Missionrecording-System entwickelt. Dieses kann die Rohdaten der einzelnen Sensoren speichern, so dass diese zur Missionsanalyse verwendet werden können. Des Weiteren sind die aufgezeichneten Daten die

Grundlage zur Anpassung der Detektionsalgorithmen sowie der Fusionsalgorithmen. Diese Anpassungen können somit ohne das aktive und im Wasser befindliche Fahrzeug erfolgen.

Die erstellten Fahrzeugführungsalgorithmen und Verfahren zur Simulation sowie zur Datenaufzeichnung sind die Grundlage für die im nachfolgenden Kapitel 6 beschriebenen Experimente und Seeversuche.

6. Experimente und Seeversuche

Bereits in Kapitel 5 wurden die für die Experimente und Validierung der Algorithmen genutzten Plattformen vorgestellt. Diese Algorithmen wurden mit den beiden Fahrzeugen, KAPITAS-AUV und SeaCat, validiert. Die einzelnen Experimente und Seeversuche sowie deren Ergebnisse werden in diesem Kapitel präsentiert. Dabei wurde jeweils der gesamte Regelkreis mit Frontseat- und Backseat-Driver sowie die Kommunikation über die Schnittstellen mit den realen Fahrzeugen getestet. Bei den Experimenten in der Virtuellen Realität und im Versuchsbecken mit Portalkran, wurden Teilaspekte überprüft.

Wie bereits im vorhergehenden Kapitel erwähnt können die Experimente im Versuchsbecken und mit der Virtuellen Realität beliebig oft unter sich nicht ändernden Randbedingungen wiederholt werden. Bei den Versuchen mit den Fahrzeugen ist dies nicht möglich. So ändern sich die Ausgangsbedingungen, wie Meeresströmung, Anfangsposition der Mission etc., für Seeversuche schon während der Durchführung der Experimente. Auf diese Randbedingungen wird ebenfalls in diesem Kapitel eingegangen.

Das Kapitel beschreibt zunächst die Experimente für das Kabel- und Pipelinetracking mit den jeweiligen Plattformen. Daran schließt sich die Vorstellung der Versuche zur Hafeninspektion an.

6.1. Kabel- und Pipelineinspektion

Die Algorithmen für die Regelung und Führung des Fahrzeuges sind modular implementiert und integriert. Im Kapitel 5 wurde dies bereits detailliert dargelegt. Durch diesen modularen Aufbau und der Verwendung einer auf Nachrichtenversand aufbauenden Middleware,

Abbildung 6.1.: Pipelinetracking in der VR mit Sensorkegel und kürzestem Abstand zur Pipeline

wie in Kapitel 3 beschrieben, können einzelne Module, hier speziell die Schnittstellenmodule zur jeweilig verwendeten Plattform einfach ausgetauscht werden. Somit sind die gleichen Führungsalgorithmen für das Tracking auf allen Experimentalplattformen ausführbar.

6.1.1. Simulation und Virtuelle Realität

Die Virtuelle Realität (VR) wurde verwendet, um die Fahrzeugführung, den Missionsablauf und die Trajektoriengenerierung durch den Trackingalgorithmus, zu testen. Es wurde ebenfalls das Zusammenspiel mit dem VGS des Fahrzeugherstellers getestet. Dabei wurde das VGS im Simulationsmodus, ohne das reale Fahrzeug, betrieben. Somit konnten mögliche Fehlerquellen in der Kommunikation zwischen Front- und Backseat-Driver identifiziert und abgestellt werden. Des Weiteren wurde auf Basis der Versuche die Missionsplanung optimiert und Sicherheitsfunktionen, wie Anti-Grounding (Schutz vor Kollisionen mit dem Gewässergrund), das Verlassen des Inspektionsgebiet und weitere, getestet.

Die Einbindung der VR erfolgt, wie in Abschnitt 5.3.1 beschrieben, über die TCP/IP oder UDP/IP-Schnittstelle, welche von CViewVR zur Bewegung der Objekte bereitgestellt wird.

Als Sensor für die Pipelinedetektion dient eine Berechnung des kürzesten Abstandes zur Pipeline, wie in Abbildung 6.1 dargestellt ist. Erste Experimente unter Verwendung eines simulierten MBES lieferten keine zuverlässigen Ergebnisse, da die umgesetzte Kollisionserkennung des Sonarkegels mit dem virtuellen Gewässergrund und der Pipeline für die Sonarsimulation sehr rechenaufwändig war. Des Weiteren mussten durch die in der VR verwendeten unterschiedlichen Speicherverfahren für Gewässergrund und Pipeline verschiedene Berechnungsverfahren genutzt werden, die Inkonsistenzen in den Daten lieferten. Als Ausweg wurde auf die Abstandsberechnung vom Fahrzeug zur Pipeline zurückgegriffen, die solide Ergebnisse liefert.

Mit Hilfe dieses Verfahren konnten die Sensoren zur Pipelinedetektion qualitativ und robust simuliert werden, ohne dass eine vollständige Simulation eines Sonars mit anschließender Objekterkennung durchgeführt werden musste.

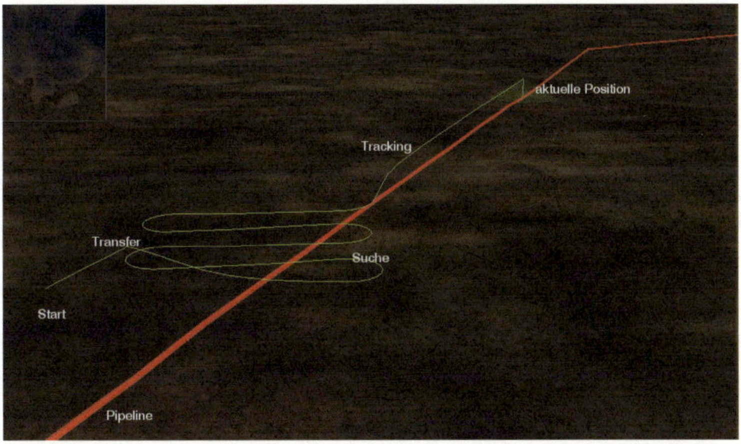

Abbildung 6.2.: In der VR aufgezeichneter Missionsverlauf

Der Pipelinetrackingsensor liefert die Lage und den Richtungswinkel der Pipeline im Sensorkoordinatensystem nach dem generalisierten Sensormodell, so dass eine einfache Einbindung der simulierten Daten in das Führungs- und Trackingsystem möglich ist. Um eine realistische, qualitative Simulation des Trackings zu gewährleisten, wurden die Reichweite und das Sichtfeld des Sensors beschränkt. Beide Parameter und die Position des Sensors am Fahrzeug können mittels Konfigurationseinstellungen angepasst werden. Diese Parameter sind als Sensorkegel in der Abbildungen 6.1 visualisiert. Die Strecke des kürzesten Abstandes vom Sensor zur Pipeline ist ebenfalls dargestellt.

Durch die dreidimensionale Darstellung des Fahrzeuges und der Umwelt sowie die Bewegungen der einzelnen Elemente während der Simulation, lässt sich das Verhalten der Algorithmen visuell darstellen und bewerten. Der vom Fahrzeug während der Simulationen zurückgelegte Pfad lässt sich ebenfalls anzeigen, wie in der Abbildung 6.2 illustriert ist. So ist in der Abbildung der zurückgelegte Pfad mit den einzelnen Aufgaben, die den Transfer vom Startpunkt der Mission in das Inspektionsgebiet, die Suche nach der Pipeline und das Tracking dieser nach erfolgreicher Detektion beinhalten, dargestellt.

6.1.2. Versuchsbecken

Das Versuchsbecken mit dem 3D-Portalkran, welches in den Abbildungen 5.7, 6.3 und 6.7 dargestellt ist, wurde für Experimente zur Entwicklung der Sensordatenfusion genutzt. Als Sensoren kamen ein BlueView MBES und eine Sony Netzwerkkamera zum Einsatz. Beide Geräte sind in den Abbildungen 5.9 und 6.3b zu sehen.

Für die Experimente wurde in dem Testbecken ein Kanalgrundrohr (KG-Rohr) aus Polyvinylchlorid (PVC-U) mit einem Durchmesser von $160mm$, das sonst für die Kanalentwässerung verwendet wird, ausgebracht. Die Abbildung 6.3 zeigt das Rohr am Beckengrund. Da es aus mehreren Segmenten, von unterschiedlicher Länge und mit Bögen, zusammengesteckt ist, können verschiedene Pipelineverläufe dargestellt werden. Die Farbe des Rohres ist Orange bis Braun und unterscheidet sich vom blauen Beckenboden sehr gut, wie in der Abbildung zu sehen ist.

In der Abbildung 6.3b sind die beiden Sensoren während des Pipelinetrackings abgebildet. Der Pipeline-Verlauf am Beckenboden wird von

(a) Übersicht

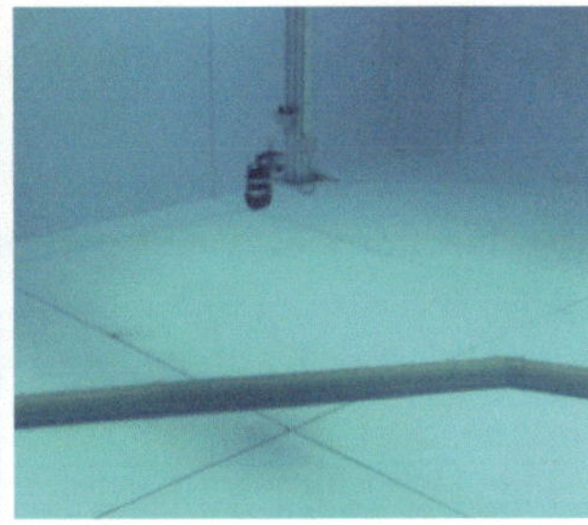

(b) Aktives Tracking der Pipeline mit Kamera und MBES im Testbecken

Abbildung 6.3.: Versuchsaufbau Pipelinetracking im Testbecken

den Sensoren während der Bewegung des Toolcenterpoints des Portalkranes mit den daran verbauten Sensoren erfasst. Dabei kann der vertikale Abstand der Sensoren zur Pipeline bzw. deren Eintauchtiefe in das Wasser mit Hilfe der Portalkransteuerung eingestellt werden. Das Steuerungssystem liefert außerdem die aktuelle Position des Toolcenterpoints auf den X-, Y-, und Z-Achsen des Portalkranes.

(a) MBES

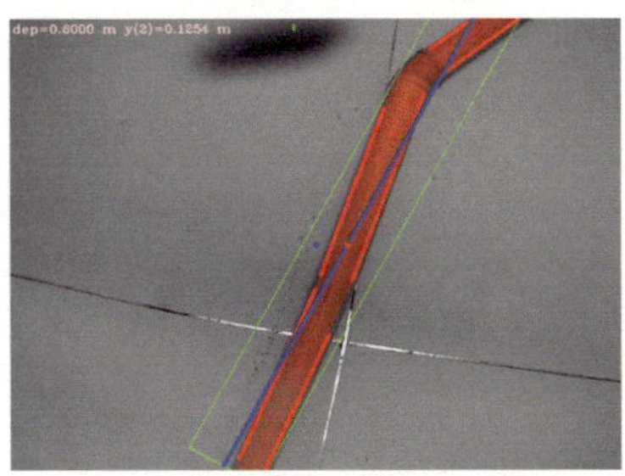

(b) Kamerabild

Abbildung 6.4.: Daten der Sensoren im Testbecken

Die Pipeline wird von zwei unterschiedlichen Sensoren erfasst. Zum einen wird ein MBES verwendet, dass die Abstände zum Beckenboden über akustische Echos und deren Laufzeiten misst. Dieser Sensor entspricht nach dem generalisierten Sensormodell einem Liniensensor. Aus den Sonardaten wird die Position der Pipeline als Abstand zum Lot des Sensors im Sensorkoordinatensystem bestimmt. Als zweiter Sensor wird eine Kamera eingesetzt. Sie entspricht nach dem generalisierten Sensormodell einem 2D-Sensor. Die Position und Richtung der Pipeline im Sichtfeld der Kamera wird mittels Bildverarbeitung ermittelt. Die von beiden Sensoren erfassten Daten sind in der Abbildung 6.4 dargestellt.

Die Pipelinepositionen im jeweiligen Sensorkoordinatensystem werden unter Verwendung der jeweilig aktuellen Position des Portalkrans in das globale Koordinatensystem des Kranes bzw. des Testbeckens transformiert und dann mit den Fusions- und Trackingalgorithmen weiterverarbeitet.

Kartenerstellung

Für die Überprüfung der Funktionsweise der Probability Maps wurden drei Karten generiert. Zwei Karten dienten für die Speicherung der Kontaktdaten der beiden Sensoren, Kamera und MBES. Die dritte wurde für die Datenfusion und anschließende Trajektoriengenerierung genutzt.

Da das Testbecken mit seiner Größe von $12m$ Länge und $8m$ Breite recht übersichtlich ist, wurden die einzelnen Karten mit fest definierten Ausdehnungen und einer Gitterelementgröße von je $1cm$ in beide Richtungen erstellt. Auf Strategien zur Handhabung von größeren Operationsgebieten konnte verzichtet werden. Aufgrund dieser Randbedingungen wurde die Fusion zu jeder Zeit mit den vollständigen Karten durchgeführt. Dabei liefen alle Module mit einer Abtastrate von $10Hz$ und es wurde zu jedem Zeitschritt eine neue, fusionierte Karte erstellt.

Die Sensor-Daten wurden mit der eigens für die kartenbasierte Datenfusion erstellten Software aufgezeichnet und zu einer gemeinsamen Karte fusioniert. Nach Abschluss der jeweiligen Versuche wurden die erstellten Karten als Bilddateien (png-Format) exportiert. Die Abbildung 6.5 zeigt die aufgezeichneten Daten für die Kamera (Abbildung

6.5a) und das MBES (Abbildung 6.5b).

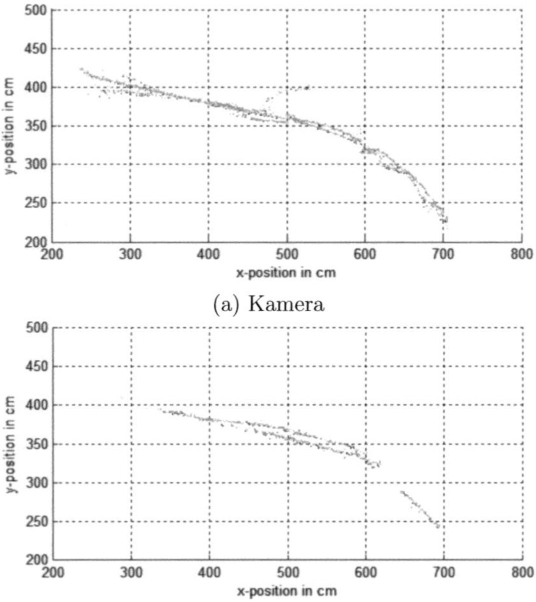

(a) Kamera

(b) MBES

Abbildung 6.5.: Sensor-Kontaktdaten

Während der Versuche ist der Portalkran entlang seiner x-Achse in positiver Richtung zwischen $250mm$ und $750mm$ gefahren und anschließend wieder zurück auf seine Ausgangsposition. Dabei ist er entlang der y-Achse der von den Sensoren erfassten Pipelineposition gefolgt.

Aus den beiden Datensätzen ist zu erkennen, dass die Kamera einen größeren Sensorbereich als das MBES hat, so dass das KG-Rohr in einem größeren Gebiet als bei dem MBES detektiert wird. Des Weiteren sind Störungen der einzelnen Sensoren zu beobachten. So werden bei dem MBES bei den Werten zwischen $610mm$ und $630mm$ keine Kontaktdaten erfasst. Der Grund dafür liegt in einem konstruktionsbedingten erhöhten Rauschpegel der Sonardaten in der Mitte des Sensorerfassungsbereiches. Dadurch können die Detektionsalgorithmen das Objekt nicht zuverlässig detektieren, wenn sich das MBES direkt über dem Rohr befindet.

Zu Beginn der Versuche wurden die Wichtungsfaktoren der einzelnen Sensoren gleich gewichtet ($w_{Kamera} = 1/2$, $w_{MBES} = 1/2$). Die Wichtungswerte wurden entsprechend Gleichung 4.18 bestimmt. ie Kamera lieferte während der gesamten Versuchsreihe zuverlässige Positionsdaten, so dass diese bei der Fusion höher gewichtet werden konnten. Daher wurder zum Ende der Versuchsreihe dann die Kamerawichtung auf $w_{Kamera} = 2/3$ erhöht. Dementsprechend wurde die Wichtung des MBES auf $w_{MBES} = 1/3$ angepasst. Die fusionierten Daten beider Sensoren sind in der Abbildung 6.6 dargestellt.

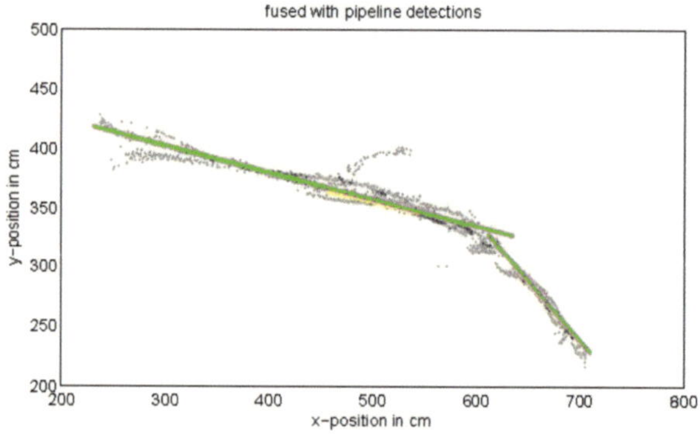

Abbildung 6.6.: Fusionierte Sensorkontaktdaten und Linienextraktion

Durch Hough-Transformation (Abschnitt 4.4.3.1) wurden aus den fusionierten Kartendaten die Positionen der beiden Segmente des abgeknickten Rohres ermittelt. Diese wurden als Linien (grün hervorgehoben) in die Abbildung 6.6 eingezeichnet.

Kalman-Filter

Der in Abschnitt 4.5.3 vorgestellte Kalman Filter soll während der Verfolgung der Pipeline- oder Seekabel-Verlegetrasse kontinuierlich die seitliche Ablage und die Verlegerichtung an die Fahrzeugregelung liefern. Um dieses Verhalten zu evaluieren, wurde wieder auf den Versuchsaufbau im Testbecken zurückgegriffen. Da hier auch eine Unterbrechung der Datenlieferung durch einzelne Sensoren und die Fusion der Daten während des aktiven Trackings und Folgens der Verlegetrasse getestet werden soll, wurde der Versuchsaufbau modifiziert.

Die Modifikation ist in der Abbildung 6.7 im Überblick dargestellt: Da das Visuelle Tracking auf den Farbwerten des KG-Rohres basiert, wurde durch Abkleben eines Rohrsegmentes mit einer andersfarbigen Folie (grau) dieser Bereich für den Auswertealgorithmus als nicht sichtbar modifiziert. In der Abbildung 6.8 ist das Ergebnis dieser Modifikation illustriert.

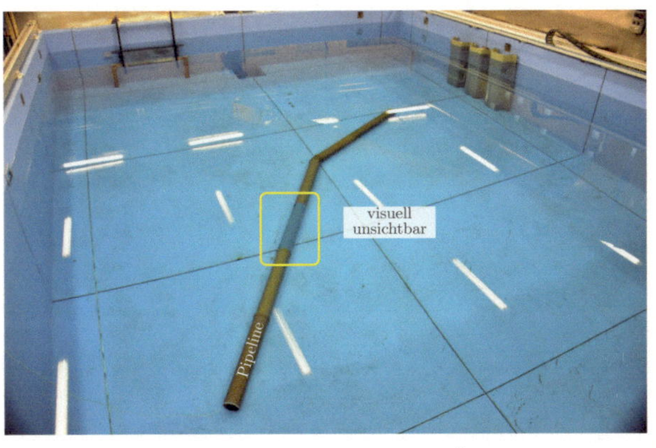

Abbildung 6.7.: Versuchsaufbau im Testbecken für fusioniertes EKF-Tracking

Die Fahrtrajektorie des Portalkranes wurde wie bei dem vorhergehenden Versuch zur Kartenerstellung aus den jeweilig aktuellen Messdaten generiert. Die während des Versuches abgefahrene Bahn ist in der Abbildung 6.9 mit der Angabe der (x, y)-Koordinaten dargestellt. Die z-Achse war während des Versuches konstant auf $1000mm$ eingestellt. In dem Plot ist zu erkennen, dass eine Änderung der Fahrtrichtung des

(a) Eingangsbild Kamera (b) Ausgewertetes Kamerabild (c) Detektion im Kurvenbereich

Abbildung 6.8.: Für Kamera nicht sichtbares Pipelinesegment und Kurvenbereich

Portalkranes stattfand. Dies erfolgte aufgrund des im Versuch definierten Operationsgebietes, das bei $x = 7000mm$ begrenzt wurde.

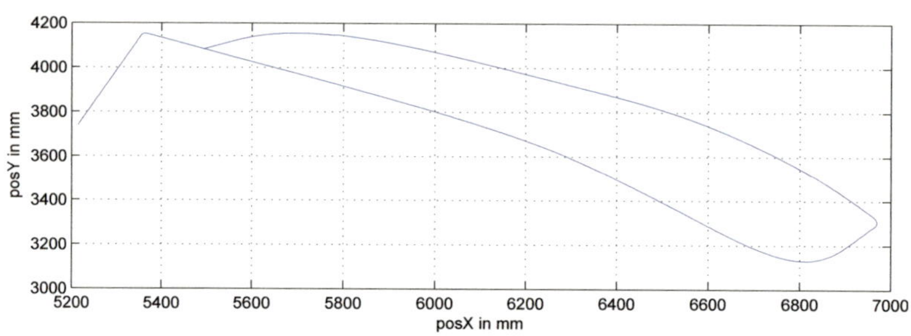

Abbildung 6.9.: Positionswerte des Portalkrans während des EKF-Trackings

Die während des Versuches aufgezeichneten Daten der beiden Sensoren und der Ausgangswerte des Kalmanfilters sind in der Abbildung 6.10 dargestellt. Es sind die jeweiligen Werte für die seitliche Ablage y_B nach dem generalisierten Sensormodell abgebildet.

Die in der Abbildung 6.10 dargestellten Plots zeigen die Messwerte der beiden Sensoren und die über die Wichtung während der Fusion durch den EKF ermittelten Daten zur seitlichen Ablage y_B zur Position des Toolcenterpunktes des Portalkranes. Während des Versuches folgt

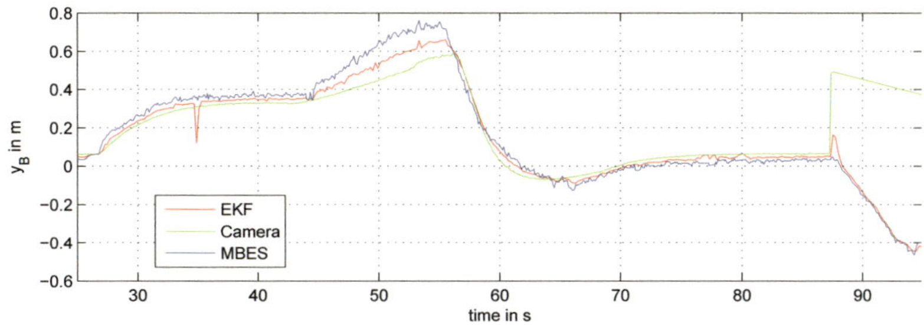

Abbildung 6.10.: Plot der Sensordaten des EKF-Trackings

der EKF beiden Sensoren und in Folge der Wichtung liegen die berechneten Werte meist mittig zwischen den Messwerten der beiden Sensoren. Besonders gut lässt sich dies im Zeitbereich 45 s $\leq t \leq$ 56 s erkennen, wo sich die Messwerte der beiden Sensoren deutlich unterscheiden. Dieser Unterschied lässt sich durch das Messprinzip (2D-/Liniensensor) und durch die Auswertung der Kameradaten erklären. Während dieses Zeitbereiches wird der Knick im Verlauf des Rohres (zu sehen in der Abbildung 6.7) von den Sensoren erfasst. Das MBES erfasst durch seinen linienartigen Messaufbau die exakte Position der Pipeline, ohne auf den Knick Rücksicht zu nehmen. Im Gegensatz dazu erfasst die Kamera die gesamte Umgebung um diesen Knick. Im Auswertealgorithmus werden hier jedoch nicht zwei Liniensegmente detektiert, die den Knick beschreiben, sondern beide Segmente werden zu einem Liniensegment nach dem generalisierten Sensormodell zusammengefasst und somit kommt es in Kurven zu einer Abweichung der berechneten Pipelineposition zur realen. Die Abbildung 6.8c illustriert dies.

Des Weiteren ist im Bereich $t \geq$ 88 s zu erkennen, dass die Messdaten der Kamera von den beiden anderen abweichen. Ab diesem Zeitpunkt wird von der Kamera keine Pipeline detektiert, da sich diese über dem modifizierten Bereich (Abbildungen 6.8a und 6.8b) befindet und der Detektionsalgorithmus keine Pipelineposition liefert. Infolge der fehlenden Messwerte wird das MBES stärker gewichtet und der Kalman Filter folgt wie erwartet dem Verlauf der MBES-Messwerte.

6.1.3. Seeversuche mit KAPITAS-AUV

Zum Test der Algorithmen unter realen Einsatzbedingungen wurden zwei größere Seeversuche im Øresund (Ostsee) in der Nähe des Atlas Maridan ApS Standortes in Rungstedt, Dänemark, während der Projektlaufzeit durchgeführt. Diese werden nachfolgend beschrieben. Das Versuchsgebiet ist in Abbildung 6.11 hellblau hervorgehoben.

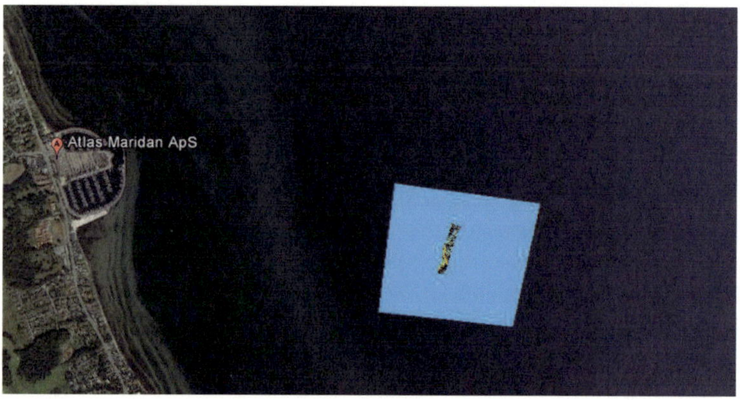

Abbildung 6.11.: KAPITAS-Versuchsgebiet im Øresund (Kartendaten: Google, TerraMetrics)

Erster Seeversuch

Als Versuchsträger wurde das Maridan OSV (Abbildung 6.12) eingesetzt. Dieses hat eine ähnliche Sensorausstattung und nutzt die gleiche Führungssoftware mit Autopilot und Missionsmanagement wie das zum Testzeitpunkt im Aufbau befindliche KAPITAS-AUV.

Die Seeversuche wurden ohne den Flügel mit den Magnetometern und dem SBP durchgeführt. Dadurch vereinfachte sich auch das Handling des Systems beim Aussetzen und Bergen.

Das Ziel dieses Seeversuches war die Erprobung des Zusammenspiels zwischen dem Pipelinetrackingsystem (PTS) und dem Vehicle Gui-

Abbildung 6.12.: Pipelinetracking – Maridan OSV

dance System (Fahrzeugführungssystem) (VGS) auf dem realen Fahrzeug unter realen Umweltbedingungen. Des Weiteren wurden Daten mit den verfügbaren Sensoren aufgezeichnet, um diese im Post-Processing durch Replay auszuwerten (siehe Abschnitt 5.8).

Die Kurs- und Tiefenreglung sowie die Planung und Abarbeitung der Mission wurde vom VGS übernommen, die Fahrzeugführung während der Inspektion erfolgt durch das PTS. Es musste somit das Hand-Over der Fahrzeugführung vom VGS zum PTS während einer realen Mission auf dem Fahrzeug im bzw. unter Wasser getestet werden.

Die einzelnen Missionen wurden in der im VGS vorhandenen HMI geplant. Es wurden ein Missionsplan und zwei virtuelle Pipeline-Setups erstellt, die im Versuchsgebiet ausgeführt werden sollen. Der erstellte Missionsplan wurde in einem GIS visualisiert (hier Google Earth [55]) und ist in Abbildung 6.13 dargestellt. Dieser Missionsplan bestand aus einer Wegpunktliste und einem Autonomiegebiet, in dem das Fahrzeug frei agieren und die Pipelineinspektion durchführen konnte. Außerhalb dieses Gebietes muss sich das Fahrzeug, wie in den Missionsanforderungen spezifiziert, an die vorgegebenen Wegpunkte halten. Des Weiteren wurden der Pipeline-Layout-Sensor, vorgestellt in Abschnitt 5.5.1, als

Sensor für die Pipelineverfolgung verwendet und die entsprechenden Verlegeinformationen für das Missionsgebiet definiert.

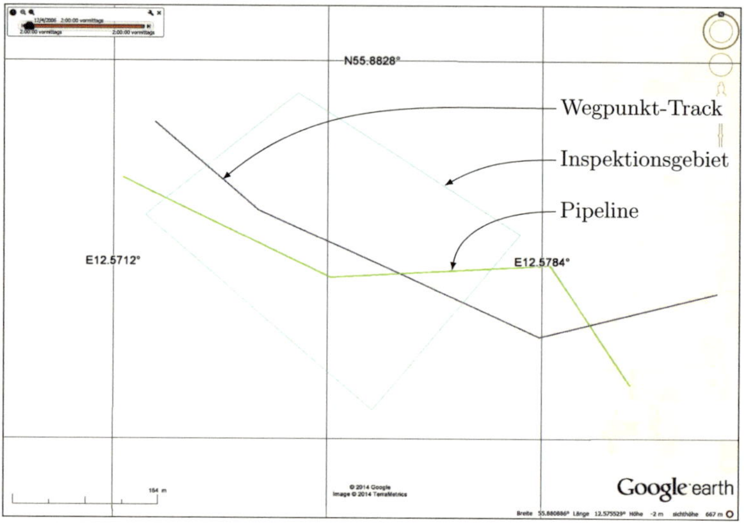

Abbildung 6.13.: Missionsplan für erste KAPITAS-Seeversuche

Die beiden Pipeline-Layouts lagen jeweilig nördlich und südlich des im Missionsplan festgelegten Tracks (Abbildung 6.13). Dadurch wurde gewährleistet, dass der Pipelinesuchalgorithmus des PTS die Pipeline an unterschiedlichen Positionen sucht und die Anfahrt zur Pipeline in verschiedenen Situationen getestet werden kann.

Vor den Versuchen im Feld mit dem realen Fahrzeug wurden die einzelnen Pläne und Pipeline-Layouts simulativ getestet. Dadurch konnten Fehler in den Softwarekomponenten und in den Kommunikationsschnittstellen im Vorfeld gefunden und behoben werden. Durch die einheitliche, generische Schnittstellendefinition zwischen den einzelnen Komponenten des VGS und des PTS konnten die gleichen Softwaremodule für die Simulation und für den Einsatz im Fahrzeug verwendet werden.

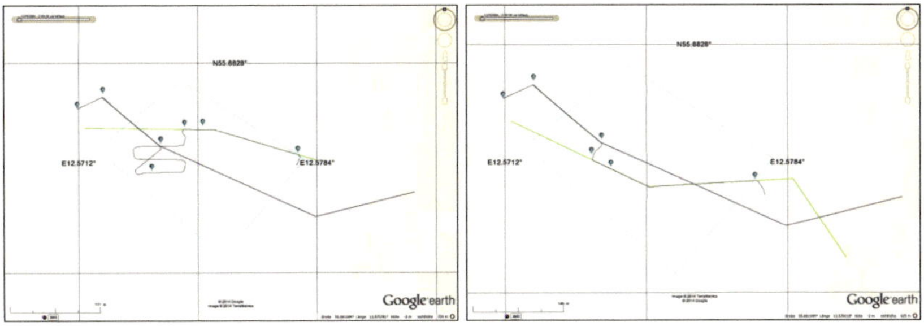

(a) nördliche Pipeline (b) südliche Pipeline

Abbildung 6.14.: Pipelinetracking-Simulationen zur Voruntersuchung

Die Ergebnisse der Simulationen wurden ebenfalls in dem GIS visualisiert (Abbildung 6.14) und ausgewertet. Der vom Fahrzeug zurückgelegte Pfad, der aus den Telemetriedaten extrahiert wurde, ist in den Abbildungen als schwarze Linie eingezeichnet. Die Abarbeitung der Mission erfolgte, wie in den Anforderungen an eine Pipelineinspektion definiert (Abschnitt 3.8.1), in mehreren Schritten. Bei der nördlichen Pipeline wird zuerst ein größeres Suchmanöver durchgeführt, um die Pipeline aufzufinden. Die südliche Pipeline wurde zugleich bei Beginn der Inspektion entdeckt und entsprechend verfolgt.

Nach erfolgreichem Nachweis des Zusammenspiels zwischen VGS und PTS wurden die Pläne im Versuchsgebiet mit dem realen Fahrzeug ausgeführt. Die Ergebnisse wurden ebenfalls im GIS visualisiert und sind in der Abbildung 6.15 dargestellt.

Während der Versuche herrschte im Øresund eine Strömung von ca. 1kn. Das Fahrzeug musste gegen diese Strömung ankämpfen, was auch sehr gut an den aufgezeichneten Tracks in den Abbildungen zu erkennen ist. Die Strömungsverhältnisse in dem Seegebiet sind in der Abbildung 6.16 dargestellt. Dabei herrschte laut der Daten, von „Copernicus Marine environment monitoring service“ [25] eine Strömung von $0.47\,\frac{\mathrm{m}}{\mathrm{s}}$ in Richtung $\alpha = 332\,^{\circ}$.

Die Versuche starteten mit dem südlichen Pipeline-Layout. Um Energie und Zeit zu sparen, wurde gleich der Wegpunkt mit dem Start

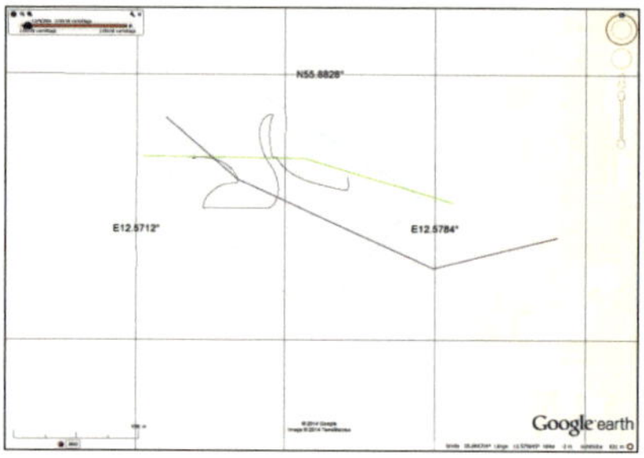

(a) nördliche Pipeline

(b) südliche Pipeline

Abbildung 6.15.: Aufgezeichnete Tracks der mit dem Fahrzeug durchgeführten Versuche

des Trackings angefahren. In Folge der starken Strömung und eines zu knapp bemessenen Timeouts musste dieser Wegpunkt nach einem Missionsabbruch mit einem längeren Timeout nochmals angefahren werden, wobei das Fahrzeug dann erfolgreich die Pipeline gefunden hat und dieser gefolgt ist (Abbildung 6.15b).

Die nördliche Pipeline ist weiter von dem Tracking-Startpunkt entfernt und in Abbildung 6.15a ist gut erkennbar, dass das PTS im Inspektionsgebiet mit der Suche beginnt. Durch die starke Strömung wurde das Fahrzeug während der Wendemanöver in Richtung Norden abgetrieben. Dabei wurde die Pipeline detektiert und mit der Anfahrt Richtung Pipeline begonnen. Der Pipeline wurde einige Meter gefolgt, aber infolge der starken Strömung ist das Fahrzeug abgedriftet und es wurde von PTS versucht, der Pipeline in größerer Distanz zu folgen bzw. den Abstand zu dieser zu minimieren. Nach einer Weile wurde das Tracking infolge eines Manöver-Timeouts abgebrochen. Dennoch wurde die Pipeline erfolgreich aufgefunden und deren Track verfolgt (Abbildung 6.15a).

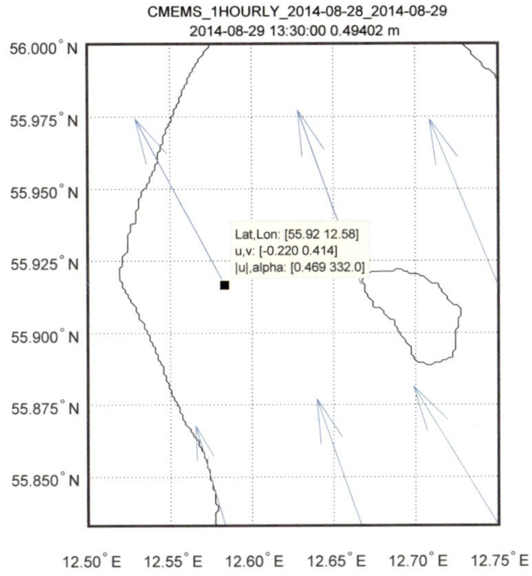

Abbildung 6.16.: Strömungsverhältnisse im Seegebiet während der Versuche

Zweiter Seeversuch

Der zweite größere Seeversuch erfolgte mit dem vollständig aufgebauten KAPITAS-AUV und der vollständigen Sensorausstattung. Es ist mit dem Sensorflügel in der Abbildung 6.17 dargestellt.

Durch den unter dem Fahrzeug installierten Sensorflügel konnten die Magnetometer und das BOSS genutzt werden. Die Kamera mit dem optischen Tracker konnte durch die hohe Wassertrübung bei diesen Versuchen keine zufriedenstellenden Aufnahmen erstellen und wurde nicht genutzt.

Das Versuchsgebiet entsprach dem der ersten Seeversuche mit dem Maridan OSV. Im Operationsgebiet wurde ein Kunststoffrohr ausgebracht, das in der Abbildung 6.18 an Land zu sehen ist. Dieses wurde in das Versuchsgebiet transportiert und dort mit Hilfe von Tauchern am Gewässergrund verankert. Dieses Kunststoffrohr ist in den Daten

(a) Im Wasser (b) Vorbereitung Sensorflügel

Abbildung 6.17.: Pipelinetracking mit dem KAPITAS-AUV

des MBES detektierbar, was in weiteren, vorhergehenden Experimenten validiert wurde. Die Detektierbarkeit mit dem BOSS und dem SSS soll mit Hilfe der Versuche ebenfalls überprüft werden.

Abbildung 6.18.: Pipeline-Dummy

Da dieses Kunststoffrohr nicht mit den Magnetsensoren erfasst werden kann, wurde ein Kabel mit aufgeprägtem Wechselstrom-Signal mit einer Frequenz von 50 Hz an diesem befestigt.

Zu Beginn wurden mehrere Mäander-Versuche über die Pipeline mit allen verfügbaren Sensoren durchgeführt. Es wurden Messdaten mit dem MBES aufgezeichnet. Auf Basis der aufgezeichneten Bathymetrie-Daten wurde die Lage der Pipeline identifiziert und eine Pipeline-Layout-Datei für den Layout-Sensor erstellt. Mit Hilfe dieser Verlegeinformationen wurden erste Tracking-Manöver durchgeführt, ohne dass auf reale Sensordaten zurückgegriffen wurde. Die während dieser Manöver aufgezeichneten Daten dienten der Sensorkalibrierung.

Ergebnisse von den Sensoren lagen direkt nach den Versuchen nur vom MBES mit detektierten Pipelinepositionen vor. Alle anderen Detektoren haben zum Zeitpunkt der Versuchsdurchführung keine Online-Pipelinedetektion durchgeführt. Es wurden aber alle gemessenen Daten aufgezeichnet, diese konnten in der Nachbereitung der Versuche für Replays genutzt werden. Ein Online-Tracking und eine Fusionierung der Daten konnte dementsprechend nicht durchgeführt werden.

Dank der generischen Sensorschnittstelle sind eine Bewertung der Sensorperformance und eine Datenfusion auch mit Hilfe der aufgezeichneten Messdaten getrennt von der Fahrzeugführung möglich. Während der Versuche wurde nochmals die Führung des Fahrzeuges erfolgreich validiert. Die vom MBES aufgezeichneten Bathymetriedaten mit dem eingezeichneten Pipeline-Track sind in der Abbildung 6.19a und vergrößert in der Abbildung 6.19b dargestellt.

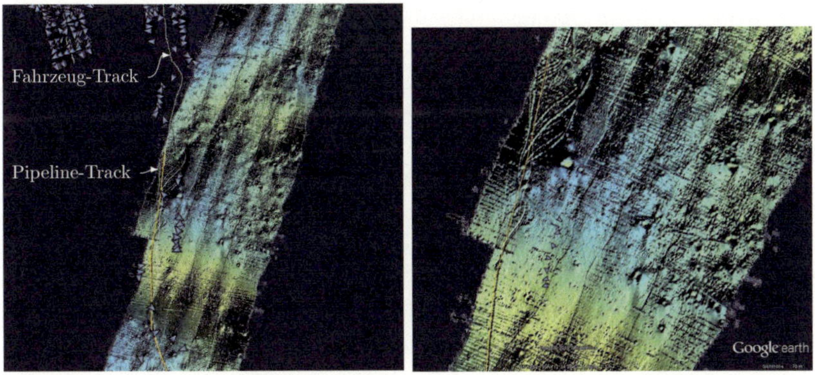

(a) Überblick (b) Detailauschnitt

Abbildung 6.19.: Bathymetriedaten mit Pipelinetrack (Kartendaten: Google, TerraMetrics)

Die hervorgehobene Linie in Abbildung 6.19 kennzeichnet die Pipeline-

Position, welche als Verlegeplan für den virtuellen Sensor fungierte. Der vom AUV gefahrene Track ist ebenfalls eingezeichnet. Dabei ist zu erkennen, dass nach einem kurzen Suchmanöver das Tracking beginnt und das Fahrzeug der Pipeline folgt.

Die von dem MBES identifizierten Pipelinepositionen sind als Dreiecke dargestellt. Dabei ist zu erkennen, dass bei großem Abstand zum Grund viele Fehldetektionen erfolgen. Dies ist auf die Funktionsweise des Sensors zurückzuführen. Dieses Verhalten wurde während der Versuche entdeckt und entsprechend in einem Update des Auswertealgorithmus korrigiert. Die Anzahl der Fehldetektionen konnte danach massiv reduziert werden, wobei die aufgezeichneten Daten sehr hilfreich waren.

6.2. Hafeninspektion

Die einzelnen Versuche für die Hafeninspektion und die Vorgehensweise gestalteten sich ähnlich derer bei der Pipelineinspektion. Es wurde hier jedoch auf die Versuche zur Fahrzeugführung im Testbecken weitestgehend verzichtet. Die Validierung der Fahrzeugführung wurde simulativ durchgeführt, um dann auf dem realen Fahrzeug getestet zu werden. Hier hat die Simulation die meisten Fragestellungen abgedeckt, so dass der Erkenntnisgewinn zum Aufwand des Versuchsaufbaus im Testbecken sehr gering gewesen wäre. Des Weiteren wurde als Versuchsträger das SeaCat-AUV eingesetzt. Es ist leichter und kleiner als das KAPITAS-AUV. Dadurch vereinfacht sich das Handling und es kann direkt vom Ufer aus ins Wasser gesetzt und daraus geborgen werden, so dass der logistische Aufwand gering ist.

6.2.1. Simulation und Virtuelle Realität

Wie bereits eingangs erwähnt wurde die Entwicklung und Implementation der Fahrzeugführung für die Schiffshüllen- und Hafeninspektion durch Simulationen begleitet. Als Sollwerte für die Regelung wurden die lateralen Abstände zum inspizierenden Objekt genutzt.

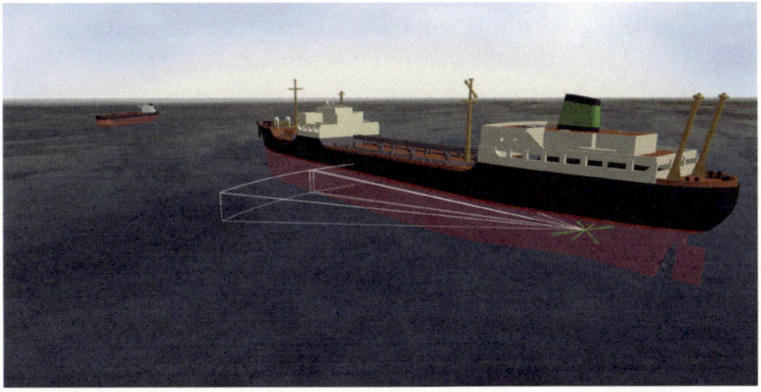

Abbildung 6.20.: Visualisierung einer Schiffshülleninspektion durch ein AUV mit CViewVR

Als Simulations- und Visualisierungsumgebung wurde wie bei der Pipelineinspektion ebenfalls CViewVR verwendet. Ein Szenario zur Schiffshülleninspektion ist in der Abbildung 6.20 dargestellt. Hier wurden nach dem in Abschnitt 5.3.1 und in [122] beschriebene Konzept virtuelle Abstandssensoren eingesetzt. Die in der VR simulierten Sensoren und deren Positionen am Fahrzeug sind in der Abbildung 6.21 illustriert.

Abbildung 6.21.: AUV-Sensorkonfiguration mit FLS und seitlichen Abstandssensoren

Diese in der VR simulierten Sensoren habe die Abstände zu den

Hafen- bzw. Schiffswänden ermittelt. Aus den Abständen wurde durch Schätzung und Linienabstraktion (Abschnitt 3.7.3) der Wandverlauf für die Abstandsregelung zu dem Objekt genutzt.

Das Fahrzeugverhalten und die Fahrzeugbewegungen während der Inspektion konnten in der VR visualisiert werden.

6.2.2. Simulation und GIS-Visualisierung

Für die Planung und Ausführung der Inspektionen mit realen Positionsdaten im geodätischen Koordinatensystem war die VR nicht ausreichend. So wurden die Missionspläne und Telemetriedaten in einem GIS wie GoogleEarth visualisiert.

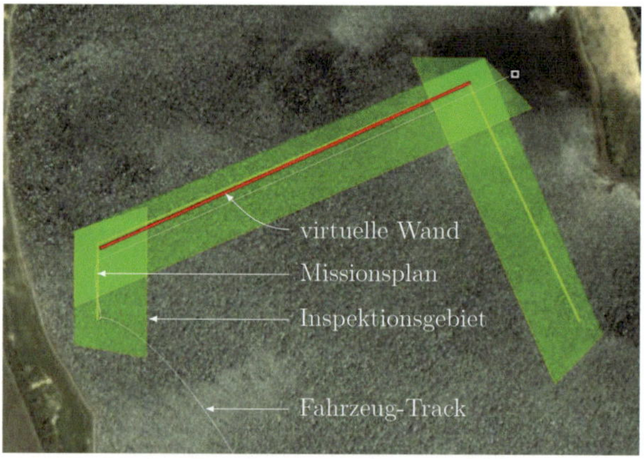

Abbildung 6.22.: Simulation und GIS-Visualisierung einer Wandinspektion (Kartendaten: Google, Geobasis-DE/BKG)

Des Weiteren konnte mit einer qualitativen Sensorsimulation (beschrieben in Abschnitt 5.5.2), welche die wandähnlichen Objekte als Linie dargestellt hat, die Fahrzeugführung während der Suche nach dem zu inspizierenden Objekt, die Anfahrt zu diesem, die Wendemanöver bei dem Tiefenebenenwechsel sowie die Einhaltung der Sicherheitsparameter erprobt werden.

Ein solcher Plan für die Hafeninspektion, der mit seinen einzelnen Schritten in Abschnitt 3.8.1 und seinen Elementen in Abschnitt 5.7 vorgestellt wurde, ist in der Abbildung 6.22 mit Hilfe von dem GIS dargestellt.

Diese Simulationen fanden auf Basis einer puren ConSys-Simulation unter Verwendung eines simulierten Fahrzeugmodells sowie in Verbindung des kompletten Systems mit dem OIS und dem VGS inklusive Autopilot und Fahzeugdynamiksimulator statt. Somit konnte die Führung des Fahrzeuges ohne dem VGS in diversen Konfigurationen und Missionseinstellungen getestet werden. Mit Hilfe des VGS konnten dann die Schnittstellen und die Kommunikation zwischen den beiden Systemen (siehe Abschnitt 5.6.2) evaluiert werden.

6.2.3. Seeversuche mit SeaCat-AUV

Durch den modularen Aufbau des OIS mit seinen standardisierten Schnittstellenmodulen konnten die in den Simulationen validierten Algorithmen direkt, ohne größere Anpassungen auf dem realen Fahrzeug eingesetzt und erprobt werden.

Baggersee

Regelmäßige Versuche fanden im firmeneigenen See der ATLAS ELEKTRONIK GmbH in Bremen, dem Baggersee, statt. Durch den einfachen Zugang zum See und dem Fahrzeug vor Ort konnte häufig mit dem realen AUV erprobt werden. Die Abbildung 6.23 zeigt den Versuchsträger während einer an der Wasseroberfläche geplanten Mission in dem See.

Die Mission wurde mit der zum VGS gehörigen HMI geplant und gestartet. Die Abbildung 6.24a zeigt eine in dieser HMI geplanten Inspektionsmission mit all seinen Elementen.

Während dieser Versuche wurden die Kommunikation zwischen OIS und VGS über die definierten Schnittstellen sowie die Ausführung der Inspektionsmission mit dem realen Fahrzeug getestet. Da in dem See keine reale Wand zur Inspektion vorhanden war, wurde hier auf die Simulation der Wand zurückgegriffen. Die Ergebnisse der Versuche sind

Abbildung 6.23.: SeaCat im Baggersee

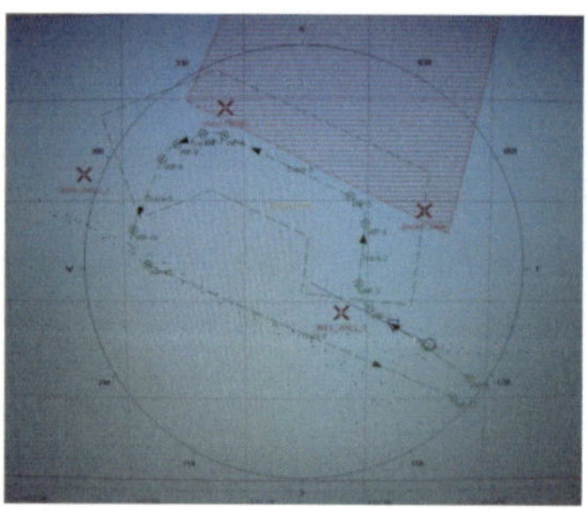

(a) CView-HMI mit Missionsplan

(b) GIS-Visualisierung einer Inspektion

Abbildung 6.24.: Missionsplanung und Auswertung im Baggersee

exemplarisch in der Abbildung 6.24b mit Hilfe des GIS dargestellt. Die Abbildung zeigt den vom AUV zurückgelegten Pfad als weiße Linie und die simulierte Wand als rote, gerade Strecke.

Schilksee

Weitere Seeversuche mit dem realen Fahrzeug fanden im Olympiahafen Kiel in Schilksee statt. Die Versuche wurden im Spätherbst durchgeführt, da zu dem Zeitpunkt nur wenige Boote im Hafen lagen. Die

Aufnahme in der Abbildung 6.25 zeigt das AUV SeaCat im Olympiahafen sowie die zu untersuchenden Kaimauern.

(a) SeaCat-AUV im Einsatz

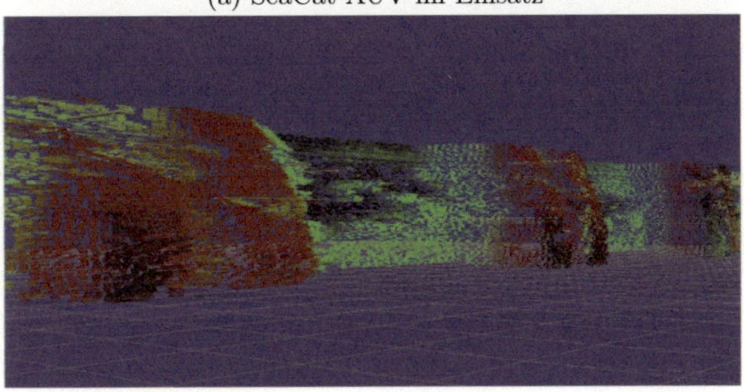

(b) Als Punktwolke dargestellte Messwerte der Spundwand [69]

Abbildung 6.25.: Olympiahafen Kiel in Schilksee

Ziel dieser Versuche waren die Erprobung der Objektidentifikation bzw. Wanderkennung und somit ebenfalls die Erprobung der Abstandsregelung und Anfahrmanöver zur Wand mit realen Sensordaten. Während dieser Versuche wurden Messdaten mit der im Sensorkopf integrierten Kamera und einem Laser aufgenommen. Über ein Laserschnittverfahren wurden die Abstände vom Sensorkopf zur Wand vermessen. Die Ergebnisse sind in der Abbildung 6.25b dargestellt.

Olpenitz

Die abschließenden Versuche fanden in Hafen Olpenitz an der Ostsee in der Nähe der Schlei statt. Das Versuchsgebiet ist in der Abbildung 6.26a zu sehen.

(a) Überblick Versuchsgebiet

(b) SeaCat während der Wandinspektion

Abbildung 6.26.: Seeversuche in Olpenitz

Bei diesem Seeversuch wurden alle entwickelten Verfahren für die Schiffsrumpf- und Hafeninspektion, wie die automatische Inspektion einer Spundwand in verschiedenen Tiefenebenen, getestet. Das Fahrzeug wurde dabei entlang einer Betonwand geführt, die gut in den Sonar-Echos zu identifizieren ist. Als Inspektionsobjekt diente, wie in den Abbildungen 6.26a bis 6.27b zu erkennen ist, ein aus Betonelementen bestehender Schwimmsteg, der ca. $2m$ tief im das Wasser reichte.

Bei dem ersten Versuch wurde das AUV erfolgreich an der Wand entlang geführt, bis es das vordefinierte Inspektionsgebiet verlässt. Die photographische Aufnahme in der Abbildung 6.26b zeigt das Fahrzeug während dieser Inspektion. Die Auswertung dieses Versuches mit dem GIS ist in der Abbildung 6.27a dargestellt.

Die Ergebnisse der Inspektion in den verschiedenen Tiefenebenen ist ebenfalls mit dem GIS visualisiert und in der Abbildung 6.27b zu sehen. Der Start dieser Mission beginnt mit den gleichen Manövern, wie der im vorhergehenden Versuch mit nur einer Tiefenebene (Abbildung 6.27a). Wenn jetzt das Fahrzeug am Rand des Inspektionsgebietes an-

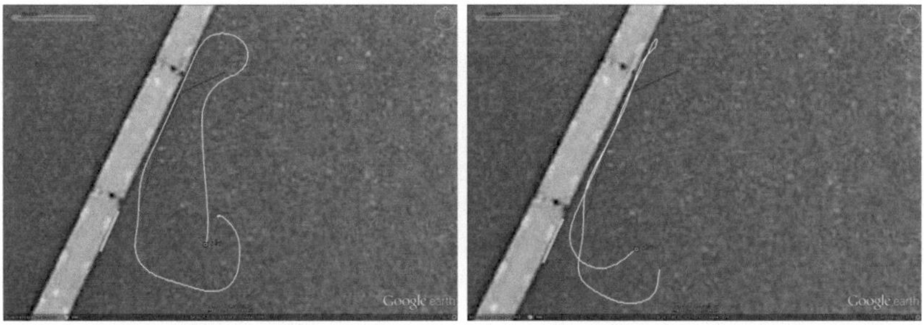

(a) Fahrt entlang der Wand (b) Inspektion mit Wendemanöver

Abbildung 6.27.: GIS-Darstellung der Versuchsergebnisse in Olpenitz

gekommen ist, wendet es und inspiziert die nächste tiefere Schicht, so lange bis der Gewässergrund erreicht ist. Dann ist die Inspektion beendet und das Fahrzeug kehrt auf den geplanten Track zurück.

6.3. Zusammenfassung

In diesem Kapitel wurden die durchgeführten Experimente für das Kabel- und Pipelinetracking sowie die Versuche zur Inspektion von Hafenanlagen mit den jeweiligen Plattformen vorgestellt. Während der Versuche wurden die in den Kapitel 3 und 4 beschriebenen und in Kapitel 5 umgesetzten Verfahren in realen Szenarien getestet. Die dabei gewonnenen Ergebnisse flossen in die Verbesserung der Algorithmen sowie der Trägersysteme und AUVs ein. Dabei wurde das in Abschnitt 5.1 beschriebene Vorgehensmodell angewendet.

So wurden die Führungsalgorithmen für die Pipeline- und für die Wandinspektion initial in der Simulation getestet. Die grundlegende Entwicklung fand parallel mit den Tests in der Simulation statt, so dass eventuelle Fehler in der Integration der Algorithmen schnell entdeckt und behoben werden konnten. Für die Simulationen wurden Softwaremodule zur Pipeline- und Wandsimulation sowie die VR verwendet. Als Visualisierung der vom Fahrzeug gefahrenen Strecke wurde die VR für die dreidimensionale Darstellung und ein GIS für die Darstellung in der Ebene verwendet.

Da die Simulationen das Fahrzeug und die zu verwendenden Sensoren qualitativ simulierten, waren Erprobungen mit den realen Fahrzeugen und Sensoren notwendig. Es wurden Experimente mit dem Portalkran, der Sensoren in einem Wasserbecken positionieren und verfahren kann, und mit den Fahrzeugen, die als Zielplattform der entwickelten Algorithmen und Software zur Verfügung standen, durchgeführt.

Durch die Experimente zum Tracking einer Pipeline mit dem Portalkran konnten die Verfahren der Sensordatenfusion verbessert und die Algorithmen wiederholbar in dem Setup getestet werden. Des Weiteren konnten verschiedene Eigenschaften der verwendeten Sensoren, wie beispielsweise sich ändernde Lichtverhältnisse bei der Kamera oder akustische Störungen wie Mehrfachreflexionen bei den Sonaren, untersucht werden. Dabei sind Algorithmen zur Detektion der Pipeline in einem Farbkamerabild und in den Daten eines bildgebenden MBES entstanden.

Für die Erprobung der Führung des AUVs zur Hafeninspektion wurde kein Versuch im Wasserbecken aufgebaut. Die Versuche wurden gleich mit dem Fahrzeug durchgeführt, da das verwendete AUV recht kompakt ist. Dadurch wurde das Handling beim Aussetzen und Bergen des AUVs extrem vereinfacht und es konnte vom Ufer aus betrieben werden. Des Weiteren konnte somit das Fahrzeugverhalten direkt in die Erprobung der Führungsalgorithmen einfließen. Das Fahrzeug und die Algorithmen wurden außerdem an mehreren, unterschiedlichen Testgebieten (Baggersee, Olympiahafen und Hafen Olpenitz) erprobt.

Die Seeversuche zum Kabel- und Pipelinetracking wurden mit dem KAPITAS-AUV und dem Maridan OSV durchgeführt. Beide Fahrzeuge wiesen ähnliche Eigenschaften in Bauform und Fahrzeugverhalten auf. Es wurden mit den Fahrzeugen die Führungsalgorithmen zum Auffinden und Tracken einer Pipeline im Øresund (Dänemark) mehrfach erfolgreich erprobt. Dabei wurden Sensordaten von der im Wasser ausgebrachten Pipeline aufgenommen und für das Tracking genutzt.

Insgesamt verliefen die Seeversuche zur Pipelineinspektion und zur Hafeninspektion erfolgreich. Es wurden die gesetzten Ziele während der Seeversuche umfassend erreicht.

7. Zusammenfassung und Ausblick

Dieses Kapitel fasst die erstellten Konzepte und Verfahren zur Führung von AUVs während Unterwasserinspektion zusammen. Die gewonnenen Erkenntnisse aus den durchgeführten Versuchen werden resümiert und es wird einen Ausblick auf mögliche Verbesserungen, weitere Einsatzfelder und weiterführende Ansätze gegeben.

7.1. Zusammenfassung

In den Vorschriften vom DNV-GL werden Rahmenbedingungen zum Betrieb von Unterwasserkabeln und Pipelines aufgeführt. Diese sehen regelmäßige visuelle Inspektionen der äußeren Beschaffenheit dieser Unterwasseranlagen vor. Diese Inspektionen werden je nach Wassertiefe von Tauchern und mit ROVs durchgeführt. Der Einsatz von ROVs wird dementsprechend auch empfohlen.

Diese Vorgehensweise hat den großen Vorteil, dass die ROV-Piloten immer die vom ROV gesammelten, aktuellen Informationen zur Verfügung haben, um schnelle Entscheidungen zu treffen. Auf Basis dieser Daten können kritische Stellen ad-hoc detailliert untersucht werden. Dabei ist das gefesselte ROV-System immer über ein Kabel mit dem Mutterschiff an der Wasseroberfläche verbunden. Daraus ergibt sich auch schon ein großer Nachteil dieser Lösung; durch die Kabelverbindung und die Manövriereigenschaften kann sich das Gespann (Mutterschiff und ROV) nur sehr langsam entlang der Pipeline bzw. des Seekabels bewegen. Des Weiteren ist eine mehrköpfige Crew für den Betrieb notwendig. Der hohe Personaleinsatz und der Schiffsbetrieb ist ein sehr hoher Kostenfaktor bei der Durchführung der Inspektionen.

An diesem Punkt setzen autonome Systeme, wie AUVs, an. Diese

Fahrzeuge agieren ungefesselt und während der Missionsausführung unabhängig von einem Mutterschiff. Dementsprechend wird eine kleinere Crew für den operativen Betrieb benötigt, eventuell sind auch kleinere Schiffstypen als bei dem ROV-Betrieb möglich. Dadurch, dass sich das Fahrzeug frei im Wasser bewegen kann, können höhere Marschgeschwindigkeiten entlang der Pipeline und des Seekabels erreicht werden.

Damit ein AUV autonom, ohne Eingriff eines Operators in die Fahrzeugsteuerung, agiert, müssen alle notwendigen Schritte für eine erfolgreiche Inspektion von dem VGS des Fahrzeuges eigenständig durchgeführt werden. Der konzeptionelle Aufbau eines solchen Führungssystems wurde in Kapitel 3 vorgestellt. Die modulare Integration der Software sowie Architekturen für die Kommunikation der einzelnen Softwaremodule untereinander wurden erläutert.

In dem Kapitel wurde auf zwei Prinzipien der Fahrzeugführung (sequentielle und parallele Architekturen) eingegangen, deren Umsetzung in einem VGS sowie deren jeweilige Vor- und Nachteile diskutiert. Die konkrete Umsetzung der Fahrzeugführung während der Inspektion basiert dabei auf einem parallelen Ansatz, der verhaltens- und aufgabenbasierten Fahrzeugführung. Es wurden die für die Inspektion genutzten Teilaufgaben und deren Zusammenwirken zur Umsetzung vorgestellt. Für die wichtigsten Teilaufgaben, wie Pipelineverfolgung, Onlineplanung des Inspektionspfades entlang einer vertikalen Wand, wurden die Regel- und Führungsalgorithmen im Detail beschrieben. Dieses aufgabenbasierte VGS wurde in ein auf Manövern bauendes VGS integriert, um die Vorteile beider Führungsansätze nach dem Frontseat-Backseat-Driver-Konzept zu kombinieren. Dabei wurden spezielle Manöver für die Inspektion definiert sowie ein Kommunikationsprotokoll zwischen beiden Führungssystemen erarbeitet.

Die Führungsalgorithmen nutzen aufbereitete Daten aus den verschiedensten in den Fahrzeugen verbauten Sensoren zum Auffinden und zum Folgen entlang der zu inspizierenden Objekte. Die Aufbereitung und Fusionierung der Sensordaten wurde im Kapitel 4 vorgestellt. Dabei werden alle Sensordaten über sensorspezifische, georeferenzierte Karten erfasst und zu einer Gesamtkarte fusioniert. Aus dem so erstellten Umgebungsmodell wurden die Positions- und Verlaufsdaten der zu inspizierenden Objekte extrahiert und als Sollwerte für die Führungsalgorithmen aufbereitet.

Zur Speicherung der von den einzelnen Sensoren detektieren Objektdaten wurden kartenbasierte Verfahren (Probability Maps) verwendet. Diese speichern die Kontaktdaten der Sensoren zu den Objekten in den Karten, die diese Informationen in Matrixform speichern. Das Verfahren basiert auf den Ideen der Occupancy-Grids, wobei die Probability Maps die Wahrscheinlichkeiten speichern, dass das Matrixelement auf die reale Objektposition referenziert. Dieses Verfahren der Umgebungsrepräsentation leistet gute Dienste bei der Suche nach dem zu inspizierenden Objekt und kann auch für die Verfolgung des Pipeline- bzw. Seekabelverlaufes sowie für die Wandverfolgung genutzt werden. Die in den Karten verzeichneten Positionsdaten dienen ebenfalls dem schnellen und sicheren Wiederauffinden der Verlegetrassen, wenn diese während des Folgens „verloren“ wurde. Aus den Karteninformationen kann der Verlauf entsprechend extrapoliert werden.

Da die Karten bei einem hohen Detailgrad der Informationen viel Speicherplatz benötigen, muss eine Abwägung zwischen der Karten Auflösung und Speicherplatz durchgeführt werden. Um dieses Problem zu entschärfen, wurden im Kapitel 4 Strategien zur Handhabung von weitläufigen Operationsgebieten erarbeitet und vorgestellt. Des Weiteren wurde ein Kalman Filter-Konzept entwickelt, dass die Präzision der Sensordaten für die Algorithmen zur Objektverfolgung erhöht. Dieses Verfahren kann aber nur beim Verfolgen des Pipeline- oder Seekabelverlaufs eingesetzt werden, da es einen kontinuierlichen Datenstrom der Kontaktdaten von den einzelnen Sensoren benötigt. Es ist somit nicht für die Suche und Identifikation der Verlegetrassen einsetzbar.

Alle im Kapitel 4 vorgestellten Verfahren nutzen für die Datenweitergabe ein in dieser Arbeit entwickeltes generalisiertes Sensormodell. Dieses definiert eine Pipeline, Seekabel oder eine Wandstruktur in der Ebene als Linie. Diese Linie hat dabei zur jeweiligen, aktuellen Fahrzeugposition eine seitliche Ablage und eine Verlaufsrichtung. Auf Basis dieses Modells und dem Konzept des modularen Aufbaus können unterschiedlichste Sensortypen und Verarbeitungs-, Filter- und Fusionierungsalgorithmen in die Datenverarbeitungskette integriert werden.

Dabei verhält sich das kartenbasierte Umgebungsmodell und auch die Kalman Filter-Integration für die Führungsalgorithmen wie ein „normaler“ Sensor. Dadurch sind verschiedene Konfigurationen der Datenverarbeitungskette möglich. Diese wurden ebenfalls im Kapitel 4 vorgestellt.

Die in den Kapiteln 3 und 4 vorgestellten Algorithmen und Verfahren werden in dem Kapitel 5 zusammengebracht. Dieses Kapitel beschreibt die Implementation der Konzepte auf die in der Arbeit genutzten verschiedenen Versuchsplattformen, wie Simulation, VR, Versuchsbecken und AUVs. Durch ein im Rahmen der Arbeit erstelltes Vorgehensmodell und dem modularen Aufbau der Führungssoftware für die Inspektion konnten die Versuche auf den verschiedenen Plattformen ohne größere Änderung der Software für die Sensordatenverarbeitung und Fahrzeugführung integriert werden. Für die simulative Erprobung der Algorithmen wurden Simulatoren für Pipeline und Seekabelverläufe sowie für Wandstrukturen erstellt und eingesetzt. Des Weiteren wurden für die Erprobung der Algorithmen im Wasserbecken Verfahren zur Detektion von Rohren am Beckengrund für ein MBES und eine Farbkamera entwickelt und implementiert.

Alle in der Arbeit erstellten Algorithmen wurden mit Hilfe von den Versuchsaufbauten und während Seeversuchen mit AUVs getestet. Die Integration der Algorithmen wurde, wie im vorherigen Absatz beschrieben, in Kapitel 5 vorgestellt. Es wurden mit allen vorgestellten Plattformen entsprechend dem Vorgehensmodell Versuche durchgeführt. Die Simulationen wurden entwicklungsbegleitend und zur Validierung der Algorithmen eingesetzt. Es fanden mehrere Seeversuche jeweils zur Hafen- und zur Pipelineinspektion statt. Dabei wurden einzelne Aspekte der Fahrzeugführung und Sensordatenverarbeitung sowie auch das Gesamtsystem erfolgreich getestet.

In dieser Arbeit wurden neuartige Algorithmen und Verfahren für die Kabel- und Pipelineinspektion auf Basis eines neuentwickelten AUVs mit einer weltweit einzigartigen Sensorkonfiguration erstellt und erfolgreich erprobt. Ein weiteres Anwendungsfeld dieser Verfahren wurde bei der Inspektion von Hafenanlagen durch AUVs erschlossen. Dabei wurden diese ebenfalls in mehreren Seeversuchen erfolgreich eingesetzt.

7.2. Ausblick

In der Arbeit wurden Algorithmen und Konzepte zur Führung von unbemannten Unterwasserfahrzeugen UUVs für Anwendungen bei der Inspektion von Unterwasseranlagen vorgestellt. Die entwickelten und in dieser Arbeit vorgestellten verhaltens- und aufgabenbasierten Algorithmen decken die Anwendungsfälle für das Suchen, Auffinden und Folgen von Pipelines, Seekabeln und Wandstrukturen in Hafenanlagen ab. Die vertikale Bahnplanung an Wandstrukturen, wie Spundwände, Staumauern und Schiffsrümpfe, wurden ebenfalls betrachtet. Weitere Anwendungsfelder wie die Inspektion von Tunnelsystemen, Fischfarmen etc. sind durch die aufgabenbasierte, parallel bearbeitende Struktur des VGS möglich. Um diese Gebiete zu erschließen sind weitere „Tasks“ und Kombinationen mit vorhanden notwendig. Ebenso können weitere Sensoren in das System eingebunden werden.

Durch das in der Arbeit entwickelte generalisierte Sensormodell können weitere neuartige Sensoren zur Detektion von Pipelines, Seekabel und Wandstrukturen in die, in der Arbeit vorgestellte, Sensorverarbeitungskette eingebunden werden, ohne dass die Führungsalgorithmen geändert werden müssen.

Die kartenbasierte Sensordatenfusion wurde in dem Wasserbecken unter kontrollierten Bedingungen erprobt und validiert. Während der Seeversuche wurde die Sensordatenverarbeitung mit Hilfe einer virtuellen Pipeline getestet, da eine Genehmigung zur Befahrung eines Seegebietes mit einer am Meeresboden verlegten Pipeline während der Projektlaufzeit nicht eingeholt werden konnte. Diese Versuche mit der kompletten Sensorausstattung müssen entsprechend nachgeholt werden. Das Fahrzeug zur Kabel und Pipelineinspektion benötigt weitere Versuchsfahrten, um die Robustheit der Algorithmen im täglichen Einsatz nachzuweisen.

Durch diese Versuche können empirische Daten zur Wichtung der einzelnen Sensoren bei der Fusionierung der Karten zu einer Gesamtkarte gewonnen werden. Diese müssen dann entsprechend angepasst werden. Des Weiteren ist es auf Basis dieser Daten möglich, diese Wichtungen über ein Regelwerk, das vergrabene und freiliegende Kabel bzw. Pipelines erkennt, festzulegen und einen entsprechenden „Führungssensor“ mit dem höchsten Vertrauenswert auszuwählen. Dadurch kann die Fusionierung der Daten sowie das Folgen der Verlegetrasse robuster gestaltet werden.

Mit den in dieser Arbeit vorgestellten Verfahren können Unterwasserstrukturen sowie Pipelines und Seekabel effektiv inspiziert werden. Jedoch müssen die Verfahren weiter im operativen Einsatz validiert und optimiert werden, um diese für einen täglichen Offshore-Einsatz so robust und fehlertolerant wie möglich zu gestalten.

A. Anhang

A.1. Algorithmen zur Pipelinedetektion im Testbecken

A.1.1. Kamera

Der Algorithmus 1 zeigt die einzelnen Schritte, die zur Detektion der sich im Testbecken befindlichen Pipeline (Abbildung 6.3) im Kamerabild (Abbildung 5.15a) durchgeführt werden. Zur Implementation der einzelnen Computergrafikfunktionen wurde die OpenCV-Bibliothek [97] verwendet.

Der Ablauf zur Erkennung des orangenen Rohres auf dem blauen Grund des Testbeckens (Abbildung 5.15a) beginnt mit dem Auslesen des Kamerabildes. Dieses wird dann vom BGR[4]-Farbraum der Kamera in den HSV[5]-Farbraum transformiert.

Im HSV-Farbraum werden die Farbwerte für das im Bild zu detektierende Rohr selektiert. Es wird so eine Bildmaske (Abbildung 5.15b) erstellt, deren selektierte Bildpunkte den Farbwerten des Rohres entsprechen. Für das zu erkennende Rohr ist der interessante Farbwertbereich zwischen 0 und 20 bei einem innerhalb der Bibliothek (OpenCV) verwendbaren Wertebereich zwischen 0 und 120.

Diese Maske wird entsprechend dem Detektionsfenster um den Bildmittelpunkt herum zugeschnitten. Das Fenster hatte für die Versuche eine Breite und Höhe von jeweils 200 Bildpunkten. Dieses Fenster wurde verwendet, um den Detektionsbereich der Kamera zu verkleinern und somit den Sichtbereich einzuschränken.

[4]Blau, Grün, Rot

[5]Hue, Saturation, Value / Farbwert, Sättigung, Helligkeit

Algorithm 1 Pipelinedetektion im Kamerabild

```
function CameraPipeDetection(lowCol, upCol, winL, winW, camSF, gantryPos)
    frame ← CaptureBGRImage                                  ▷ new frame from camera
    imageCenter ← CreatePoint(frame.cols/2, frame.rows/2)
    hsvImage ← ColorConvert(frame, BGR2HSV)                  ▷ convert to hsv color space
    keyImage ← InRange(hsvImage, lowCol, upCol)              ▷ croma keying
    cropMask ← GetWindow(imageCenter, winW, winL)
                                                             ▷ create detection window
    keyImage ← keyImage AND cropMask                         ▷ apply detection window
    edges ← CannyEdgeDetection(keyImage)                     ▷ edge detection
    lines ← HoughLines(edges)                                ▷ line detection using the edges
    contours = FindContours(keyImage)                        ▷ Contour detection
    for all contour in contours do
        countourDetection ← MinAreaRect(contour)             ▷ generate rectangle from contour
        detectionList.add(countourDetection)
    end for
    for all line in lines do
        for all detection in detectionList do
            if detection contains line then                  ▷ combine detected contours with detected lines
                detectionList[detection].add(line);
            end if
        end for
    end for
    for all detection in detectionList do
        if detection has lines then                          ▷ test if detection is valid
            xteContact ← CalcXTE(detection.center, detection.angle, imageCenter, camSF)
            contactList.AddContact(xteContact, gantryPos)
        end if
    end for
    return contactList
end function
```

Innerhalb des Detektionsfensters erfolgt der Erkennungsschritt zweistufig. Nach einer Kantendetektion werden die Linien in dem Bildbereich mittels Hough-Transformation ermittelt und in einer Liste gespeichert. Des Weiteren werden die Kontouren des maskierten Farbbereiches identifiziert und das jeweils kleinste Rechteck ermittelt, welches die jeweilige Kontur umschließt. Anschließend werden den Rechtecken die vorher detektierten Linien zugeordnet. Nach Prüfung, ob ein jeweiliges Rechteck Linien enthält, wird das entsprechende Rechteck als Beschreibung für eine Detektion eingeordnet und die Werte entsprechend des generalisierten Sensormodells (Abschnitt 4.3.2, Abbildung 5.16) berechnet.

A.1.2. MBES

Der Algorithmus 2 zeigt die einzelnen Schritte, die zur Detektion der sich im Testbecken befindlichen Pipeline (Abbildung 6.3) in den Daten einer Lotung des Fächerecholotes (Abbildung 5.17) durchgeführt werden. Zur Implementation der einzelnen Computergrafikfunktionen wurden die Software-Bibliothek vom MBES-Hersteller BLUEVIEW [117] und OPENCV [97] für die Bildverarbeitung verwendet.

Algorithm 2 Pipelinedetektion in MBES-Daten

```
function MBESPIPEDETECTION(sonarHead, gantryPos)
    pingData ← GETPING(sonarHead)                                   ▷ Get sonar ping data
    sonarImage ← CREATEIMAGE(pingData)                              ▷ Create image from ping data
    for all column in sonarImage.columns do                         ▷ Calculate distances
        maxLoc ← MINMAXLOC(column)
        distance ← maxLoc.y/sonarImage.height;
        distances[column.index] ← 255 * distance
    end for
    meanDistance ← MEAN(distances)
    for all distance in distances do                                ▷ Filter distances
        u ← (distance − meanDistance)
        if (u > 10) AND (u < 30) then
        end if
    end for
    if featureColumns is not empty then                             ▷ Pipe detection
        centerColIndex ← GETCENTER(activeCols)
        maxLoc.y ← MINMAXLOC(sonarImage.columns(centerColIndex))
        maxLoc.x ← centerCol
        contact ← GENERATECONTACT(magImg, maxLoc, gantryPos)
    else
        contact ← NULL
    end if
    return contact
end function
```

Das Detektionsverfahren für die Pipeline im Testbecken nutzt den Umstand, dass das Becken eben ist und die Pipeline eine Erhöhung darstellt. Diese Erhöhung wird in den Lotungen gesucht.

Die Wassersäulendaten einer Lotung werden zu Beginn eingelesen und in ein mit OpenCV verarbeitbares Bildformat mit kartesischen Koordinaten (Abbildungen 6.3b, 6.4a und 5.17) umgewandelt. Die Bilddaten beinhalten die Echos der kompletten Wassersäule einer Lotung. Die einzelnen Zeilen der Bilddaten entsprechen den Abständen vom

Schallgeber in Lotungsrichtung. Es werden die Maximalwerte und deren zugehörige Zeile für jede Spalte im Bild gesucht und deren Abstand zum Schallgeber ermittelt. Da das Testbecken eine maximale Wassertiefe von $3m$ hat, wurde für die Experimente die maximale Distanz für eine Lotung mit ebenfalls $3m$ parametrisiert. Dadurch konnte eine höhere Pingrate erreicht und Echos durch Mehrwegeausbreitung und Mehrfachreflexionen an der Wasseroberfläche und am Gewässergrund vermindert werden.

Nachdem die Distanzen der Maximalechos zum Schallgeber für jede Bildspalte ermittelt wurden, werden die Spalten mit den kürzesten Distanzwerden gesucht. Die so gefundenen Spalten werden unter der Annahme, dass das gesuchte Rohr die einzige Erhebung am Beckengrund ist, zusammengefasst, deren Schwerpunkt ermittelt und dessen seitlichen Abstand zum zentralen, mittleren Beam des Sensors berechnet. Dies ist die seitliche Ablage y_B (Abbildung 5.17) nach dem generalisierten Sensormodell (Abschnitt 4.3.2).

A.2. Payload-Sensorik

Die folgenden Abbildungen A.3, A.2 und A.1 zeigen von verschiedenen Sonartypen aufgenommene Daten. Diese Arten von hydroakustischen Sensoren wurden für das Pipelinetracking verwendet.

Seitensichtsonar (SSS) : Die Abbildung A.1 zeigt das Bildgebung eines SSS, das backbord- und steuerbordseitig misst. In der Bildmitte ist der „Nadir Gap“ unter dem Fahrzeug als schwarzer Streifen zu erkennen. Im Steuerbordkanal ist eine Pipeline mit einer Pumpstation auf dem Gewässergrund zu erkennen.

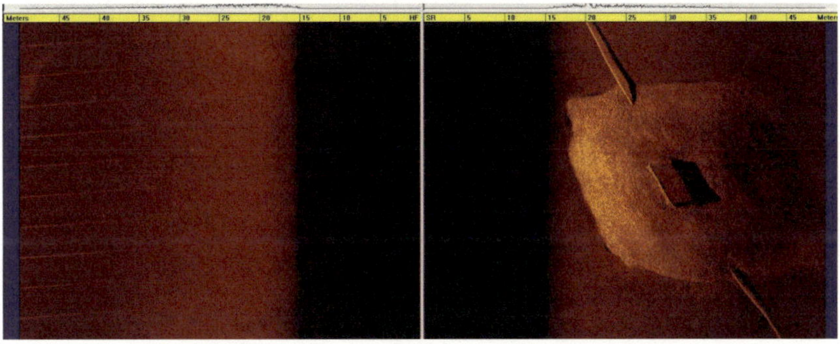

Abbildung A.1.: Messdaten eines SSS [114]

Fächerecholot (MBES) : In Abbildung A.2 werden die Lotungen eines MBES als Bathymetrie gezeigt. Die Darstellung in der Abbildung erfolgt als Höhenkarte, wobei die unterschiedlichen Farbwerte die verschiedenen Höhenwerte abbilden. In der Abbildung sind Schleifspuren durch Schleppnetzte bzw. Dredgen im Sediment zu erkennen.

Abbildung A.2.: MBES Daten als Höhenkarte [114]

Sub-Bottom Profiler (SBP) : Die in Abbildung A.3 dargestellten Lotungen zeigen die Schichtung und Beschaffenheit des Sediments unterhalb des Gewässergrundes. Die einzelnen Gesteine reflektieren den Schall mit unterschiedlicher Intensität, so dass diese in der Grafik verschieden intensiv gefärbt dargestellt werden. Die Abbildung zeigt die aufgenommen Daten eines Single-Beam-SBP, wobei die horizontale Achse die Zeitpunkte der einzelnen Lotungen angibt.

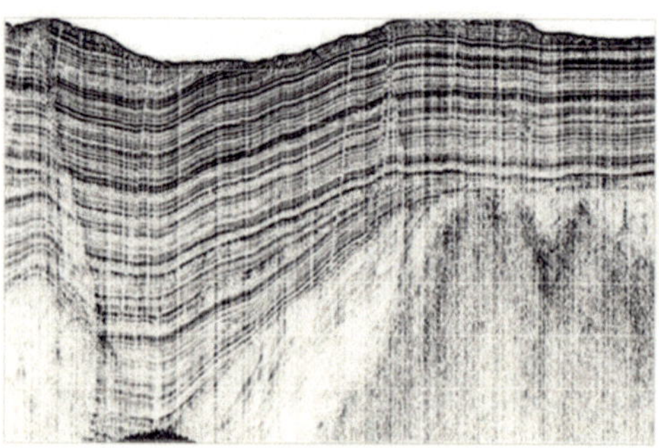

Abbildung A.3.: SBP Lotungen [38]

In der Abbildung A.4 sind Daten der North-Stream- Pipeline dargestellt, welche mit dem BOSS aufgezeichnet wurden. Bei der North-Stream-Pipeline handelt es sich um ein Doppelrohrsystem. Die beiden parallelen Rohre sind in der Abbildung zu sehen. Das BOSS-System ist ein spezieller 3D-SBP für eingegrabene Objekte.

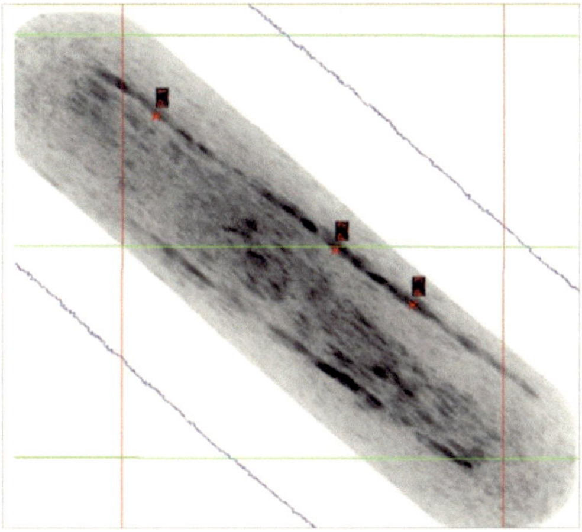

Abbildung A.4.: Mit dem BOSS aufgezeichnete Daten der North-Stream-Pipeline [114]

Literaturverzeichnis

[1] Jan Albiez. First Integrationtest of the CSurvey Head on SeaCat AUV by ATLAS Elektronik in our Testtank II of the DFKI RIC, 2010. 109

[2] Jan Albiez, Alexander Duda, Martin Fritsche, Felix Rehrmann, and Frank Kirchner. CSurvey—An autonomous optical inspection head for AUVs. *Robotics and Autonomous Systems*, 67:72–79, 2015. 108

[3] Jan Albiez, Sylvain Joyeux, and Marc Hildebrandt. Adaptive AUV mission management in under-informed situations. In *MTS/IEEE OCEANS 2010*, pages 1–10, 2010. 53

[4] T. Asai, J. Kojima, K. Asakawa, and T. Iso. Inspection of submarine cable of over 400 km by AUV. In *2000 International Symposium on Underwater Technology*, pages 133–135, 2000. 43

[5] K. Asakawa, J. Kojima, Y. Kato, S. Matsumoto, and N. Kato. Autonomous underwater vehicle AQUA EXPLORER 2 for inspection of underwater cables. In *International Symposium on Underwater Technology*, pages 242–247, 2000. 43

[6] Atlas Elektronik GmbH, Bremen. Bilder CView-Projekt, 2013. 20, 100, 103, 175

[7] Atlas Elektronik GmbH, Bremen. Bilder KAPITAS-Projekt, 2015. 6, 13, 20, 104, 111

[8] ATLAS ELEKTRONIK Group. Press release: ATLAS MARIDAN to offer Rental Services for AUVs.

https://www.atlas-elektronik.com/newsroom/article/atlas-maridan-to-offer-rental-services-for-auvs.html, 2018. (Stand Mai 2018). 6

[9] Autonomous Undersea Vehicle Applications Center. Aqua Explorer 2000. http://auvac.org/configurations/view/227. (Stand Nov. 2016). 42

[10] Gert Bär. *Geometrie: Eine Einführung in die analytische und konstruktive Geometrie.* Mathematik für Ingenieure und Naturwissenschaftler. Vieweg+Teubner Verlag, Wiesbaden, 1996. 128

[11] Mel Baylis, David Short, and Mary Bax. *Underwater inspection.* E. & F.N. Spon, London, New York, 1988. 11

[12] Michael R. Benjamin, Henrik Schmidt, Paul M. Newman, and John J. Leonard. Nested autonomy for unmanned marine vehicles with MOOS-IvP. *Journal of Field Robotics*, 27(6):834–875, 2010. 57, 58, 59

[13] A. A. Bennett and John J. Leonard. A behavior-based approach to adaptive feature detection and following with autonomous underwater vehicles. *IEEE Journal of Oceanic Engineering*, 25(2):213–226, 2000. 12, 121, 122

[14] Andrew D. Birrell and Bruce Jay Nelson. *Implementing remote procedure calls.* Xerox Corp., Palo Alto Research Center, Palo Alto, CA, 1983. 61

[15] Bluefin Robotics. HAUV. http://www.bluefinrobotics.com/products/hauv/. (Stand Jan. 2017). 48

[16] Jörg Bödefeld and Katrin Kloe. *BAW Merkblatt: Schadensklassifizierung an Verkehrswasserbauwerken (MSV).* Bundesanstalt für Wasserbau, Karlsruhe, 2015. 14

[17] Morten Breivik. *Topics in Guided Motion Control of Marine Vehicles*. PhD thesis, Norwegian University of Science and Technology, Trondheim, Norway, 2010. 34, 35

[18] Rodney Allen Brooks. A robust layered control system for a mobile robot. *IEEE Journal of Robotics and Automation*, 2(1):14–23, 1986. 53, 54, 98

[19] Rodney Allen Brooks. *Cambrian intelligence: The early history of the new AI*. A Bradford book. MIT Press, Cambridge and Mass, 1999. 53, 54, 55, 56

[20] Bundesamt für Schifffahrt und Hydrographie. Wichtige Zeichen und Abkürzungen für Klein- und Sportschifffahrtskarten. `http://www.bsh.de/de/Produkte/Infomaterial/Kartenzeichen_und_Abkuerzungen/Kartenzeichen.pdf`. (Stand Feb. 2017). 104

[21] Ronald Benton Jr. Byrnes. *The Rational Behavior Model: A Multi-Paradigm, Tri-Level Software Architecture for the Control of Autonomous Vehicles*. Ph.D. Dissertation, NAVAL POSTGRADUATE SCHOOL, Monterey, California, March 1993. 56, 98

[22] L. Carter, D. Burnett, Stephen C. Drew, G. Marle, L. Hagadorn, D. Bartlett-McNeil, and Irvine N. *Submarine cables and the oceans - connecting the world*, volume 31 of *UNEP-WCMC Biodiversity Series*. ICPC/UNEP/UNEP-WCMC, 2009. 13, 104

[23] Sunglok Choi, Taemin Kim, and Wonpil Yu. Performance Evaluation of RANSAC Family. In A. Cavallaro, S. Prince, and D. Alexander, editors, *British Machine Vision Conference 2009*, pages 81.1–81.12, 2009. 138

[24] Kai Cierpka, Bernd Waltl, Divas Karimanzira, and Marco Jacobi. *Unbemanntes Unterwasserfahrzeug und Verfahren zum Lokalisieren und Untersuchen eines am Gewässergrund eines Gewässers*

angeordneten Objekts sowie System mit dem unbemannten Unterwasserfahrzeug. ATLAS ELEKTRONIK GmbH and Fraunhofer Gesellschaft zur Förderung der Angewandten Forschung, 2012. (EP000002768725A1). 5

[25] Copernicus. Marine environment monitoring service. `http://marine.copernicus.eu/`, 2017. (Stand Feb. 2017). 217

[26] Peter Corke. *Robotics, vision and control: Fundamental algorithms in MATLAB*, volume 73 of *MATLAB and Simulink examples*. Springer, Berlin, 1. ed., corr. 2. printing edition, 2013. 136, 138

[27] E. R. Davies. *Computer and machine vision: Theory, algorithms, practicalities*. Elsevier Acad. Press, Amsterdam, 4. ed. edition, 2012. 136, 138

[28] Det Norske Veritas. DNV-RP-F116: Integrity Management of Submarine Pipeline Systems, 2009. 1, 2, 10, 23, 30, 31, 32, 33

[29] Det Norske Veritas. DNV-RP-F107: Risk Assessment of Pipeline Protection, 2010. 23

[30] Det Norske Veritas. DNV-OS-F101: Submarine Pipeline Systems, 2013. 23, 29

[31] Det Norske Veritas. DNV-OSS-301: Verification and Certification of Submarine Pipelines, 2014. 23

[32] Det Norske Veritas. DNV-RP-J301: Subsea Power Cables in Shallow Water Renewable Energy Applications, 2014. 23, 24, 25, 26, 27, 28

[33] Det Norske Veritas - Germanischer Lloyd. DNVGL-ST-0126: Support structures for wind turbines, 2016. 1

[34] Det Norske Veritas - Germanischer Lloyd. DNVGL-ST-C502: Offshore concrete structures, 2017. 1

[35] Richard O. Duda and Peter E. Hart. Use of the Hough transformation to detect lines and curves in pictures. *Communications of the ACM*, 15(1):11–15, 1972. 136

[36] H. Durrant-Whyte and T. Bailey. Simultaneous localization and mapping: part i. *IEEE Robotics Automation Magazine*, 13(2):99–110, June 2006. 124

[37] EdgeTech. 4200: Multi-Purpose Survey System. `http://www.edgetech.com/products/side-scan-sonar/4200-multi-purpose-survey-system/`, 2017. (Stand Feb. 2017). 16

[38] Edgetech. 2200 and 2205 AUV / UUV / ROV / ASV / USV Sonars. `https://www.edgetech.com/products/auv-rov-sonar/2200-2205-auv-rov-sonar`, 2018. (Stand Juli 2018). 242

[39] Mike Eichhorn. Optimal routing strategies for autonomous underwater vehicles in time-varying environment. *Robotics and Autonomous Systems*, 67:33–43, 2015. 116

[40] Mike-Joachim Eichhorn. *Intelligentes Führungskonzept für ein autonomes Unterwasserfahrzeug in Sondersituationen*, volume Nr. 1127 of *Fortschrittberichte VDI / 8*. VDI-Verl., Düsseldorf, als ms. gedr edition, 2007. 100, 111, 115

[41] Donald P. Eickstedt and S. R. Sideleau. The backseat control architecture for autonomous robotic vehicles: A case study with the Iver2 AUV. In *OCEANS 2009*, pages 1–8. MTS/IEEE, 2009. 57, 58

[42] Patrick Th. Eugster, Pascal A. Felber, Rachid Guerraoui, and Anne-Marie Kermarrec. The many faces of publish/subscribe. *ACM Computing Surveys*, 35(2):114–131, 2003. 61

[43] European Commission. CORDIS : Projects & Results Service : Autonomous inspection of subsea telecommunication cables, power cables and pipelines (AUTOTRACKER). `http://`

`cordis.europa.eu/project/rcn/54904_en.html`. (Stand Nov. 2016). 43

[44] J. Evans, P. Patron, B. Privat, N. Johnson, and C. Capus. AUTOTRACKER: Autonomous inspection — capabilities and lessons learned in offshore operations. In *OCEANS 2009*, pages 1–7. MTS/IEEE, 2009. 43, 44

[45] J. C. Evans, Y. R. Petillot, P. Redmond, M. Wilson, and D. Lane. AUTOTRACKER: AUV embedded control architecture for autonomous pipeline and cable tracking. In *Oceans 2003*, pages 2651–2658. MTS/IEEE, 2003. 43

[46] Martin A. Fischler and Robert C. Bolles. Random sample consensus: A paradigm for model fitting with applications to image analysis and automated cartography. *Communications of the ACM*, 24(6):381–395, 1981. 137

[47] International Organization for Standardization (ISO). ISO/IEC 7498-1 Information technology - Open Systems Interconnection - Basic Reference Model: The Basic Model. Technical report, June 1994. 60

[48] Thor I. Fossen. *Marine control systems: Guidance, navigation and control of ships, rigs and underwater vehicles.* Marine Cybernetics, Trondheim, Norway, 2002. 34

[49] Thor I. Fossen. *Handbook of marine craft hydrodynamics and motion control: Vademecum de navium motu contra aquas et de motu gubernando.* Wiley, Chichester, West Sussex, 2011. 37, 38, 75, 76, 111, 157

[50] Fraunhofer IOSB-AST. C-Watch. `https://www.iosb.fraunhofer.de/servlet/is/5969/`, 2017. (Stand Feb. 2017). 165

[51] Fraunhofer IOSB-AST. Deep Diving AUV for Exploration (DEDAVE). https://www.iosb.fraunhofer.de/servlet/is/47312/, 2017. (Stand Feb. 2017). 165

[52] freedesktop.org. dbus. www.freedesktop.org/wiki/Software/dbus. (Stand Nov. 2016). 61

[53] Fugro N.V. ROTV - Acoustic Pipeline Inspection. http://www.fugro.com/our-expertise/our-world/technology/rotv-acoustic-pipeline-inspection. (Stand Nov. 2016). 19

[54] Thomas Glotzbach, Andreas Voigt, Torsten Pfützenreuter, Marco Jacobi, and Thomas Rauschenbach. CViewVR: A High-performance Visualization Tool for Team-oriented Missions of Unmanned Marine Vehicles. In *COMPIT 2009*. 2009. 167

[55] Google Inc. Google Earth. https://www.google.de/intl/de/earth/. (Stand Feb. 2017). 199, 215

[56] Google Inc. Keyhole Markup Language. https://developers.google.com/kml/. (Stand Nov. 2016). 199

[57] David L. Hall. *Lectures in Multisensor Data Fusion and Target Tracking*. February 28, 2005. 41

[58] Peter Hart. How the Hough transform was invented. *IEEE Signal Processing Magazine*, 26(6):18–22, 2009. 136

[59] Heriot-Watt University Ocean Systems Laboratory. AUTOTRACKER. http://osl.eps.hw.ac.uk/projects/AUTOTRACKER/index.php. (Stand Okt. 2016). 43

[60] Paul V. C. Hough. Method and means for recognizing complex patterns, 1962. (US3069654). 135

[61] J. Illingworth and J. Kittler. A survey of the hough transform. *Computer Vision, Graphics, and Image Processing*, 44(1):87–116, 1988. 136

[62] Alexander V. Inzartsev and Alexander M. Pavin. AUV Behavior Algorithm While Inspecting of Partly Visible Pipeline. In *OCEANS 2006*, pages 1–5. MTS/IEEE, 2006. 44

[63] Marco Jacobi. Untersuchung von Bahnplanungsalgorithmen für das Autonome Unterwasserfahrzeug DeepC, 2004. 115

[64] Marco Jacobi. Autonomous Inspection of Underwater Structures. *Robotics and Autonomous Systems*, 67:80–86, 2015. 3, 78, 102

[65] Marco Jacobi and Divas Karimanzira. Underwater pipeline and cable inspection using autonomous underwater vehicles. In *OCEANS 2013*, pages 1–6. MTS/IEEE, 2013. 3

[66] Marco Jacobi and Thomas Rauschenbach. A tool chain for AUV system testing. In *OCEANS 2010*, pages 1–5. MTS/IEEE, 2010. 58, 65, 163

[67] H. Johannsson, M. Kaess, Brendan Englot, F. Hover, and John J. Leonard. Imaging sonar-aided navigation for autonomous underwater harbor surveillance. In *IEEE/RSJ International Conference on Intelligent Robots and Systems (IROS), 2010*, pages 4396–4403. IEEE/RSJ, 2010. 48, 49

[68] R. E. Kalman. A New Approach to Linear Filtering and Prediction Problems. *Transactions of the ASME – Journal of Basic Engineering*, (82 (Series D)):35–45, 1960. 152

[69] Jörg Kalwa, Jan Ch. Albiez, Dieter Kraus, Franz-Josef Becker, and Marco Jacobi. CView - Unterwasserinspektion von Schiffshüllen, Piers und Anlegestellen durch autonome Unterwasser-Fahrzeuge. In *Statustagung Schifffahrt und Meerestechnik, Tagungsband der Statustagung 2012*. Projektträger Jülich, 2012. 227

[70] Divas Karimanzira, Marco Jacobi, Torsten Pfuetzenreuter, Thomas Rauschenbach, Mike Eichhorn, Ralf Taubert, and Christoph

Ament. First testing of an AUV mission planning and guidance system for water quality monitoring and fish behavior observation in net cage fish farming. *Information Processing in Agriculture*, 1(2):131–140, 2014. 73

[71] kde.org. Marble - find your way and explore the world. `https://marble.kde.org/`. (Stand Feb. 2017). 199

[72] J. Kojima. Cable tracking by autonomous underwater vehicle. In *3rd International Workshop on Scientific Use of Submarine Cables and Related Technologies*, pages 171–174, 2003. 42, 43, 109

[73] Don Koks and Subhash Challa. *An introduction to Bayesian and Dempster-Shafer data fusion.* Electronic Warfare and Radar Division Systems Sciences Laboratory, DSTO and Cooperative Research Centre for Sensor Signal and Information Processing (CSSIP), The University of Melbourne, 2003. 41

[74] Kongsberg / Kongsberg-Hydroid. Bilder. `http://www.km.kongsberg.com/`. 20

[75] Kongsberg Maritime. KONGSBERG Hugin completes world's longest multi-sensor AUV pipeline inspection. `http://www.km.kongsberg.com/ks/web/nokbg0238.nsf/AllWeb/AF4F901CF0B73970C12578480037B6B1?OpenDocument`. (Stand März. 2016). 44, 45, 46

[76] J. Leonard, H. Durrant-Whyte, and I. J. Cox. Dynamic map building for autonomous mobile robot. In *IEEE International Workshop on Intelligent Robots and Systems, Towards a New Frontier of Applications*, pages 89–96 vol.1, Jul 1990. 124

[77] J. J. Leonard and H. F. Durrant-Whyte. Mobile robot localization by tracking geometric beacons. *IEEE Transactions on Robotics and Automation*, 7(3):376–382, Jun 1991. 124

[78] J. J. Leonard and H. F. Durrant-Whyte. Simultaneous map building and localization for an autonomous mobile robot. In *IEEE/RSJ International Workshop on Intelligent Robots and Systems '91. 'Intelligence for Mechanical Systems, Proceedings IROS '91.*, volume 3, pages 1442–1447, Nov 1991. 124

[79] Martin E. Liggins, David L. Hall, and James Llinas. *Handbook of multisensor data fusion: Theory and practice*, volume 22 of *The electrical engineering and applied signal processing series*. CRC Press, Boca Raton, FL, 2nd ed // 2. ed. edition, 2009. 39, 40, 41

[80] J. Matas, C. Galambos, and J. Kittler. Robust Detection of Lines Using the Progressive Probabilistic Hough Transform. *Computer Vision and Image Understanding*, 78(1):119–137, 2000. 136

[81] Mathworks. Four-quadrant inverse tangent - atan2. `https://de.mathworks.com/help/matlab/ref/atan2.html`, 2017. (Stand Feb. 2017). 73

[82] MBT GmbH. ROV und ROTV in Ozeanographische Systeme. `http://www.m-b-t.com/ozeanographische-systeme/rov-und-rotv/`. (Stand Nov. 2016). 19

[83] MIT Laboratory for Autonomous Marine Sensing Systems (LAMSS). MOOS – Interval Programming (MOOS-IvP). `www.moos-ivp.org`. (Stand Jan. 2015). 57

[84] MMT Sweden AB. Equipment. `https://www.mmt.se/our-tools/equipment/`. (Stand Nov. 2016). 46, 47

[85] MMT Sweden AB. Results from ROV Surveyor Interceptor. `https://www.mmt.se/news-media/results-from-rov-surveyor-interceptor/`. (Stand Nov. 2016). 46

[86] Hans P. Moravec. Sensor Fusion in Certainty Grids for Mobile Robots. *AI Magazine*, Volume 9(Number 2), 1988. 121, 141, 142, 143

[87] National Imergery and Mapping Agency. DoD World Geodetic System 1984, 23.6.2004. 36

[88] Nord Stream AG. Bilder. `http://www.nord-stream.com/de/presse-info/bilder/`. (Stand Nov. 2016). 1, 18, 21, 139

[89] Nord Stream AG. Nord Stream in Zahlen. `https://www.nord-stream.com/download/file/documents/pdf/de/2013/11/nord-stream-in-zahlen_177_20131128.pdf`. (Stand Nov. 2016). 139

[90] Officer of the Watch. Pipeline Leak – Investigation Report. `https://officerofthewatch.com/2013/07/01/pipeline-leak-investigation-report/`, July 2013. (Stand Feb. 2017). 13

[91] Object Management Group® (OMG). Common Object Request Broker Architecture®(CORBA)®. `www.omg.org/spec/CORBA`. (Stand Nov. 2016). 61

[92] Open Source Robotics Foundation. ROS Wiki: Packages related to SLAM. `http://www.ros.org/browse/search.php?q=slam`. (Stand Mai. 2018). 124

[93] Open Source Robotics Foundation. ROS.org – Powering the world's robots. `http://www.ros.org`. (Stand Nov. 2016). 61

[94] Open Source Robotics Foundation. Services - ROS Wiki. `http://wiki.ros.org/Services`. (Stand Nov. 2016). 61

[95] Open Source Robotics Foundation. Topics - ROS Wiki. `http://wiki.ros.org/Topics`. (Stand Nov. 2016). 62

[96] OpenCV. Hough Line Transform — OpenCV 2.4.13.1 documentation. 136, 137

[97] OpenCV. Open source computer vision. `http://opencv.org`. (Stand Feb. 2017). 123, 177, 237, 239

[98] OpenCV. Documentation - image pyramids. http://docs.opencv.org/3.1.0/dc/dff/tutorial_py_pyramids.html, 12 2015. (Stand Nov. 2016). 140

[99] Oxford Robotics Institute (ORI). Mission Oriented Operating Suite (MOOS). https://themoos.org, 2014. (Stand Jan. 2015). 57

[100] P. K. Paim, B. Jouvencel, and L. Lapierre. A Reactive Control Approach for Pipeline Inspection with an AUV. In MTS/IEEE, editor, *OCEANS 2005 MTS/IEEE*, pages 1–6, 2005. 44

[101] Torsten Pfützenreuter, T. Rauschenbach, and J. Wernstedt. Multisensor Fusion for Navigation of Underwater Vehicles. In *2006 IEEE International Conference on Multisensor Fusion and Integration for Intelligent Systems*, pages 151–154, 2006. 57

[102] Torsten Pfützenreuter and H. Renkewitz. ConSys - a new software framework for underwater vehicles. In MTS/IEEE, editor, *OCEANS 2010*, pages 1–6, 2010. 63

[103] QGIS. Ein freies open-source-geographisches-informationssystem. https://www.qgis.org. (Stand Feb. 2017). 199

[104] Rauschenbach, Thomas. CView: Unterwasserinspektion von Schiffshüllen, Piers und Anlegestellen durch autonome Unterwasserfahrzeuge, Teilprojekt CGuide: Fahrzeugsteuerung für Unterwasserinspektion und Anomalieidentifikation, 2012. Reportnr./Förderkennzeichen: 03SX262A, 03SX262, 01055592. 5

[105] Reach Subsea. Surveyor Interceptor. http://reachsubsea.com/assets/surveyor/. (Stand Nov. 2016). 46

[106] Pere Ridao, Junku Yuh, J. Batlle, and K. Sugihara. On AUV control architecture. In *IEEE/RSJ International Conference on Intelligent Robots and Systems, 2000. (IROS 2000). Proceedings. 2000* , volume 2, pages 855–860. IEEE/RSJ, 2000. 53

[107] Philip J. Schneider and David H. Eberly. *Geometric tools for computer graphics*. The Morgan Kaufmann series in computer graphics and geometric modeling. Morgan Kaufmann, Amsterdam, [nachdr.] edition, 2004. 127

[108] Seabotix. Remotely Operated Vehicles (ROVs). `http://www.seabotix.com`. Stand Nov. 2017. 18

[109] SAAB Seaeye. Manufacturer of electric underwater robotic systems. `http://www.seaeye.com/`. Stand Nov. 2017. 17, 18

[110] SeeByte Ltd. SeeTrack V4. `http://www.seebyte.com/military/seetrack-military/`. (Stand Nov. 2016). 82

[111] Bruno Siciliano, Oussama Khatib, Frans Groen, David Ribas, Pere Ridao, and José Neira. *Underwater SLAM for Structured Environments Using an Imaging Sonar*, volume 65 of *Springer Tracts in Advanced Robotics*. Springer Berlin Heidelberg, Berlin, Heidelberg, 2010. 124

[112] Dan Simon. *Optimal State Estimation: Kalman, H Infinity, and Nonlinear Approaches*. Wiley-Interscience, 2006. 154, 155

[113] Society of Narval Architects and Maine Engineers. Nomenclature for Treating the Motion of a Submerged Body Through a Fluid, Technical and Research Bulletin No. 1-5. 37, 38

[114] Stavenhagen, Alexander. KaPiTaS : Kabel- und Pipeline-Inspektion in der Tiefsee mit autonomen Systemen, 2016. Reportnr./Förderkennzeichen: 03SX323A, 03SX323B, 03SX323C, 03SX323D, 01093525. 5, 241, 242, 243

[115] Tilo Strutz. *Data fitting and uncertainty: A practical introduction to weighted least squares and beyond*. Springer Vieweg, Wiesbaden, 2nd, revised and extended edition edition, 2016. 138

[116] Ralf Taubert, Mike Eichhorn, Christoph Ament, Marco Jacobi, Divas Karimanzira, and Torsten Pfützenreuter. Model identification and controller parameter optimization for an autopilot design for autonomous underwater vehicles. In *OCEANS 2014 - TAIPEI*, pages 1–9. MTS/IEEE, 2014. 73

[117] Teledyne BlueView. 2d imaging and 3d scanning sonar technology. `http://www.teledynemarine.com/blueview`. (Stand Juni 2018). 239

[118] Thomas Almdal. AUV Udvikling og efterspørgsel, 26. November 2013. 22

[119] Sebastian Thrun. Learning occupancy grids with forward models. In *Proceedings 2001 IEEE/RSJ International Conference on Intelligent Robots and Systems. Expanding the Societal Role of Robotics in the the Next Millennium (Cat. No.01CH37180)*, volume 3, pages 1676–1681, 2001. 121

[120] Sebastian Thrun, Wolfram Burgard, and Dieter Fox. *Probabilistic robotics.* Intelligent robotics and autonomous agents. MIT Press, Cambridge, Mass., 2005. 12, 113, 122, 132, 133

[121] J. Vaganay, M. Elkins, D. Esposito, W. O'Halloran, F. Hover, and M. Kokko. Ship Hull Inspection with the HAUV: US Navy and NATO Demonstrations Results. In MTS/IEEE, editor, *OCEANS 2006*, pages 1–6, 2006. 48, 49

[122] Andreas Voigt. *Visualisierung von Unterwasserfahrzeugen, die durch externe Simulatoren gesteuert werden.* Studienarbeit, TU Ilmenau, Ilmenau, 2010. 167, 223

[123] Andreas Voigt and Helge Renkewitz. CViewVR – Visualisierung von Unterwasserszenarien und Sensorsimulation zur Validierung von AUV- Führungssystemen. In *Go-3D*, 2011. 167

[124] Greg Welch and Gary Bishop. *An Introduction to the Kalman Filter.* University of North Carolina, 2006. 152, 153, 154, 155

[125] Woods Hole Coastal and Marine Science Center. Seafloor Mapping Technology. `https://woodshole.er.usgs.gov/operations/sfmapping/`. (Stand Juli 2016). 15, 16

[126] World Wide Web Consortium (W3C). SOAP Specifications. `www.w3.org/TR/soap`. (Stand Nov. 2016). 61

[127] XML-RPC.com. Simple cross-platform distributed computing, based on the standards of the internet. `http://xmlrpc.scripting.com`. (Stand Nov. 2016). 61